高等职业教育土建类专业规划教材
机 械 工 业 出 版 社 精 品 教 材

建筑 CAD 2008 中文版

邓美荣　巩宁平　陕晋军　编著

机 械 工 业 出 版 社

本书主要内容分为五大部分。第一部分为 AutoCAD 2008 的基础知识，第二部分为 AutoCAD 2008 的绘图命令和编辑方法，第三部分以一套建筑施工图为例，学习用 AutoCAD 2008 绘制建筑工程图的方法和技巧，第四部分介绍了用 AutoCAD 2008 建立建筑模型的常用方法以及图形输出的具体方法及步骤，第五部分介绍了天正建筑绘图软件的使用。

全书由具有多年建筑制图和 AutoCAD 教学经验的教师编写，内容实用、专业性强，特别是将建筑制图的知识融于计算机绘图之中，是一个很好的实践，而且采用了“手把手”的交互式教学方式，为学生掌握计算机知识创造了良好的环境，是高职高专土建类专业学生学习 AutoCAD 的首选教材，也非常适合建筑技术人员自学和参考。

图书在版编目（CIP）数据

建筑 CAD 2008 中文版/邓美荣，巩宁平，陕晋军编著. —北京：机械工业出版社，2009.1（2020.1 重印）

高等职业教育土建类专业规划教材 · 机械工业出版社精品教材

ISBN 978-7-111-25394-5

I. 建… II. ① 邓… ② 巩… ③ 陕… III. 建筑设计：计算机辅助设计—应用软件，AutoCAD 2008—教材 IV. TU201.4

中国版本图书馆 CIP 数据核字（2008）第 162914 号

机械工业出版社（北京市百万庄大街 22 号　邮政编码 100037）

策划编辑：李俊玲　　责任编辑：李　莉

责任印制：孙　炜

保定市中画美凯印刷有限公司印刷

2020 年 1 月第 1 版第 27 次印刷

184mm×260mm · 15.5 印张 · 376 千字

标准书号：ISBN 978-7-111-25394-5

定价：36.00 元

凡购本书，如有缺页、倒页、脱页，由本社发行部调换

电话服务

服务咨询热线：010-88379833

读者购书热线：010-88379649

网络服务

机 工 官 网：www. cmpbook. com

机 工 官 博：weibo. com/cmp1952

教育服务网：www. cmpedu. com

金 书 网：www. golden-book. com

前　言

职业教育是一种“有目标的活动”，为此其教学内容应该是工作过程取向，教材设计也应尽可能与职业工作过程相一致。很多学过电脑绘图的学生也许会有这样的体会，已经学会了 AutoCAD 的基本用法，可真要用它去解决实际问题却觉得无从下手。究其原因，是综合软件功能解决专业问题的能力不够。计算机是工具，是为人们的工作服务的，所以使用计算机就必须和专业结合起来。可以想象，如果让一位从事机械设计的朋友去画建筑施工图，他一定会觉得非常困难，不是不会用软件，也不是没有掌握命令的用法，而是没有把建筑制图的方法和步骤与 AutoCAD 结合起来，没有把建筑制图的实际工作融于计算机这一工作工具和 AutoCAD 软件的环境之中。

建筑 CAD 是传统建筑制图与现代绘图软件 AutoCAD 相结合的一门融合性专业技术基础课程。根据职业教育理论，本书构建了建筑平面图、建筑立面图、建筑剖面图、节点详图及三维建模的绘制为载体的真实职业活动情景，内容为工作过程取向，顺序依照职业的工作过程展开。本书在体系结构上强调建筑制图的主体性和 AutoCAD 软件的工具性，体现了建筑制图的方法和步骤与 AutoCAD 命令的融合性；对 AutoCAD 的命令进行了取舍，根据建筑制图的需要选择命令，使学生在复杂的软件体系面前能“避虚就实”，直指目标。本书定位在让学生做“熟练绘图手”而不是 AutoCAD 专家的层面上，注重内容的实用性和学生学习的主体性，操作性很强，尤其从第 3 章开始，采用实例教学法，对施工图的绘制过程列出了比较详细的操作步骤，只要耐心按照书中的步骤一步一步操作，就可以掌握所学内容，在自己动手的实践中，学得绘图知识，掌握绘图技能，从而构建属于自己的经验和知识技能体系。

本书作者都是长期从事建筑制图课程教学的教师，在解决实际建筑制图问题方面都有比较丰富的经验。因此，在本书编写过程中，我们强调“实用”和“精通”。“实用”是指通过一套建筑施工图的绘制过程给学生提供绘图的步骤和绘图中常见问题的处理方法，学生拿来就可以使用，上岗就可以上手；“精通”是指通过对典型例图的分析，引导学生更深地发掘软件的绘图功能，并逐步掌握一些绘图实践中十分便捷的技巧，使学生更好地完成实训任务。

本书第 1 章为 AutoCAD 基础知识，重点介绍了 AutoCAD 2008 中文版软件的用户环境和操作界面，如果没有学过计算机基础的同学，学习中可适当补充些内容。第 2 章为基本绘图命令和编辑方法，全部命令围绕以后各章的实际使用选择，为以后的建筑绘图奠定基础。实际教学中，讲过第 1 章后，如果直接从第 3 章开始学习，第 2 章则可以作为绘图操作的命令查询。第 3、4、5、6 章是全书的核心，为绘制施工图部分，“手把手”的交互学习可教会学生利用命令绘图及绘图时的一些技巧。第 7 章简单三维建模、第 8 章天正建筑软件绘图和第 9 章图形输出为学生以后深入学习和工作打下更加扎实的基础。教学中可根据课时情况对这部分内容进行必要的取舍。

为融 AutoCAD 命令于建筑绘图之中，我们从第 3 章构建了从图幅、图框、标题栏画起的绘制建筑平面图的全过程，旨在引导学生在绘图的过程中学习 AutoCAD 命令的使用和编辑，使学生对画图过程和每一个命令都融会于胸，熟练在手。全书选用了一套建筑施工图，包括建筑平面图、立面图、剖面图等，这些图在教材中承接前后，一贯始终。教材中的选例与操作是结合工作过程实际，为引导学生应用 AutoCAD 软件绘制建筑施工图而设计，所以对完成某一具体图形来说，其操作过程和操作方法不一定就是最佳选择和最佳途径。学生在学习过程中也要多思勤练，活学活用、举一反三、触类旁通。事实上我们在实际绘图中往往使用专业绘图软件，如天正建筑软件等，这类软件有许多现存的图标图库，使用起来非常方便快捷，但这类软件往往都是基于 AutoCAD 平台二次开发的产品，它在实际绘图过程中有时是离不开 AutoCAD 命令的。切记学好 AutoCAD 命令对熟练地应用专业绘图软件也能起到事半功倍的作用。

为方便学习，在每一章开始都设计了学习内容与目标，结束都作了简短小结。根据本章学习内容，章后还精心设计了思考题和练习题。本书强调从键盘输入命令的绘图方法，学生在学习过程中也可以使用其他方法，如菜单执行和工具按钮执行等，以增强对 AutoCAD 软件的整体把握和灵活应用能力。操作中的楷体字是命令操作过程中的命令行提示。我们还在书中设计了一些图标，它们分别是：

说明：用于介绍使用经验和说明重要概念。

提示：用于提醒学生应该注意的问题或介绍实现同一目标的不同方法。

操作：用于引出一个操作题目和相应一组操作步骤。

本书附录中列举了 AutoCAD 常用命令表，供使用时查阅参考。

本书内容丰富、结构严谨、范例典型、通俗易懂、实用性强，在版面设计上尽量做到生动活泼、图文并茂，以激发学生的学习兴趣。

本书是在《建筑 CAD》第 3 版的基础上，根据读者建议重新编写的。新编写的教材更加注重职业实践，在总体结构和教学用例上也作了更多调整。本书可作为高职高专和应用型本科建筑工程、建筑设计、建筑装饰等专业学生学习 AutoCAD 的教材，也可供中等职业学校建筑类专业学生学习 AutoCAD 使用，还可作为广大建筑领域工程技术人员 AutoCAD 培训教材和自学参考书。

本书充分考虑了操作技能练习的可重复性和学生自主性学习的特点，结合教材开发了助教、助学资源包。**凡使用本书作为教材的院校，均可获赠配套资源包。资源包可登录机械工业出版社教材服务网（Http://www.cmpedu.com）下载，或与编辑（电话 010-88379375）联系获取。关于《建筑 CAD 2008 中文版》更多的教学资源，可通过 Http://www.sxatc.com/jpkc/web/cadjpkc/index.html 精品课程网络查询。**

本书由邓美荣、巩宁平、陕晋军编著。巩宁平编写第 1、2 章；邓美荣编写第 3、4、5、6 章；陕晋军编写第 7、8、9 章及附录部分。全书由邓美荣、巩宁平最后统稿。

由于编写水平有限，错误疏漏在所难免，恳请广大读者和同行批评指正。

编　者

目　录

第 1 章　AutoCAD 基础知识

学习内容与目标

本章简单介绍了 AutoCAD 的发展和应用，主要讲述了 AutoCAD 2008 中文版的用户界面、基本操作和文件管理，详细讲解了 AutoCAD 2008 中文版的一些辅助作图知识。通过本章学习，了解用户界面的组成元素，理解坐标的基本概念，掌握目标选择和视窗缩放与移动的基本方法，学会新建、保存和打开图形文件的基本操作。对 AutoCAD 2008 中文版绘图环境有一个全面的了解。

1.1　AutoCAD 简介

AutoCAD 是由 AutoDesk 公司开发的、应用最为广泛的专业制图软件。自 1982 年推出以来，从初期的 1.0 版本，经 2.6、R10、R12、R14、2000、2002、2004、2006、2007 等多次典型版本更新和性能完善，现已发展到 2008，目前在很多领域已替代了图板、直尺、绘图笔等传统的绘图工具，成为设计人员所依赖的重要工具。尤其是建筑类专业，已从过去的图板绘图时代进入到今天的计算机绘图时代，极大地提高了建筑工程的设计质量和工作效率。作为建筑工程工作者，要想使 AutoCAD 成为得力的设计工具，必须熟练地掌握使用 AutoCAD 绘图的基本方法。

初期的 AutoCAD 主要用于绘图，随着计算机软、硬件及其他相关技术的发展，它不仅能做二维的平面绘图，而且可应用于三维造型、曲面设计、结构分析仿真等。近年来出现的计算机集成制造系统，对 CAD 系统的数据库及其管理系统、网络通信等方面提出了更高要求。要使 CAD 真正实现辅助设计，就应将人工智能技术与传统的 CAD 技术结合起来，形成智能化 CAD，这将是 CAD 发展的必然趋势。

1.1.1　安装 AutoCAD 2008 的硬件配置

为了使 AutoCAD 2008 的优越性能得到充分发挥，建议用户采用高档次的处理器，至少配置 256M 以上内存，1.6G 剩余磁盘空间，支持 Windows1024×768 或更高分辨率的显示适配器，并且配置光驱和鼠标。有条件的用户还可增加打印机或绘图仪等硬件。

1.1.2　AutoCAD 2008 的启动

AutoCAD 2008 可以在 Windows 2000、Windows XP 和 Windows Vista 等操作环境下运行。软件安装后，系统自动在桌面上产生 AutoCAD 2008 快捷图标。同时，“开始”菜单中的“程序”子菜单也自动添加了 AutoCAD 2008 命令，如图 1-1 所示。

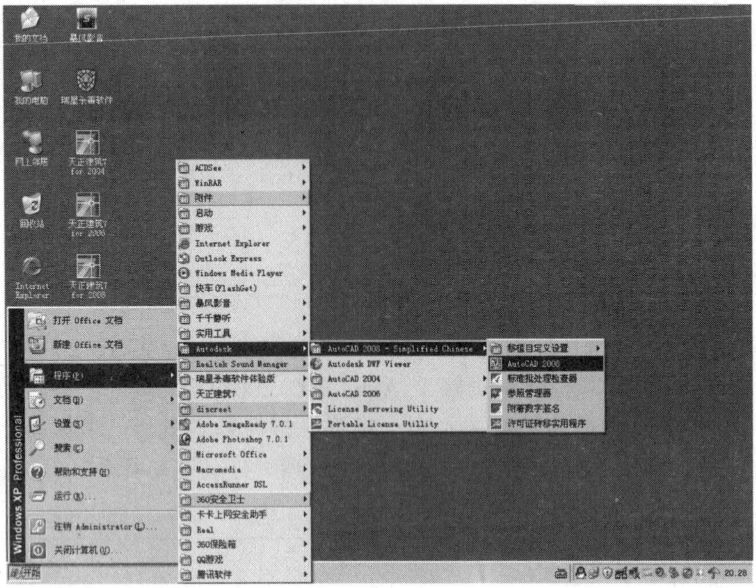

图 1-1 “程序”子菜单中的 AutoCAD 2008 程序

双击桌面上的 AutoCAD 2008 快捷图标，即可启动 AutoCAD 2008。

1.2 AutoCAD 2008 的用户界面

AutoCAD 2008 中文版为用户提供了“二维草图与注释”、“三维建模”和“AutoCAD 经典”三种工作空间模式。图 1-2 所示为“AutoCAD 经典”工作空间界面，“二维草图与注释”和“三维建模”工作空间界面如图 1-3 和图 1-4 所示。三种工作空间的主要区别在于所打开的工具栏和工具选项板有所不同。

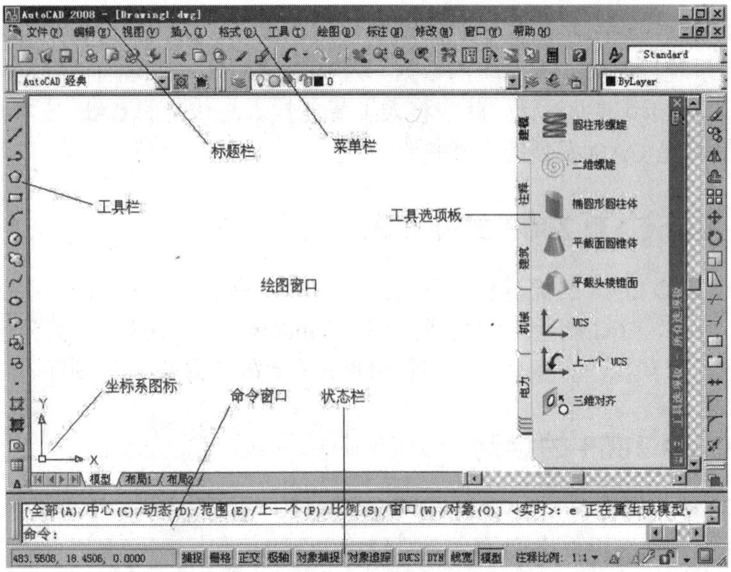

图 1-2 “AutoCAD 经典”工作空间界面

图 1-3　“二维草图与注释”工作空间界面

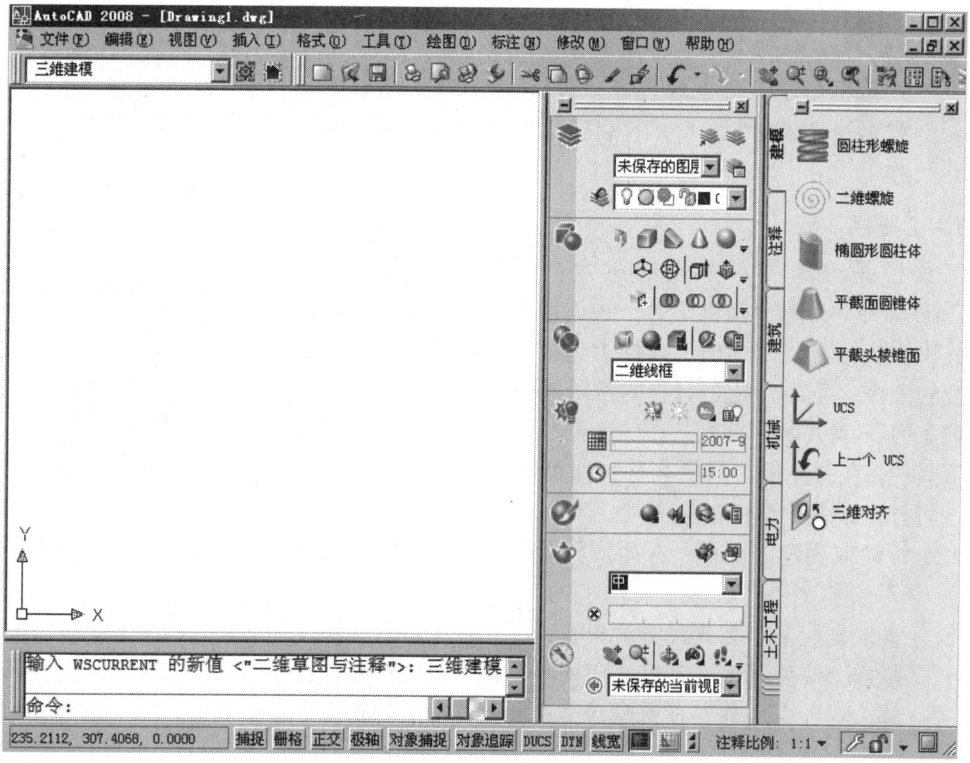

图 1-4　“三维建模”工作空间界面

1.2.1 AutoCAD 2008 经典用户界面

下面就以 AutoCAD 2008 经典工作空间为例来介绍它的用户界面。如图 1-2 所示，AutoCAD 2008 用户界面包括标题栏、菜单栏、工具栏、绘图窗口、命令窗口、状态栏及工具选项板等内容。

1．标题栏

与大多数的 Windows 应用程序相同，AutoCAD 2008 的标题栏在工作界面的最上方。左边显示了 AutoCAD 2008 的程序图标以及当前打开的图形文件名称，右边为最小化、还原和关闭按钮。

2．菜单栏

AutoCAD 2008 的菜单栏位于窗口的顶部，标题栏的下部。菜单栏包括 11 个菜单项，包含了该软件的主要命令。在某一个菜单上单击，便可打开其下拉菜单。菜单栏的左边是绘图窗口的控制按钮，右边是绘图窗口的最小化、还原和关闭按钮。现将下拉菜单中的命令说明如下：

- 普通命令：命令无任何标记，选择该命令即可执行相应功能。
- 级联菜单：命令右端有一黑色小三角，表示该子菜单中还包含多个命令。单击该菜单，将弹出下一级子菜单，可进一步在下级子菜单中选取命令。
- 对话框命令：命令后带有“...”，表示选择该命令将弹出一个对话框，用户可以通过对话框实施相应的操作。

3．工具栏

工具栏是一组图形工具的组合，它包含了最常用的 AutoCAD 命令，为用户提供了另一种调用命令和实现各种绘图操作的快捷执行方式。单击工具栏上的某一按钮图标，即可执行相应的命令。下面介绍工具栏的常用操作。

（1）打开或关闭工具栏　在 AutoCAD 2008 中，右击任意一个工具栏，在弹出的工具栏名称快捷菜单（图 1-5）中单击工具栏，将打开或关闭选中的工具栏。

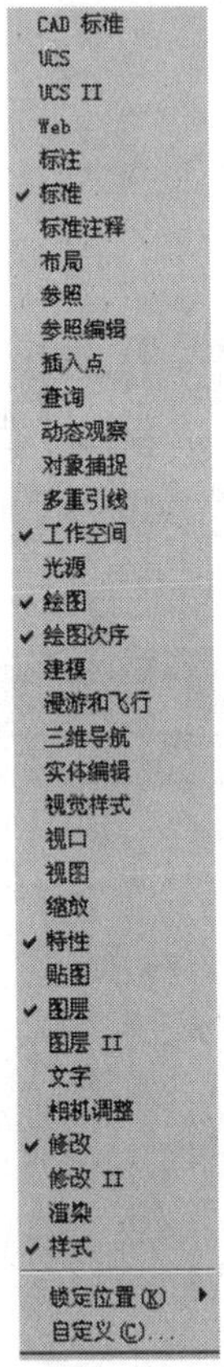

图 1-5　快捷菜单

（2）浮动或固定工具栏　在用户界面中，工具栏的显示方式有两种：浮动方式和固定方式。

- 当工具栏显示为浮动方式时，如图 1-6 所示的“修改”工具栏，将显示该工具栏的标题，按关闭按钮可以关闭该工具栏。如果将鼠标指针移动到工具栏，按住鼠标左键，则可在屏幕上自由移动该工具栏；当拖动到图形区边界时，工具栏的显示将变为固定方式。
- 以固定方式显示的工具栏被锁定在 AutoCAD 2008 窗口顶部、底部或两侧，并隐藏工具栏的标题。同样也可以把固定工具栏拖出，使其成为浮动工具栏。

图 1-6　浮动显示的“修改”工具栏

（3）弹出工具栏　如图 1-7 所示，在某些工具栏上的右下角带有一个黑三角图标。将鼠标指针移动到该图标上，按住鼠标左键，将弹出相应的工具栏；此时按住鼠标左键不放，移动鼠标指针到某一图标上松手，则该图标成为当前图标；单击当前图标，将执行相应的命令。

图 1-7　弹出工具栏

4．绘图窗口

AutoCAD 2008 界面上，一个最大的空白窗口便是绘图窗口，绘图窗口是 AutoCAD 显示、编辑图形的区域，就像手工绘图时的图纸，用户只能在绘图窗口绘制图形。

5．坐标系图标

坐标系图标显示了当前坐标系的形式与坐标方向等。

6．命令窗口

命令窗口是用户和 AutoCAD 进行对话的窗口，是用户输入命令名和显示命令提示信息的区域。使用键盘在命令行中输入命令是一种常用的方式。当命令行为空时，就表明 AutoCAD 处于命令的接收状态。键盘输入命令的最基本的方法就是在键盘输入命令后按回车键或空格键。要取消一条命令的输入，可以在命令执行过程中按<Esc>键。用户通过该窗口发出绘图命令，与菜单和工具栏按钮操作等效。命令窗口也可以拖动为浮动窗口，如图 1-8 所示。

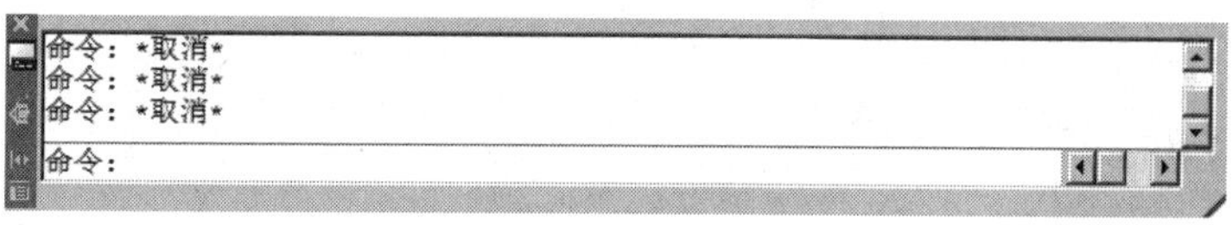

图 1-8　命令行浮动窗口

当命令窗口处于浮动状态时，在其标题上单击鼠标右键，从弹出的快捷菜单中选择“透明”命令，打开“透明”对话框，如图 1-9 所示。

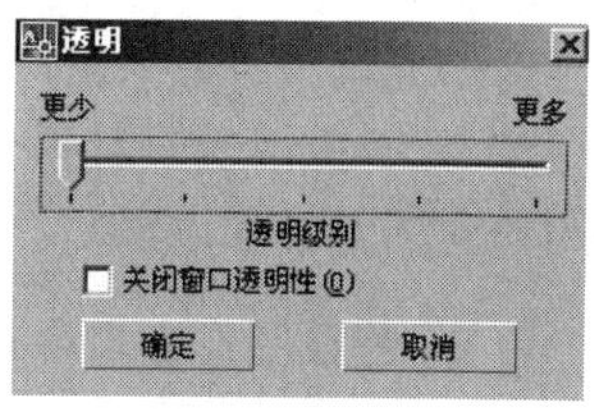

图 1-9　“透明”对话框

在“透明”对话框中，用户可以拖动“透明级别”滑块来设置命令的透明度。当“透明级别”设置为最大值时，可以清楚地看到位于命令行下面的图形，这样就不必再将命令行拖到别的位置来观察位于它下面的图形了。

文本窗口是记录 AutoCAD 命令的窗口，它是放大了的命令行窗口。它记录了用户执行过的命令，也可以用来输入新命令。文本窗口默认是隐藏的，用户可以执行 TEXTSCR 命令或者按<F2>键来显示该窗口，如图 1-10 所示。

在命令行的空白处单击鼠标右键，出现快捷菜单，如图 1-11 所示，可以从“近期使用的命令”选项中选择之前用过的命令，无须在命令行再度输入命令。

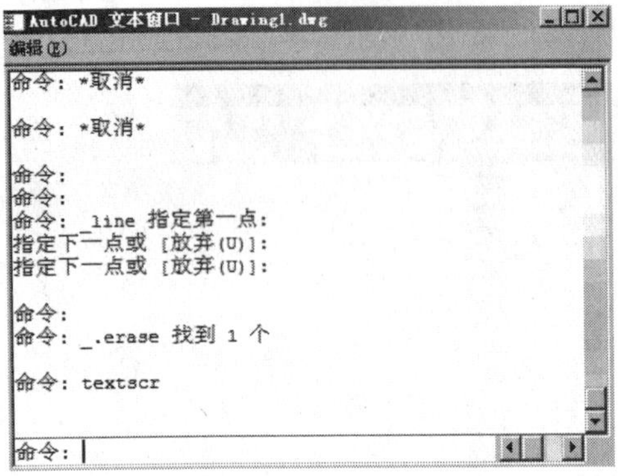

图 1-10　文本窗口

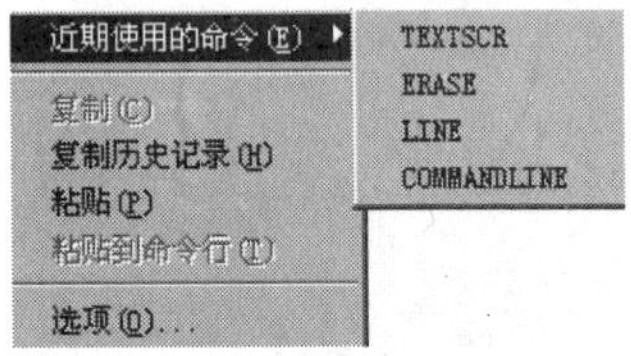

图 1-11　近期使用的命令

7．状态栏

状态栏又称状态行，位于 AutoCAD 主窗口的底部，默认情况下左端显示出当前十字光标所处的位置，中间依次有“捕捉”、“栅格”、“正交”、“极轴”、“对象捕捉”、“对象追踪”、“DUCS（动态坐标系）”、“DYN（动态输入）”、“线宽”和“模型”10 个绘图辅助工具按钮，单击任意一个按钮，即可打开相应的绘图辅助工具；单击右侧的状态行菜单按钮，即可弹出状态行菜单，如图 1-12 所示，在该菜单中可以设置和修改状态栏中显示的辅助绘图工具按钮。

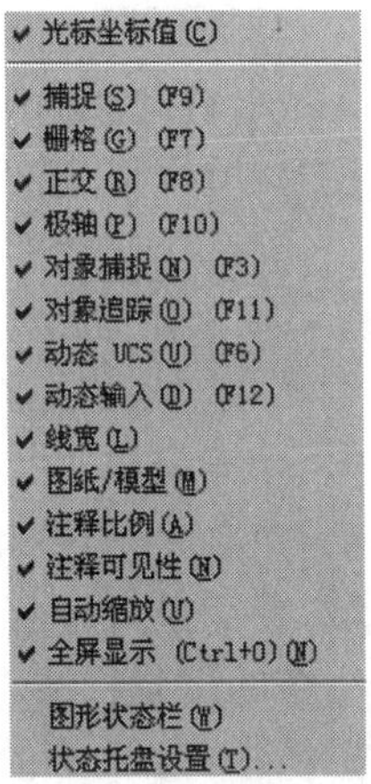

图 1-12　状态行控制菜单

8．工具选项板

工具选项板是一个选项卡形式的区域，它提供了一种组织、共享和放置块及填充图案的有效方法。

1.2.2　用户界面的修改

在 AutoCAD 2008 的菜单栏中，选择“工具”/“选项”命令，将弹出“选项”对话框，如图 1-13 所示。单击其中的“显示”选项，切换到“显示”选项卡，其中包括 6 个选项组：“窗口元素”、“显示精度”、“布局元素”、“显示性能”、“十字光标大小”和“参照编辑的褪色度”，分别对其进行操作，即可以实现对原有用户界面中某些内容的修改。现仅对其中常用内容的修改加以说明。

1．修改图形窗口中十字光标的大小

系统预设十字光标的长度为屏幕大小的 5%，用户可以根据绘图的实际需要更改其大小。

改变十字光标大小的方法为：在“十字光标大小”选项组中的文本框中直接输入数值，或者拖动文本框后的滑块，即可以对十字光标的大小进行调整。

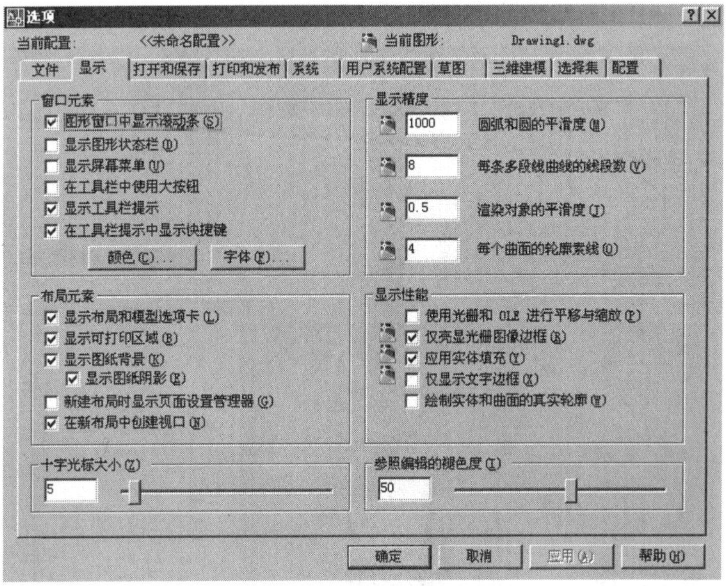

图 1-13 “选项”对话框

2．修改图形窗口背景颜色

在默认情况下，AutoCAD 2008 的绘图窗口是黑色背景、白色线条，利用“选项”对话框，同样可以对其进行修改。

修改绘图窗口颜色的步骤如下。

1）单击“窗口元素”选项组中的“颜色”按钮，将弹出如图 1-14 所示的“图形窗口颜色”对话框。

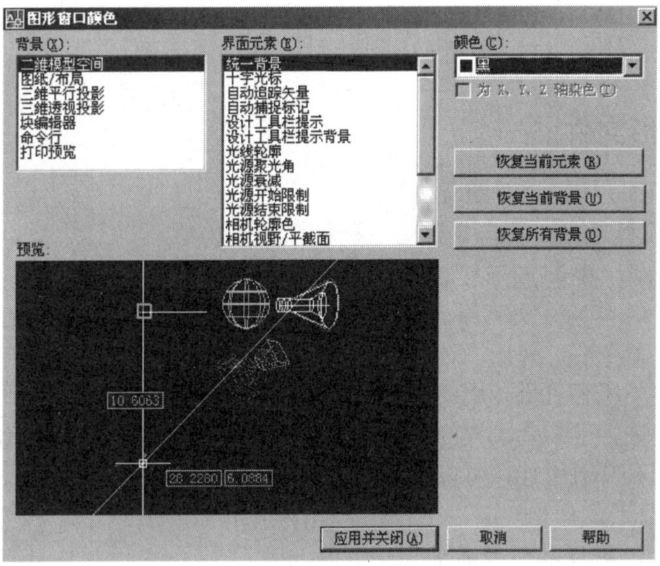

图 1-14 “图形窗口颜色”对话框

2）单击“颜色”下拉列表框中的下拉箭头，在弹出的下拉列表中，选择“白”，如图 1-15 所示，然后单击“应用并关闭”按钮，则 AutoCAD 2008 的绘图窗口将变为白色背景、黑色线条。

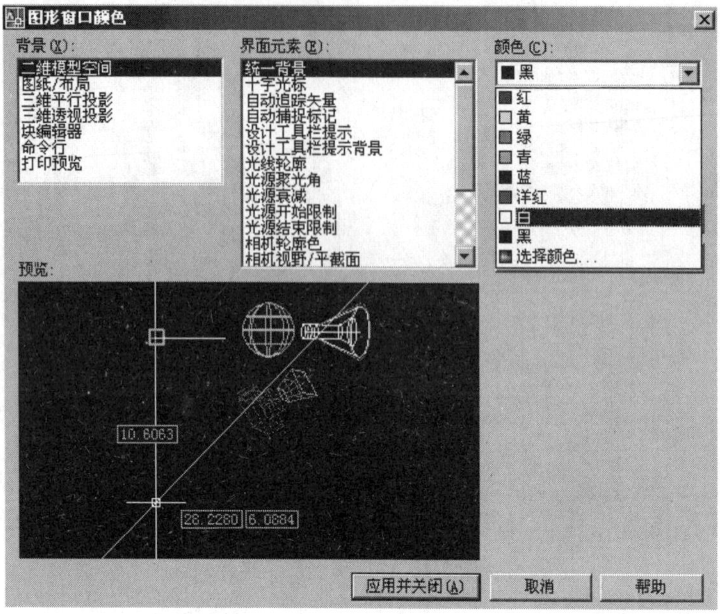

图 1-15 “图形窗口颜色”对话框中的“颜色”下拉列表

1.3 AutoCAD 2008 的文件管理

本节介绍 AutoCAD 2008 图形文件的基本操作，如新建图形文件、打开已有的图形文件、保存图形文件等。在一个 AutoCAD 窗口中可以同时打开和编辑多个图形文件。下面学习图形文件的基本操作。

1.3.1 新建图形文件

在 AutoCAD 2008 中创建新图有 3 种途径：

- “文件”下拉菜单：单击“新建”命令。
- 标准工具栏：单击按钮。
- 命令行：输入 New 并回车。

执行“新建”命令后，弹出“选择样板”对话框，如图 1-16 所示。

该对话框列出了所有可供使用的样板，供用户单击选择。用户可以利用样板创建新图形。所谓样板文件是指进行了某些设置的特殊图形。实际上，样板图形和普通图形并无区别，只是作为样板的图形具有通用性，可以用作绘制其他图形的模板。样板图形中通常包含下列设置和图形元素：

- 单位类型、精度和图形界限。
- 捕捉、栅格和正交设置。

- 图层、线型和线宽。
- 标题栏和边框。
- 标注和文字样式。

图 1-16 “选择样板”对话框

1.3.2 打开已有图形文件

打开已有图形文件有以下 3 种方法：

- “文件”下拉菜单：单击“打开”命令。
- 标准工具栏：单击按钮。
- 命令行：输入 Open 并回车。

执行“打开”命令，弹出“选择文件”对话框，如图 1-17 所示。在该对话框中，可以直接输入文件名，打开已有文件，也可在列表框中双击需打开的文件。

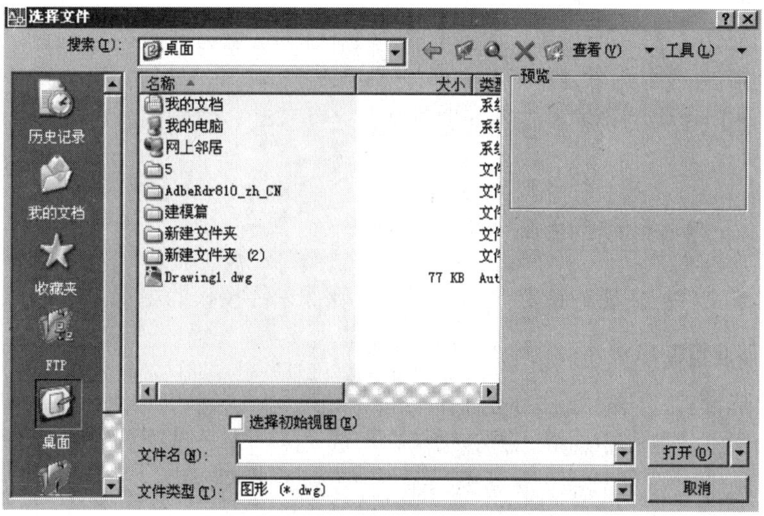

图 1-17 “选择文件”对话框

1.3.3 保存图形文件

在绘图过程中，为了防止意外情况（死机、断电等），必须随时将图形文件存盘。保存图形文件有以下 3 种方法：

- "文件"下拉菜单：单击"保存"命令。
- 标准工具栏：单击按钮。
- 命令行：输入 Save 并回车。

如果当前图形已经命名，则"保存"命令将以定好的名称保存文件。若当前文件尚未命名，在输入存盘命令时，打开"图形另存为"对话框，如图 1-18 所示，可在对话框中为图形文件命名，并为其选择合适的位置然后存盘。

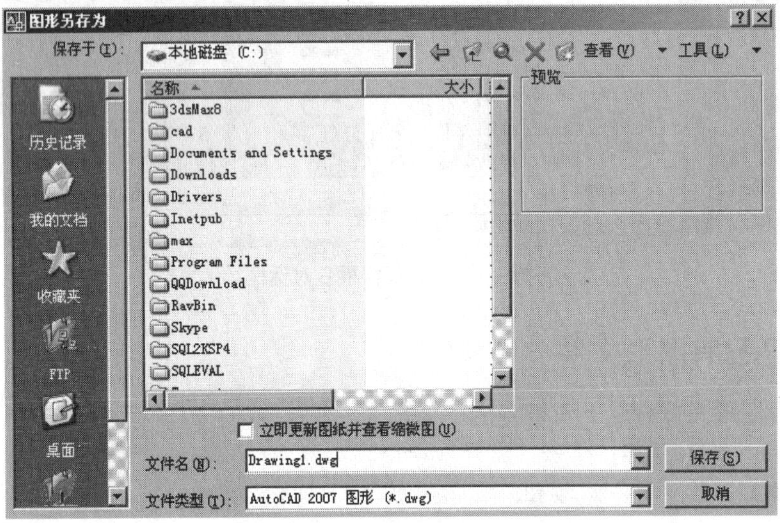

图 1-18 "图形另存为"对话框

1.3.4 同时打开多个图形文件

在一个 AutoCAD 任务下可以同时打开多个图形文件。其方法是在"选择文件"对话框中，按下<Ctrl>键的同时选中几个要打开的文件，然后单击"打开"按钮即可。同时打开多个文件的功能为重复使用过去的设计及在不同图形文件之间移动、复制图形对象及其特性提供了方便。

1.3.5 图形文件的密码保护

通过对图形文件应用密码或数字签名，可以确保未经授权的用户无法打开或查看图形。

1．为图形设置密码

为当前图形设置密码的方法为：选择菜单"工具"/"选项"命令，弹出如图 1-19 所示的"选项"对话框，在其中选取"打开和保存"选项卡，单击其中的"安全选项"按钮，弹出如图 1-20 所示的"安全选项"对话框，在"用于打开此图形的密码或短语"文本框中输入所设置的密码文本，最后单击"确定"按钮并再次确认密码内容后，即可完成对图形文件密码保护功能的设置。

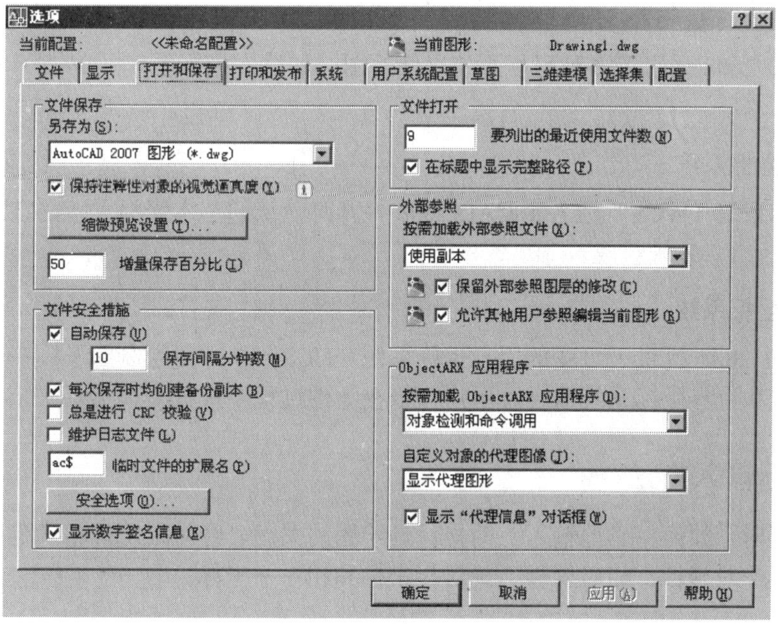

图 1-19 “选项”对话框

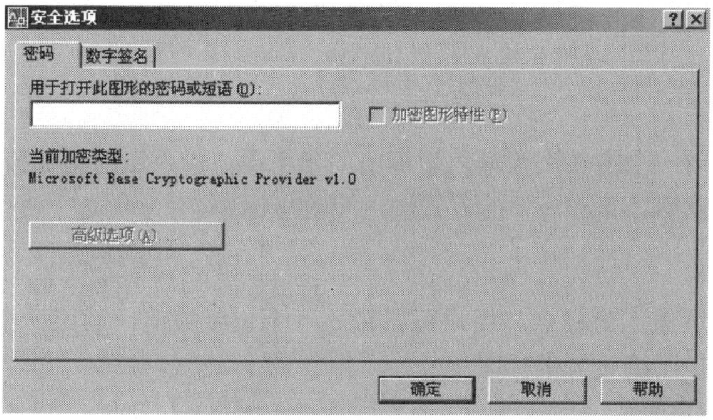

图 1-20 “安全选项”对话框

2. 打开设置有密码的图形文件

在打开设置有密码的图形文件时，系统首先弹出如图 1-21 所示的“密码”对话框，要求输入图形文件的密码。只有输入的密码正确无误后才会打开图形文件，供用户浏览、修改、编辑和打印。

图 1-21 “密码”对话框

1.4 坐标知识

了解 AutoCAD 2008 的坐标知识对学习 CAD 制图以及以后的施工图绘制是非常必要的，因为以后的很多 CAD 命令的使用都和坐标有关。

1.4.1 坐标系统

AutoCAD 2008采用了多种坐标系统以便绘图，如世界坐标系统（WCS）和用户坐标系统（UCS）。

1．世界坐标系统

世界坐标系统（WCS）是AutoCAD 2008打开时默认的基本坐标系统，它由3个相互垂直并相交的X、Y、Z轴组成。

2．用户坐标系统

AutoCAD 2008提供了可变的用户坐标系统（UCS）以方便绘制图形。在默认情况下，用户坐标系统和世界坐标系统重合，用户可以在绘图过程中根据具体需要来定义UCS。

1.4.2 坐标输入方法

绘制图形时，如何精确地输入点的坐标是绘图的关键。经常采用的精确定位坐标点的方法有4种，即绝对坐标、相对坐标、绝对极坐标和相对极坐标。

1．绝对坐标

绝对坐标是以当前坐标系原点为输入坐标值的基准点，输入点的坐标值都是相对于坐标系原点（0，0，0）的位置而确定的。

2．相对坐标

相对坐标是以前一个输入点为输入坐标值的参考点，输入点的坐标值是以前一点为基准而确定的，用户可以用（@x，y）的方式输入相对坐标。

3．绝对极坐标

绝对极坐标是以原点为极点。用户可以输入一个长度数值，后跟一个“<”符号，再加一个角度值，即可指明绝对极坐标。

4．相对极坐标

相对极坐标通过相对于某一点的极长距离和偏移角度来表示。通常用“$@l<\alpha$”的形式来表示相对极坐标。其中@表示相对，l表示极长，α表示角度。

1.5 AutoCAD 2008的绘图辅助知识

在实际绘图中，用鼠标定位虽然方便快捷，但精度不高，绘制的图形极不精确，远远不能满足工程制图的要求。为解决快速精确定位点的问题，AutoCAD 2008提供了一些绘图辅助工具，包括捕捉、栅格显示、正交模式、极轴追踪、对象捕捉、对象捕捉追踪、显示/隐藏线宽等。利用这些绘图辅助工具，能够极大地提高绘图的精度和效率。在学习绘图及编辑命令以前，有必要对绘图前的准备工作以及一些相关概念有所了解。

1.5.1 设置图形界限

图形界限就是表明用户的工作区域和图纸的边界。设置绘图界限的目的是为了避免用户所绘制的图形超出某个范围。

在 AutoCAD 2008 中，有以下 2 种方法可以设置边界：

- “格式”下拉菜单：单击“图形界限”命令。
- 命令行：输入 Limits 并回车。

执行图形界限命令后，命令行出现如下提示：

指定左下角点或 [开(ON)/关(OFF)] <0.0000,0.0000>:

提示设置图形界限左下角的位置，默认值为（0，0）。用户可回车接受其默认值或输入新值。

命令行继续提示用户设置绘图界限右上角的位置。

指定右上角点 <12.0000, 9.0000>:

同样可以接受其默认值或输入一个新坐标以确定绘图界限的右上角位置。

1.5.2 捕捉和栅格

捕捉用于控制间隔捕捉功能。如果捕捉功能打开，光标将锁定在不可见的捕捉网格点上，作步进式移动。捕捉间距在 X 方向和 Y 方向一般相同，但也可以不同。

栅格是显示可见的参照网格点，当栅格打开时，它在图形范围界限内显示。栅格既不是图形的一部分，也不会输出，但对绘图起很重要的辅助作用，如同坐标纸一样。栅格点的间距值可以和捕捉间距相同，也可以不同。图 1-22 为栅格打开状态时的绘图区。

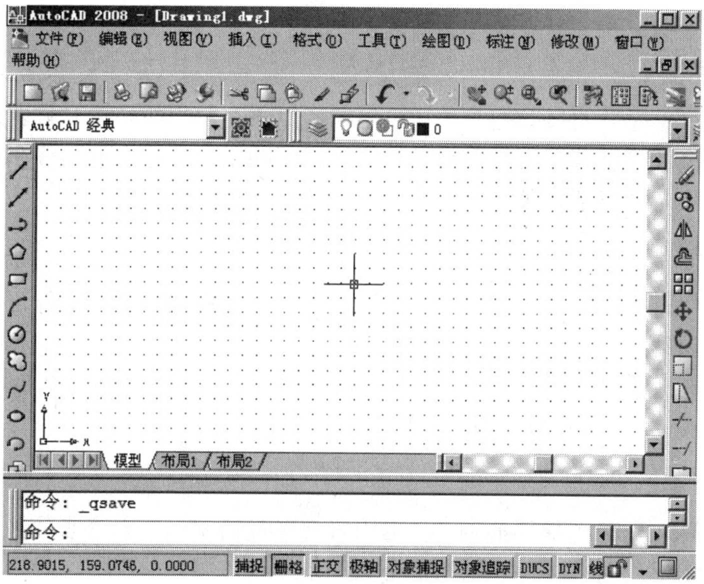

图 1-22 栅格打开状态时的绘图区

用户可在“草图设置”对话框（图 1-23）中进行辅助功能的设置。打开该对话框有以下 2 种方法：

- "工具"下拉菜单：单击"草图设置"命令。
- 命令行：输入 Dsettings（简捷命令 DS）并回车。

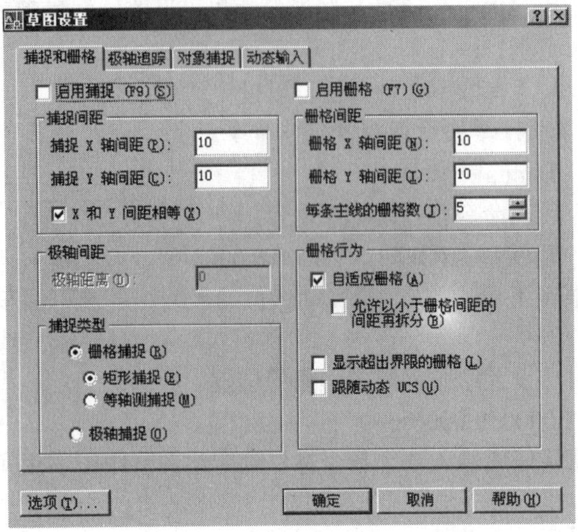

图 1-23 "草图设置"对话框中的"捕捉和栅格"选项卡

在"草图设置"对话框中，其中的"捕捉和栅格"选项卡用来对捕捉和栅格功能进行设置。对话框中的"启用捕捉"复选框控制是否打开捕捉功能；在"捕捉间距"选项组中可以设置捕捉间距的 X 方向间距和 Y 方向间距；利用<F9>键也可以在打开和关闭捕捉功能之间切换。

"启用栅格"复选框控制是否打开栅格功能，"栅格间距"选项组用来设置可见网格的间距。利用<F7>键也可以在打开和关闭栅格功能间切换。

1.5.3 自动追踪

AutoCAD 2008 提供的自动追踪功能，可以使用户在特定的角度和位置绘制图形。打开自动追踪功能，执行时屏幕上会显示临时辅助线，帮助用户在指定的角度和位置上精确地绘制图形。自动追踪功能包括两种：极轴追踪和对象捕捉追踪。

1．极轴追踪

在绘图过程中，当 AutoCAD 要求用户给定点时，利用极轴追踪功能可以在给定的极角方向上出现临时辅助线。

极轴追踪的有关设置可在"草图设置"对话框中的"极轴追踪"选项卡中完成。用<F10>键可以在打开和关闭"极轴追踪"之间切换。

2．对象捕捉追踪

对象捕捉追踪与对象捕捉功能相关，启用对象捕捉追踪功能之前必须先启用对象捕捉功能。利用对象捕捉追踪可产生基于对象捕捉点的辅助线。

1.5.4 正交模式

用鼠标来画水平线和垂直线时，会发现要真正画直并不容易。光凭肉眼去观察和掌握，稍一偏差，水平线不水平，垂直线不垂直。为解决这个问题，AutoCAD 2008 提供了一个正交（Ortho）功能。当正交模式打开时，AutoCAD 2008 限定只能画水平线或铅垂线，使用户可以精确地绘制水平线和铅垂线，这样可以大大地方便绘图。用<F8>键可以在打开和关闭正交功能之间切换。

1.5.5　对象捕捉

对象捕捉是一个十分有用的工具。其作用是：十字光标可以被强制性地准确定位在已存在实体特定点或特定位置上。形象地说，对于屏幕上两条直线的一个交点，若要以这个交点为起点再画直线，就要求能准确地把光标定位在这个交点上，这仅靠人眼是很难做到的。若利用交点捕捉功能，只需把交点置于选择框内，甚至在选择框的附近便可准确地定位在交点上，从而保证了绘图的精确度。

1. 设置对象捕捉模式

AutoCAD 2008 所提供的目标捕捉功能，均是对绘图中控制点的捕捉而言的。打开“草图设置”对话框并切换到“对象捕捉”选项卡，选项卡中两个复选框“启用对象捕捉”和“启用对象捕捉追踪”用来确定对象捕捉功能和对象捕捉追踪功能。AutoCAD 2008 共有 13 种目标捕捉方式，如图 1-24 所示，下面分别对这 13 种捕捉方式加以介绍。

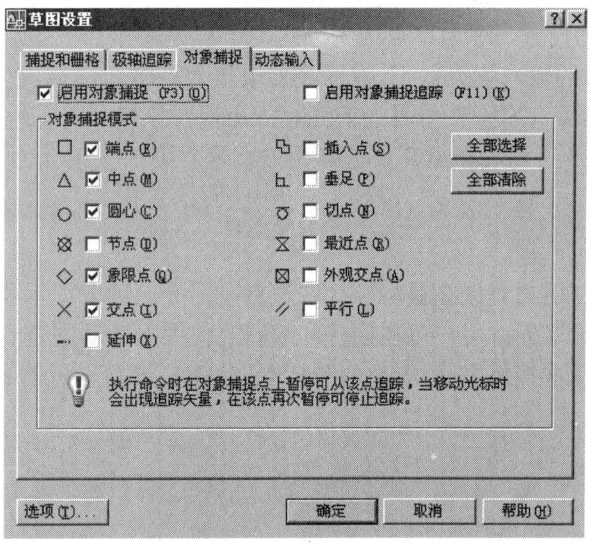

图 1-24　“草图设置”对话框中的“对象捕捉”选项卡

（1）端点捕捉　端点捕捉用来捕捉实体的端点，该实体可以是一段直线，也可以是一段圆弧。

（2）中点捕捉　中点捕捉用来捕捉一条直线或圆弧的中点。捕捉时只需将靶区放在直线上即可，而不一定放在中部。

（3）圆心捕捉　使用圆心捕捉方式，可以捕捉一个圆、弧或圆环的圆心。

（4）节点捕捉　节点捕捉用来捕捉点实体或节点。使用时，需将靶区放在节点上。

（5）象限点捕捉　即捕捉圆、圆环或弧在整个圆周上的四分点。靶区也总是捕捉离它最近的那个象限点。

（6）交点捕捉　该方式用来捕捉实体的交点。这种方式要求实体在空间内必须有一个真实的交点，无论交点目前是否存在，只要延长之后相交于一点即可。

（7）插入点捕捉　用来捕捉一个文本或图块的插入点，对于文本来说即是其定位点。

（8）垂足捕捉　该方式在一条直线、圆弧或圆上捕捉一个点，从当前已选定的点到该捕捉点的连线与所选择的实体垂直。

（9）切点捕捉　在圆或圆弧上捕捉一点，使这一点和已确定的另外一点连线与实体相切。

（10）最近点捕捉　此方式用来捕捉直线、弧或其他实体上离靶区中心最近的点。

（11）外观交点捕捉　用来捕捉两个实体的延伸交点。该交点在图上并不存在，而仅仅是同方向上延伸后得到的交点。

（12）平行点捕捉　捕捉一点，使已知点与该点的连线与一条已知直线平行。

（13）延伸点捕捉　用来捕捉一已知直线延长线上的点，即在该延长线上选择出合适的点。

2．利用快捷菜单进行对象捕捉

AutoCAD 2008 还提供了另外一种对象捕捉的操作方式，即在命令要求输入点时，临时调用对象捕捉功能，此时它覆盖“对象捕捉”选项卡的设置，称为单点优先方式。此方法只对当前点有效，对下一点的输入就无效了。在命令要求输入点时，同时按下<Shift>键和鼠标右键，在屏幕当前光标处出现对象捕捉快捷菜单，如图 1-25 所示，根据需要选择相关设置即可。

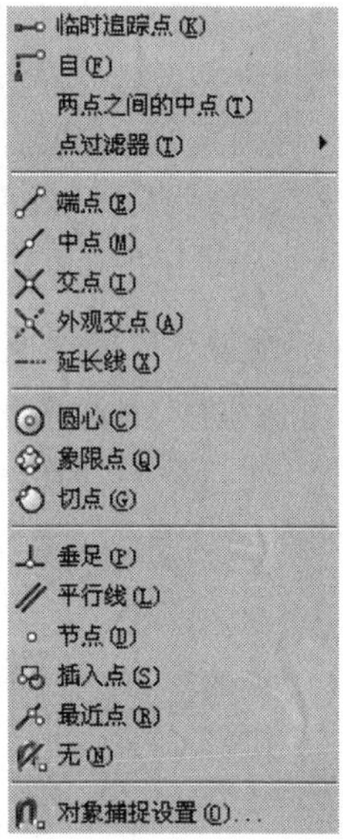

图 1-25　“对象捕捉”快捷菜单

1.5.6　动态输入

动态输入设置可使用户直接在鼠标点处快速启动命令、读取提示和输入值，而不需要把注意力分散到图形编辑器外。用户可在创建和编辑几何图形时动态查看标注值，如长度和角度，通过<TAB>键可在这些值之间切换。可使用在状态栏中新设置的 DYN 切换按钮来启用动态输入功能。

1.6　目标选择

目标选择，顾名思义就是如何选择目标。在 AutoCAD 2008 中，正确快捷地选择目标是进行图形编辑的基础。只要进行图形编辑，就必须准确无误地通知 AutoCAD，将要对图形文件中的哪些实体（或目标）进行操作。

用户选择实体目标后，该实体将呈高亮显示，即组成实体的边界轮廓线由原先的实线变成虚线，十分明显地和那些未被选中的实体区分开来。

1．用拾取框选择单个实体

当用户执行编辑命令后，十字光标被一个小正方形框所取代，并出现在光标所在的当前位置，在 AutoCAD 中，这个小正方形框被称为拾取框。

将拾取框移至编辑的目标上，单击鼠标左键，即可选中目标，此时被选中的目标呈现高亮显示。

2．利用对话框设置选择方式

对于复杂的图形，往往一次要同时对多个实体进行编辑操作或在执行命令之前先选择图形目标。设置恰当的目标选择方式即可实现这种操作。AutoCAD 2008 提供了用来设置选择方式的对话框，即“工具”下拉菜单下的“选项”对话框。在该对话框中，用户可对选择方式的相关内容进行设置。

可以通过以下方法打开“选项”对话框。

- “工具”下拉菜单：单击“选项”命令。
- 状态栏：在状态栏“对象捕捉”上单击右键，打开快捷菜单，在该菜单中单击“设置”选项，打开“草图设置”对话框，再单击其中的“选项”按钮。

在“选项”对话框中，打开“选择集”选项卡（图 1-26），在其中可以根据需要灵活地对图形目标的选择方式及其附属功能进行设置。有效的选择方式可极大地提高绘图速度。

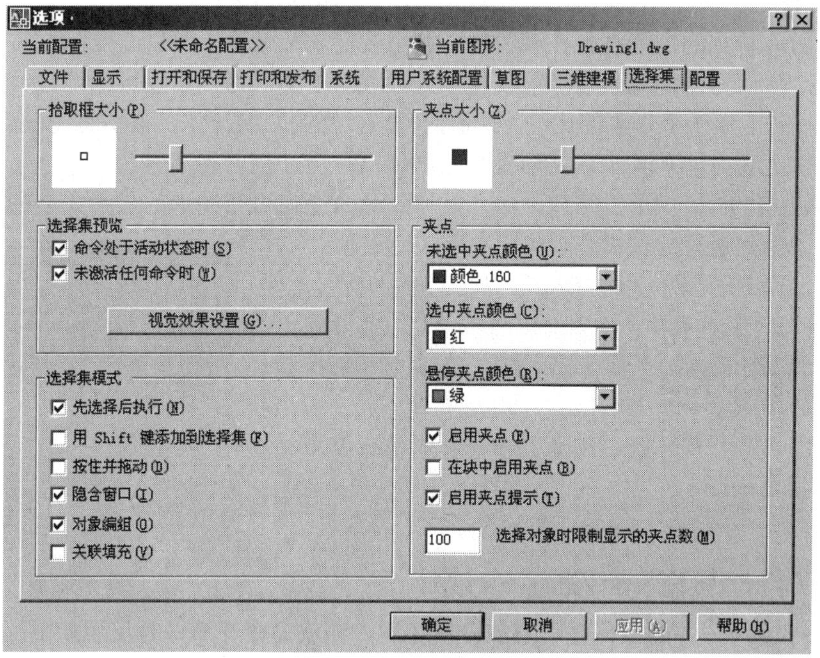

图 1-26 “选项”对话框

3．窗口方式和交叉方式

除了可用单击拾取框方式选择单个实体外，AutoCAD 2008 还提供了矩形选择框方式来选择多个实体。矩形选择框方式又包括窗口方式和交叉方式。这两种方式既有联系，又有区别。

（1）窗口方式　执行编辑命令后，在“选择对象:”提示下单击左键，选择第一对角点，从左向右移动鼠标至恰当位置；再单击左键，选取另一对角点，即可看到绘图区内出现一个实线的矩形，称之为窗口方式下的矩形选择框。此时，只有全部被包含在该选择框中的实体目标才被选中。

（2）交叉方式　执行编辑命令后，在“选择对象：”提示下单击左键，选取第一对角点，从右向左移动鼠标；再单击左键，选取另一对角点，即可看到绘图区内出现一个呈虚线的矩形，称之为交叉方式下的矩形选择框。此时完全被包含在矩形选择框之内的实体以及与选择框部分相交的实体均被选中。

1.7　视窗的显示控制

使用 AutoCAD 绘图时，由于显示器大小的限制，往往无法看清图形的细节，也就无法准确地绘图。为此 AutoCAD 2008 提供了多种改变图形显示的方式。我们可以用放大图形的显示方式来更好地观察图形的细节，也可以用缩小图形的显示方式浏览整个图形，还可以通过视图的平移的方法来重新定位视图在绘图区域中的位置等。

1.7.1　视窗缩放

绘图时所能看到的图形都处在视窗中。利用视窗缩放命令，可以改变图形实体在视窗中显示的大小，从而方便地观察在当前视窗中太大或太小的图形，以便准确地进行绘制实体、捕捉目标等操作。作一个形象的比喻，视窗的缩放，就像人的身体在移动而使视点不断变化，巨大的物体需远观方能观其全貌，而极小的物体需近看才能看得清楚。

AutoCAD 2008 提供了“缩放”命令，通过此命令，可对图形的显示大小进行缩放，便于用户观察图形，进行绘图工作。

启动缩放命令有以下 3 种方式：

- “视图”下拉菜单：单击“缩放”命令，此时弹出一级联子菜单，如图 1-27 所示，在其中可选择相应的缩放命令。
- 标准工具栏：单击“缩放”命令对应的三个图标按钮之一。
- 在命令行：输入 Zoom（简捷命令 Z）并回车。

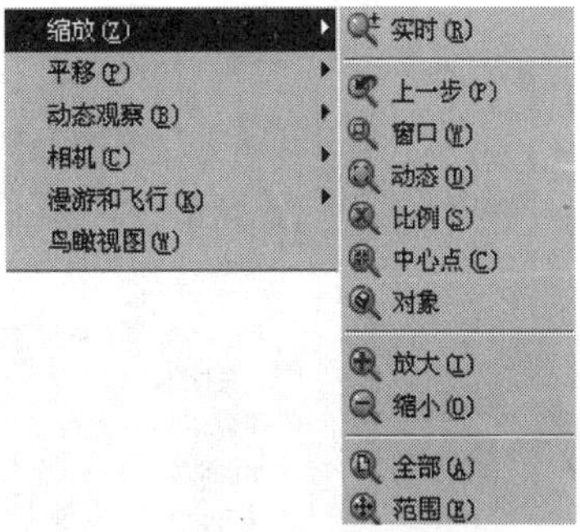

图 1-27 “缩放”子菜单

1．在命令行直接输入命令进行视窗缩放

在命令行输入 Z 并回车，启动缩放命令之后，缩放命令在命令行出现如下提示信息：

指定窗口的角点，输入比例因子（nX 或 nXP），或者[全部(A)/中心(C)/动态(D)/范围(E)/上一个(P)/比例(S)/窗口(W)/对象(O)] <实时>:

下面对这 9 个选项分别进行介绍。

（1）全部（A）　选择全部选项，将依照图形界限或图形范围的尺寸，在绘图区域内显示图形。一般情况下，当不清楚图形范围到底有多大时，使用全部命令使所有的图形实体显示在绘图区域内。

（2）中心（C）　选择中心选项，AutoCAD 将根据所确立的中心点调整视图。选择中心选项后，用户可直接用鼠标在屏幕上选择一个点作为新的中心点。确定中心点后，AutoCAD 要求输入放大系数或新视图的高度。

如果在输入的数值后面加一个字母 X，则此输入值为放大倍数，如果未加 X，则 AutoCAD

将这一数值作为新视图的高度。

（3）动态（D）　该选项先临时将图形全部显示出来，同时自动构造一个可移动的视图框（该视图框通过切换后可以成为可缩放的视图框），用此视图框来选择图形的某一部分作为下一屏幕上的视图。在该方式下，屏幕将临时切换到虚拟显示屏状态。

（4）范围（E）　该选项将所有图形全部显示在屏幕上，并最大限度地充满整个屏幕。

（5）上一个（P）　用来恢复上一次显示的图形视区。

（6）比例（S）　选择比例方式，可根据需要比例放大或缩小当前视图，且视图的中心点保持不变。选择此选项后，AutoCAD 要求用户输入缩放比例倍数。输入倍数的方式有两种：一种是数字后加字母 X，表示相对于当前视图的缩放倍数；一种是只有数字，该数字表示相对于图形界限的倍数。一般来说，相对于当前视图的缩放倍数比较直观，且容易掌握，因此比较常用。

（7）窗口（W）　该选项可直接用 Window 方式选择下一视图区域，当选择框的宽高比与绘图区的宽高比不同时，AutoCAD 使用选择框宽与高中相对当前视图放大倍数的较小者，以确保所选区域都能显示在视图中。事实上，选择框的高宽比几乎都不同于绘图区，因此选择框外附近的图形实体也可以出现在下一视图中。

（8）对象（O）　缩放以便尽可能大地显示一个或多个选定的对象并使其位于绘图区域的中心。可以在启动缩放命令前后选择对象。

（9）实时　此选项为系统缺省项，在命令行提示下，直接回车则选中该项。此时命令行提示：

按<Esc>或<Enter>键退出，或单击右键显示快捷菜单。

单击鼠标右键，屏幕上弹出一个快捷菜单，如图 1-28 所示。下面对快捷菜单中的每一项分别加以介绍。

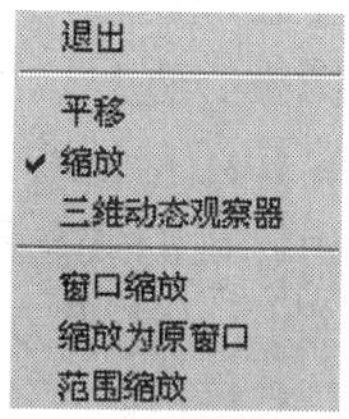

图 1-28　“实时”快捷菜单

- 退出：单击此命令，便可直接退出缩放命令。
- 平移：单击该命令，光标将成为手的形状，拖动光标，便可使视图向相同方向平移。屏幕的平移将在后面进行详细介绍。
- 缩放：单击此命令，将重新回到视图动态缩放的状态。
- 三维动态观察器：单击此命令，可对图形实体在三维空间内进行旋转和缩放。
- 窗口缩放：该命令与前面讲的“窗口（W）”选项相同，只是光标稍有区别，且选择完两个对角点之后不需回车确认。
- 缩放为原窗口：与前面所述的“上一个（P）”选项相同。
- 范围缩放：图形完全显示。

2. 使用工具按钮进行视图缩放

AutoCAD 2008 为用户提供了 3 个视图缩放的工具按钮，这 3 个按钮都在标准工具栏上。因此，用户可以直接选用工具按钮来进行视图缩放的操作。这三个按钮与缩放命令下的选项相同，功能等效。

3. 使用菜单方式进行视图缩放

启动缩放命令也可以采用菜单方式，即“视图”下拉菜单下的“缩放”命令，这时打开一个级联菜单，见图 1-27。该级联菜单中的各命令选项和前面讲述的缩放命令下的选项相同，这里不再重复介绍。

1.7.2 视窗平移

使用 AutoCAD 绘图时，当前图形文件中的所有图形实体并不一定全部显示在屏幕内，如果想查看当前屏幕外的实体，可以使用平移命令。平移命令比缩放视窗要快得多，另外视窗平移的操作直观形象而且简便。

启动平移命令有 3 种方法：

- “视图”下拉菜单：“平移”命令，此时弹出一个级联菜单，菜单中含有平移命令的各个选项，选择合适的一个即可执行平移命令。
- 标准工具栏：单击按钮。
- 命令行：输入 Pan（简捷命令 P）并回车。

此时屏幕上出现图标，拖动鼠标，即可移动图形显示，就像用手在图板上推动图纸一样。

小　　结

坐在电脑前用 AutoCAD 2008 绘图软件绘图与手工绘图的感觉真的不一样：我们已经熟悉的图板、直尺、绘图笔换成了屏幕、键盘、鼠标；原来的图纸换成了 AutoCAD 绘图界面，界面窗口还排列着菜单栏、工具栏、绘图区、状态栏、命令窗口等操作区域和图标；过去在图纸上画出的线条和图形，在计算机上也由静态变成了动态，可以根据需要放大或缩小图形，通过视图平移等方法重新定位视图在绘图区中的位置和根据需要确定坐标输入方式等；AutoCAD 提供的多种绘图工具，如正交、捕捉等功能更是给在电脑环境下绘图增添了驾驭图形的武器。熟悉新的绘图环境是学习本章内容的根本所在，这些内容在以后的章节都要多次反复用到，我们会逐步熟悉它的。最后需要提醒的是画完图后千万别忘了存盘！

思 考 题

1．AutoCAD 2008 的操作界面有哪几部分组成？
2．什么是绝对坐标和相对坐标，它们有什么区别？
3．目标选择的方式有哪几种？

练 习 题

1．结合本章内容，练习新建图形文件，文件的打开、关闭和保存。
2．根据自己的习惯，设置相应的绘图界面及绘图环境，进行必要的辅助设置。

第 2 章　基本绘图命令和编辑方法

学习内容与目标

本章主要介绍了 AutoCAD 2008 基本绘图命令和编辑方法，绘图命令的使用和编辑命令的用法，图形属性、图案填充、图层控制、文本和尺寸标注等有关图形绘制的基本知识。通过本章的学习要理解和掌握基本绘图命令的基本操作，理解和掌握基本编辑命令和基本编辑方法，熟悉绘图命令和编辑命令的一般格式，为以后各章的学习奠定扎实的基础。

2.1　命令的执行方式

AutoCAD 的操作过程由 AutoCAD 命令控制。AutoCAD 命令为英文，有多种方法可以调用 AutoCAD 命令。常用的命令执行方式有以下三种：

- 命令行：输入命令名，即在命令行的“命令:”提示后输入命令的字符串或者是命令字符串的简捷方式，命令字符不区分大、小写。
- 菜单栏：单击菜单栏中的命令，在状态栏可以看到相应的命令说明及命令名。
- 工具栏：单击工具栏中的对应图标，执行相应命令。

在上述所有的执行方式中，在命令行输入命令名是最为稳妥的方式，因为 AutoCAD 的所有命令均有其命令名，但却并非所有的命令都有其子菜单项、命令快捷方式和工具栏图标，只有常用的才有。

2.2　绘制直线几何图形

在建筑施工图的绘制中，用得最多而且用途最广泛的图形元素是直线和直线组成的集合图形。本节将介绍直线和直线组成的几何图形的绘制方法。

2.2.1　绘制点（Point）

在 AutoCAD 中，点可以作为实体，用户可以像创建直线、圆和圆弧一样创建点。作为实体的点与其他实体相比没有任何区别，同样具有各种实体属性，而且也可以被编辑。

AutoCAD 2008 中启动绘制点的命令有以下 3 种方法：

- “绘图”下拉菜单：单击“点”命令。
- 工具栏：单击 · 按钮。

- 命令行：输入Point（简捷命令PO）并回车。

启动点命令后，命令行出现提示：

指定点：该命令下要求输入或用光标确定点的位置，确定一点后，便在该点出现一个点的实体。

打开绘图菜单，单击点命令，弹出如图2-1所示的子菜单，其中列出了4种点的操作方法，现分别介绍如下：

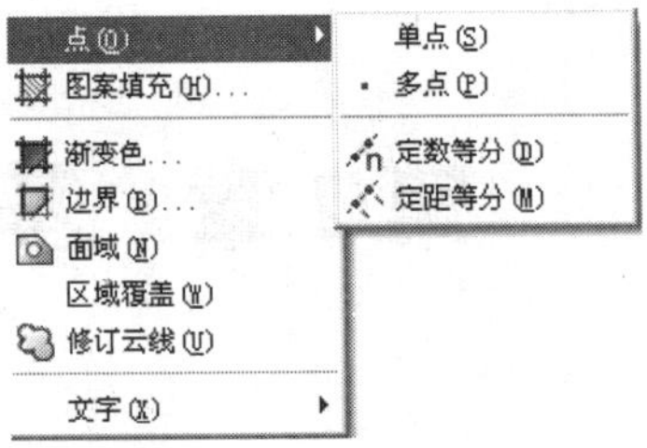

图2-1　点命令子菜单

- 单点：画单个点。
- 多点：连续画多个点。
- 定数等分：画等分点。
- 定距等分：测定同距点。

AutoCAD中，点的类型可以定制，用户可以极其方便地得到自己所需要的点，可通过以下2种方法来定制点的类型：

- “格式”下拉菜单：单击“点样式”命令。
- 命令行：输入Ddptype并回车。

启动该命令后，弹出一个点样式对话框，如图2-2所示，在该对话框中用户可以选取自己所需要的点的类型，还可以调整点的大小，也可以进行一些其他设置。该对话框中各部分内容介绍如下：

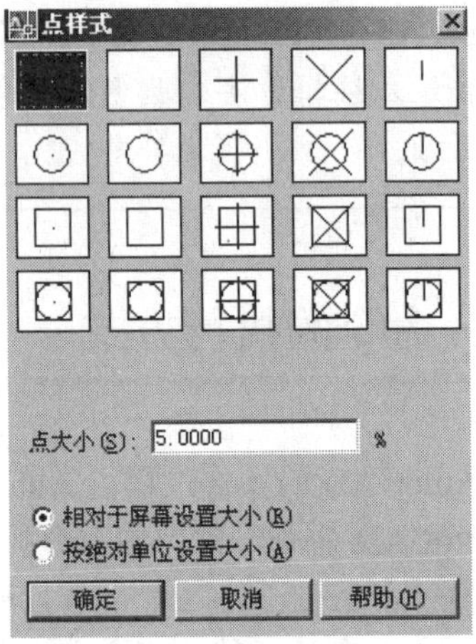

图2-2　点样式对话框

- 点大小文本框：利用输入数值的大小确定点的大小。
- 相对于屏幕设置大小：设置相对尺寸。
- 按绝对单位设置大小：设置绝对尺寸。

点（Point）在建筑施工图中的应用如图2-3所示。

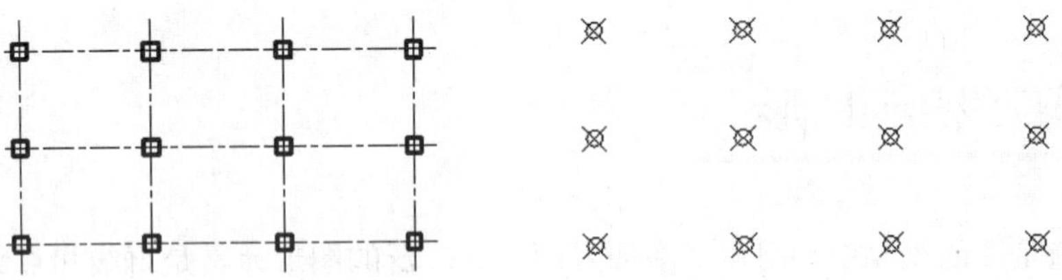

柱子排列　　顶棚灯具布置

图2-3　点命令在建筑施工图中的应用

2.2.2 绘制直线（Line）

从本节开始，在介绍命令的执行方式时只介绍从命令行输入命令这种方式。

绘制直线的命令是Line。执行画线命令Line，一次可画一条线段，也可以连续画多条线段（其中每一条线段都彼此相互独立）。

直线段是由起点和终点来确定的，可以通过鼠标或键盘来决定起点或终点。

❍　命令行：输入 Line（简捷命令 L）并回车。

启动绘制直线命令后，命令行提示如下：

指定第一点：（确定线段起点）

指定下一点或 [放弃(U)]：（确定线段终点或输入 U 取消上一线段）

指定下一点或 [放弃(U)]：（如果只想画一条线段，可在该提示下直接回车，以结束画线操作）

另外，当连续画两条以上的直线段时，命令行将反复给出如下提示：

指定下一点或 [闭合(C)/放弃(U)]：（确定线段的终点，或输入 C 将最后端点和最初起点连线形成一闭合的折线，也可输入 U 以取消最近绘制的直线段）

2.2.3　绘制多段线（PLine）

多段线可以由等宽或不等宽的直线以及圆弧组成，AutoCAD 把多段线看成是一个单独的实体。

❍　命令行：输入 PLine（简捷命令 PL）并回车。

启动绘制多段线命令后，命令行给出如下提示：

指定起点：（确定多段线的起点）

指定下一点或 [圆弧(A)/闭合(C)/半宽(H)/长度(L)/放弃(U)/宽度(W)]：

下面分别介绍这些选项。

（1）圆弧（A）　选择该选项后，又会出现如下提示：

指定圆弧的端点或[角度(A)/圆心(CE)/方向(D)/半宽(H)/直线(L)/半径(R)/第二个点(S)/放弃(U)/宽度(W)]：

选项中各项含义如下：

◈　角度（A）：该选项用于指定圆弧的内含角。

◈　圆心（CE）：为圆弧指定圆心。

◈　方向（D）：取消直线与弧的相切关系设置，改变圆弧的起始方向。

◈　直线（L）：返回绘制直线方式。

◈　半径（R）：指定圆弧半径。

◈　第二个点（S）：指定三点绘制弧。

其他各选项与 PLine 命令下的同名选项意义相同，以后再介绍。

（2）闭合（C）　该选项自动将多段线闭合，即将选定的最后一点与多段线的起点连起来，并结束命令。当多段线的宽度大于 0 时，若想绘制闭合的多段线，一定要用“C”选项，才能使其完全封闭。否则，即使起点与终点重合，也会出现缺口，如图 2-4 所示。

图 2-4　多段线出现缺口

（3）半宽（H）　该选项用于指定多段线的半宽值，绘制多段线的过程中，每一段都可以重新设置半宽值。

（4）长度（L） 定义下一段多段线的长度，AutoCAD 将按照上一线段的方向绘制这一段多段线。若上一段是圆弧，将绘制出与圆弧相切的线段。

（5）放弃（U） 取消刚刚绘制的那一段多段线。

（6）宽度（W） 该选项用来设置多段线的宽度值，选择该选项后，将出现如下提示：

指定起点宽度 <0.0000>:（设置起点宽度）

指定端点宽度 <0.0000>:（设置终点宽度）

图 2-5 所示为利用多段线命令绘制的图形。

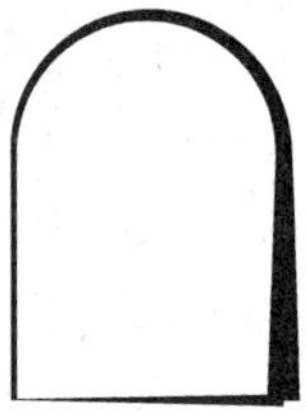

图 2-5 利用多段线命令绘制的图形

2.2.4 绘制多线（Multiline）

绘制多线的命令是 Multiline，用于绘制多条平移线段。

❍ 命令行：输入 Multiline（简捷命令 ML）并回车。

启动绘制多线命令后，命令行给出如下提示：

当前设置：对正 = 上，比例 = 1.00，样式 = STANDARD

指定起点或 [对正(J)/比例(S)/样式(ST)]:（要求用户确定多线的第一点）

指定下一点:（确定线段下一点）

指定下一点或 [放弃(U)]:（确定线段终点或输入 U 取消上一线段）

选项中各项含义如下：

◈ 对正(J)：选择偏移，包括三种偏移：零偏移、顶偏移和底偏移。

◈ 比例(S)：设置绘制多线时采用的比例。

◈ 样式(ST)：设置多线的类型。

2.2.5 绘制正多边形（Polygon）

绘制正多边形的命令是 Polygon。使用正多边形命令最多可以画出有 1024 条边的等边多边形。

❍ 命令行：输入 Polygon（简捷命令 POL）并回车。

启动绘制正多边形命令后，命令行给出如下提示：

输入边的数目 <4>:（确定正多边形边数）

指定正多边形的中心点或 [边(E)]:（确定正多边形中心点或确定用边长来画正多边形）

如果指定正多边形的中心点，则命令行继续提示：

输入选项 [内接于圆(I)/外切于圆(C)] <I>:（选择外切或内接方式，I 为内接，C 为外切）

指定圆的半径:（确定外接圆或内切圆的半径）

如果输入 E 并回车，确定用边长来画正多边形。则命令行提示如下：

指定边的第一个端点:（确定一条边的一个端点）

指定边的第二个端点:（确定该边的另一个端点）

图 2-6 所示为用内接法和外切法两种方法绘制的正多边形。

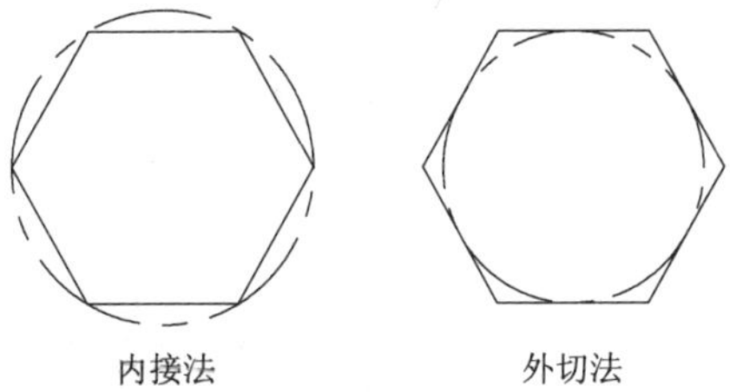

图 2-6　用内接法和外切法绘制的正多边形

2.2.6　绘制矩形（Rectangle）

绘制矩形命令是 Rectangle。

❍　命令行：输入 Rectangle（简捷命令 REC）并回车。

启动绘制矩形命令后，命令行给出如下提示：

指定第一个角点或 [倒角(C)/标高(E)/圆角(F)/厚度(T)/宽度(W)]:（确定矩形第一个角点）

指定另一个角点或 [面积(A)/尺寸(D)/旋转(R)]:（确定另一个角点，绘出矩形）

现将其他选项说明如下：

◈　倒角(C): 设定矩形四角为倒角及倒角大小。

◈　标高(E): 确定矩形在三维空间内的基面高度。

◈　圆角(F): 设定矩形四角为圆角及半径大小。

◈　厚度(T): 设置矩形厚度，即 Z 轴方向的高度。

◈　宽度(W): 设置线条宽度。

用矩形命令画出的矩形，AutoCAD 把它当作一个实体，其四条边是一条复合线，不能单独分别编辑，若要使其各边成为单一直线进行分别编辑，需使用分解（Explode）命令。

图 2-7 所示为执行不同选项时绘制出的矩形形状。

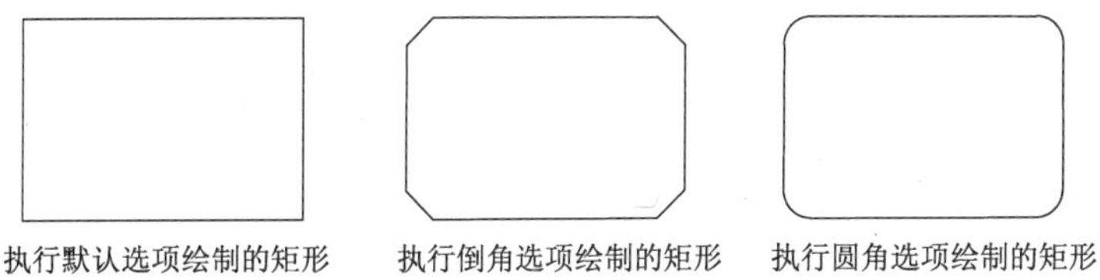

图 2-7　执行不同命令选项绘制出的矩形

2.3　绘制曲线对象

使用 AutoCAD 可以创建各种各样的曲线对象，包括圆、圆弧、样条曲线和圆环。下面将重点介绍这些曲线的绘制方法。

2.3.1　绘制圆（Circle）

圆是建筑工程图中另一种最常见的基本实体，可以用来表示轴线圈编号、详图符号等。

绘制圆的命令是 Circle。

❍ 命令行：输入 Circle（简捷命令 C）并回车。

启动绘圆命令后，命令行给出提示：

指定圆的圆心或 [三点(3P)/两点(2P)/相切、相切、半径(T)]：（确定圆心）

指定圆的半径或 [直径(D)]：（确定圆的半径）

从命令行提示的选项中可以看出，AutoCAD 提供的绘制圆的方式是根据圆心、半径、直径和圆上的点等参数来控制的。

在“绘图”下拉菜单中单击圆命令，此时弹出其级联菜单，列出了绘制圆的 6 种方法，如图 2-8 所示。

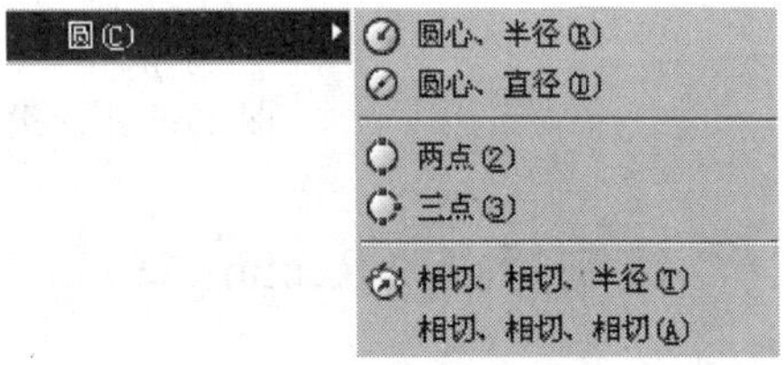

图 2-8　圆级联菜单

2.3.2　绘制圆弧（Arc）

圆弧是图形中重要的实体，AutoCAD 提供了多种不同的绘制圆弧的方式，这些方式是根据起点、方向、圆心、角度、端点、长度等控制点来确定的。绘制圆弧命令是 Arc。

❍ 命令行：输入 Arc（简捷命令 A）并回车。

启动绘制圆弧命令后，命令行给出提示：

指定圆弧的起点或 [圆心(C)]：（确定第一点）

指定圆弧的第二个点或 [圆心(C)/端点(E)]：（确定第二点）

指定圆弧的端点：（确定终点）

当在“绘图”下拉菜单中单击圆弧命令时，弹出如图 2-9 所示的级联菜单，其中列出了绘制圆弧的 11 种方法。

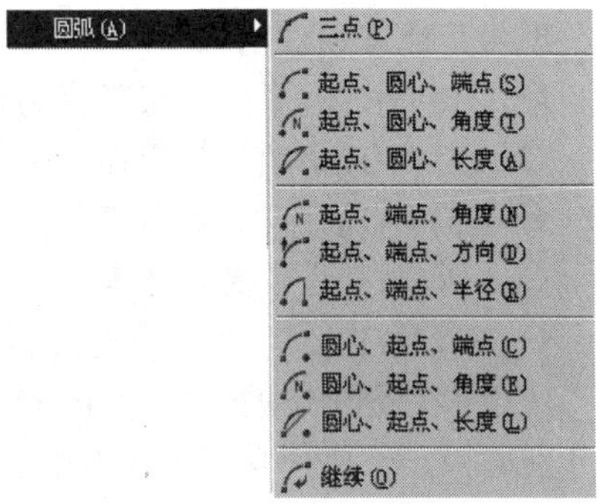

图 2-9　圆弧级联菜单

2.3.3　绘制圆环（Donut）

绘制圆环的命令是 Donut。绘制圆环时，用户只需指定内径和外径，便可连续点取圆心绘出多个圆环。

❍ 命令行：输入 Donut（简捷命令 DO）并回车。

启动绘制圆环命令后，命令行出现如下提示：

指定圆环的内径<当前值>：（指定一个内径）

指定圆环的外径<当前值>：（指定一个外径）

指定圆环的中心点或 <退出>：（输入坐标或单击以确定圆环的中心，或回车结束命令）

指定圆环的中心点或 <退出>：（给出下一个圆环的中心，或回车结束该命令）

最后绘出的圆环，两圆之间的部分是填实的，如图 2-10a 所示。

将圆环内径设为 0，可绘出一个实心圆，如图 2-10b 所示。

AutoCAD 规定系统变量 FILLMODE=0 时，圆环为空心，如图 2-10c 所示；当 FILLMODE=1

时，圆环为实心。

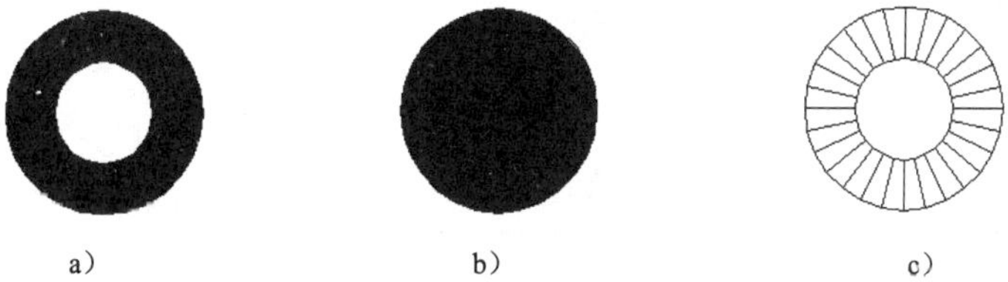

图 2-10　绘制不同形式的圆环

2.3.4　绘制样条曲线（Spline）

绘制样条曲线的命令是 Spline，可以用来绘制二维或三维样条曲线。

❍　命令行：输入 Spline（简捷命令 SPL）并回车。

启动绘制样条曲线命令后，命令行给出如下提示：

指定第一个点或 [对象(O)]：（指定第一点）

指定下一点：（指定下一点）

指定下一点或 [闭合(C)/拟合公差(F)] <起点切向>：（指定下一点或选择其他选项）

下面介绍各选项的含义。

◈　闭合(C)：生成一条闭合的样条曲线。

◈　拟合公差(F)：输入曲线的偏差值。值越大，曲线越远离指定的点；值越小，曲线越靠近指定的点。

◈　<起点切向>指定在样条曲线起始点处的切线方向。

若选取[对象(O)]选项，命令行提示：

选择要转换为样条曲线的对象：（选择一条由 PEdit 命令中的 Spline 选项处理过的多段线；否则，命令行提示：无法转换选定的对象）

图 2-11 所示为用样条曲线绘制出的建筑施工图中的木材图例。

图 2-11　建筑施工图中的木材图例

2.4　查询图形属性

本节主要讲述查询两点间距离以及围成区域的图形面积的方法。

2.4.1　查询距离（Dist）

查询距离的命令是 Dist，可以查询两点间的直线距离，以及该直线与 X 轴的夹角。

❍　命令行：输入 Dist（简捷命令 DI）并回车。

启动查询距离命令后，命令行提示如下：

指定第一点：（选择第一点）

指定第二点：（选择第二点）

此时，命令行将显示如下信息：

距离= ***，XY 平面中的倾角= ***，与 XY 平面的夹角= ***

X 增量 = ***，Y 增量 =***，Z 增量= ***

现将各个选项的含义介绍如下：

- 距离：两点之间的距离。
- XY 平面中的倾角：两点之间的连线与 X 轴正方向的夹角。
- 与 XY 平面的夹角：该直线与 XY 平面的夹角。
- X 增量：两点在 X 轴方向的坐标值之差。
- Y 增量：两点在 Y 轴方向的坐标值之差。
- Z 增量：两点在 Z 轴方向的坐标值之差。

2.4.2 查询面积（Area）

查询面积的命令是 Area，可以查询由若干点所确定区域（或由指定实体所围成区域）的面积和周长，还可对面积进行加减运算。

- 命令行：输入 Area 并回车。

启动查询面积命令后，命令行提示如下：

指定第一个角点或 [对象(O)/加(A)/减(S)]:

AutoCAD 将根据各点连线所围成的封闭区域来计算其面积和周长。

现将其他选项的含义介绍如下：

- 对象(O)：允许用户查询由指定实体所围成区域的面积。
- 加(A)：面积加法运算，即将新选图形实体的面积加入总面积中。
- 减(S)：面积减法运算，即将新选图形实体的面积从总面积中减去。

2.5 图案填充

AutoCAD 的图案填充功能可用于绘制剖面符号或剖面线，表现表面纹理或涂色。图案填充的命令是 BHatch。

- 命令行：输入 BHatch（简捷命令 BH）并回车。

启动图案填充命令后，弹出“图案填充和渐变色”对话框，如图 2-12 所示。该对话框有两个选项卡：“图案填充”选项卡和“渐变色”选项卡。

下面分别介绍该对话框的各部分内容。

1．“图案填充”选项卡

（1）“类型和图案”选项组

- “类型”下拉列表框：用于确定图案的类型，包括“预定义”、“用户定义”、“自定义”3 种类型。
- “图案”下拉列表框：显示图案的名称。用户可以从该下拉列表框中选择图案名称，也可以单击右侧的 ... 按钮，从弹出的“填充图案选项板”中选择，如图 2-13 所示。“填充图案选项板”对话框有 4 个选项卡，每个选项卡代表一类图案定义，每类下包含多种图案供用户选择。

◇ “样例”显示框：在“图案”中选中的图案样式会在该显示框中显示出来，方便用户查看所选图案是否合适。单击“图案”中的图案，同样会弹出如图 2-13 所示 填充图案选项板 对话框，供用户选择图案。

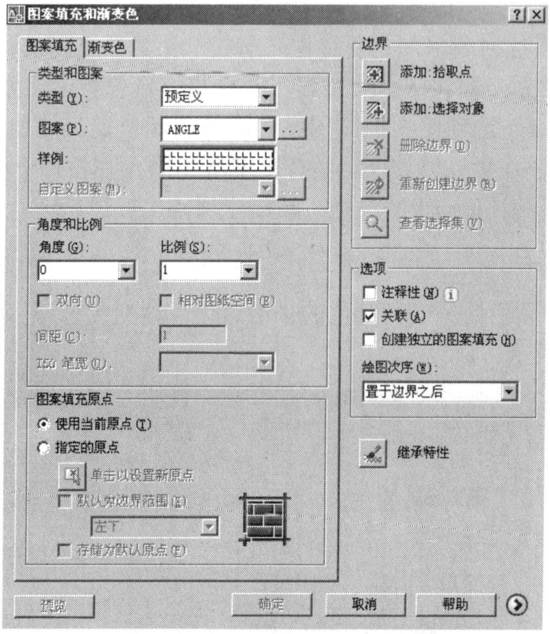

图 2-12 “图案填充和渐变色”对话框

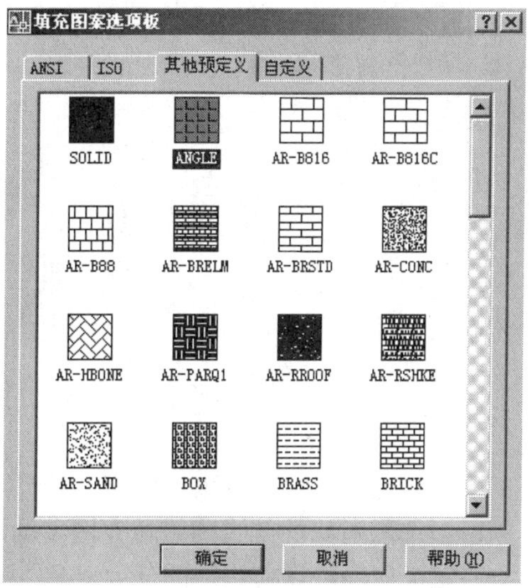

图 2-13 “填充图案选项板”对话框

(2)“角度和比例”选项组

◇ “角度”下拉列表框：确定图案填充时的旋转角度。

◇ “比例”下拉列表框：确定图案填充时的比例，即控制填充的疏密程度。

◇ “双向”复选框：此复选框在“类型”中选择“用户定义”时才起作用，即默认为一组平行线组成填充图案，选中时为两组相互正交的平行线组成填充图案。

◇ “相对图纸空间”复选框：用于控制是否相对于图纸空间单位确定填充图案的比例。此选项优势在于可以按照布局的比例方便地显示填充图案。

◇ “间距”编辑框：此复选框只有在“类型”选择为“用户定义”时才起作用，即用于确定填充平行线间的距离。

◇ “ISO 笔宽”下拉列表框：此复选框只有在“图案”选择了“ISO”类型图案时才允许用户进行设置，即在下拉列表框中选择相应数值控制图案比例。

（3）“图案填充原点”选项组　控制图案生成的起始位置。例如某些图案填充需要与图案填充边界上的一点对齐。默认情况下，所有图案填充原点都相对于当前的 UCS 原点。也可以选择“指定的原点”及下面一级的选项重新指定原点。

2．“渐变色”选项卡

渐变色是指从一种颜色到另一种颜色的平滑过渡。渐变色选项卡用于对填充区域进行渐变色填充，如图 2-14 所示。

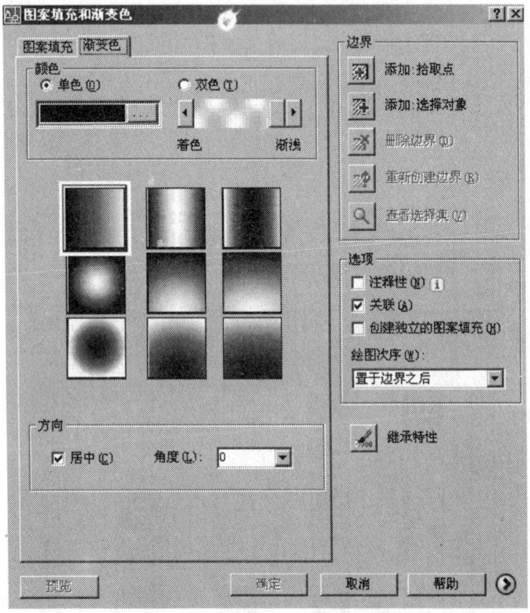

图 2-14 “渐变色”选项卡

3．边界

（1）添加：拾取点　以拾取点的方式确定填充图案的边界。

（2）添加：选择对象　以选取对象的方式确定填充图案的边界。

（3）删除边界　从边界定义中删除以前添加的任何对象。

（4）重新创建边界　围绕选定的图案填充或填充对象创建多段线或面域。

（5）查看选择集　在用户失去了要填充的区域后，单击该按钮，可以返回到绘图屏幕查看填充区域的边界，单击鼠标右键返回对话框。

4．选项

“关联”复选框确定填充图案与边界的关系。选中该复选框，当用于定义区域边界的实体发生移动或修改时，该区域内的填充图案将自动更新，重新填充新的边界。非关联则填充图案与边界没有关联关系，即图案与填充区域边界是两个独立实体。

“创建独立的图案填充”复选框默认设置为关闭，即图案填充作为一个对象处理。如把其设置为“开”，则图案填充分解为一条条直线，并丧失关联性。

“绘图次序”下拉框用于指定填充图案的绘图顺序。

5．继承特性

用户可选用图中已有的填充图案作为当前的填充图案，相当于格式刷。

单击图 2-14 右下角的，展开对话框，如图 2-15 所示。

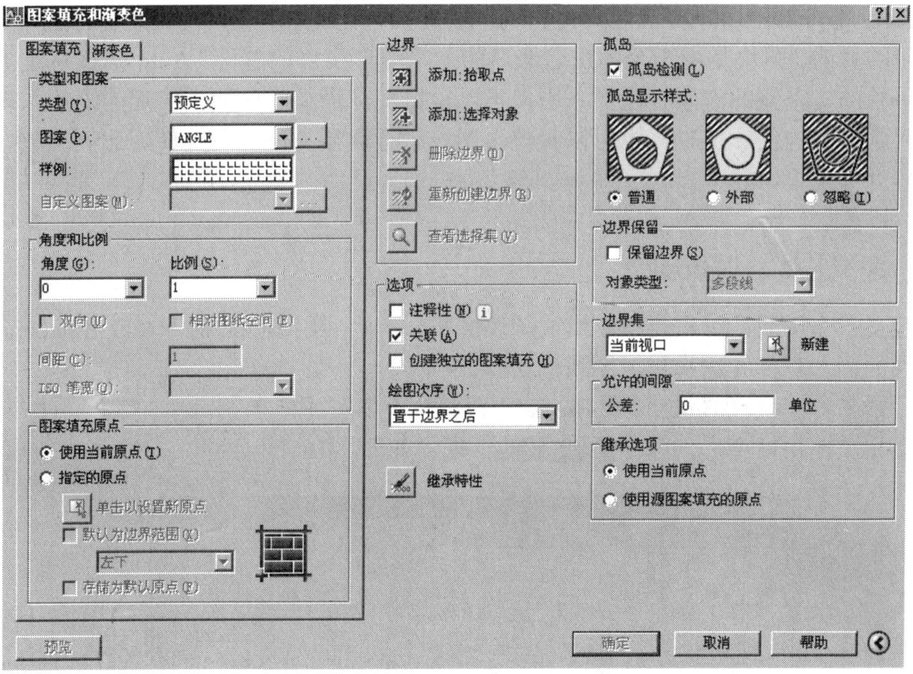

图 2-15　展开“图案填充和渐变色”对话框

6．孤岛

（1）孤岛检测　确定是否检测孤岛。在进行图案填充时，把总位于总填充区域内的封闭区域称为孤岛。

（2）孤岛显示样式　确定图案的填充方式。

7．边界保留

边界保留指定是否将边界保留为对象，并确定应用于边界对象的对象类型是多段线还是面域。

8．边界集

用于定义边界集。

9．允许的间隙

设置将对象用作图案填充边界时可以忽略的最大间隙默认值为 0。此值指定对象必须是封闭区域而且没有间隙。

10．继承选项

使用 Inherit Properties 创建图案填充时，控制图案填充原点的位置。

2.6 块的操作

建筑制图中，经常会遇到一些需要反复使用的图形，如门窗、标高符号等，这些图例在 AutoCAD 中都可以由用户自己定义为图块，即以一个缩放图形文件的方式保存起来，以达到重复利用的目的。图块是用一个图块名命名的一组图形实体的总称。AutoCAD 总是把图块作为一个单独的、完整的对象来操作。用户可以根据实际需要将图块按给定的缩放系统和旋转角度插入到指定的任一位置，也可以对整个图块进行复制、移动、旋转、比例缩放、镜像、删除和阵列等操作。

2.6.1 定义图块（Block）

要定义一个图块，首先要绘制组成图块的实体，然后用 Block 命令（或 Bmake 命令）来定义图块的插入点，并选择构成图块的实体。

❍ 命令行：输入 Block（或 Bmake，简捷命令 B）并回车。

启动定义图块命令后，弹出块定义对话框，如图 2-16 所示。

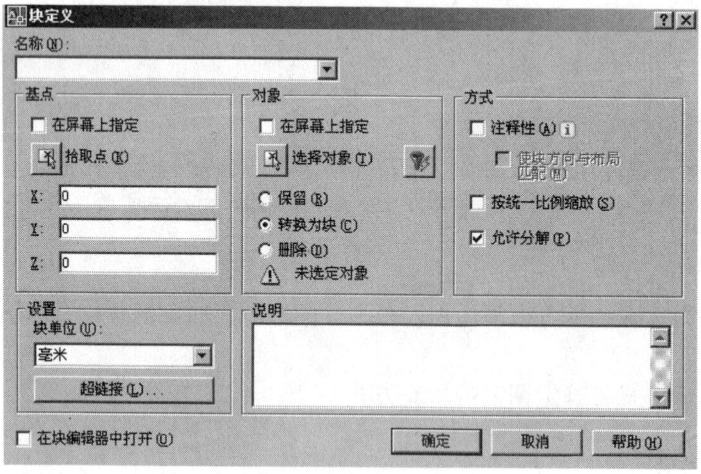

图 2-16 “块定义”对话框

现将该对话框中各项的功能分别介绍如下：

（1）“名称”文本框　要求用户在该文本框中输入图块名。

（2）“基点”选项组　确定插入点位置。单击拾取点按钮，将返回作图屏幕选择插入基点。

（3）“对象”选项组　选择构成图块的实体及控制实体显示方式。以下介绍各选项作用。

◈ “保留”单选按钮：在用户创建完图块后，将继续保留这些构成图块的实体，并把它们当作普通的单独实体来对待。

◇ “转换为块”单选按钮：表明当用户创建完图块后，将自动把这些构成图块的实体转化为一个图块。

◇ “删除”单选按钮：表明当用户创建完图块后，将删除所有构成图块的实体目标。

（4）“方式”选项组

◇ “注释性”复选框：指定块是否为注释性对象。

◇ “按统一比例缩放” 复选框：是否按统一比例进行缩放。

◇ “允许分解”复选框：指定块是否可以被分解。

（5）“设置”选项组 “块单位”下拉列表框：设置从 AutoCAD 设计中心（Design Center）拖曳该图块时的插入比例单位。

2.6.2 保存图块（WBlock）

AutoCAD 2008 中的图块分为两种，“内部块”和“外部块”。这两种块的区别在于：用 Block（或 Bmake）定义的图块，称为“内部块”，只能在图块所在的当前图形文件中通过块插入来使用，不能被其他图形引用。为了使图块成为公共图块（可供其他图形文件插入和引用），即“外部块”，AutoCAD 提供了保存图块命令 WBlock（即 Write Block），将图块单独以图形文件（*.dwg）的形式存盘。

下面介绍利用对话框方式进行图块存盘操作。

❍ 命令行：输入 WBlock（简捷命令 W）并回车。

启动图块存盘命令后，弹出写块对话框，如图 2-17 所示。

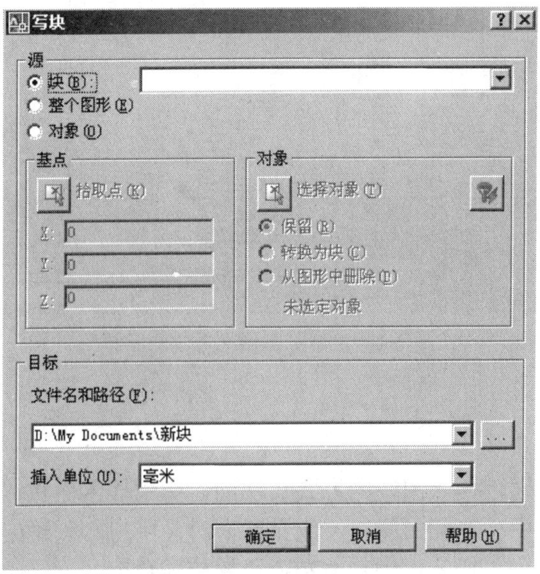

图 2-17 “写块”对话框

现将该对话框中各项的功能介绍如下：

（1）“源”选项组

◇ “块”单选按钮及下拉列表框：将把已用 Block（或 Bmake）命令定义过的图块进行

图块存盘操作。此时，可以从块下拉列表框中选择所需的图块。

- “整个图形”单选按钮：将对整个当前图形文件进行图块存盘操作，把当前图形文件当作一个独立的图块来看待。
- “对象”单选按钮：把选择的实体目标直接定义为图块并进行图块存盘操作。

（2）“基点”选项组　确定图块的插入点。

（3）“对象”选项组　选择构成图块的实体目标。

（4）“目标”选项组　设置图块存盘后的文件名、路径以及插入比例单位等。

- “文件名和路径”文本框：用户可在该文本框内设置图块存盘后的文件名。用户也可直接单击...按钮，AutoCAD 将弹出浏览图形文件对话框，如图 2-18 所示，也可在该对话框中设置图块存盘路径。
- “插入单位”下拉列表框：设置该图块存盘文件插入单位。

比较块定义和写块对话框，可以看出两者的区别在于：在写块对话框中多出了“目标”选项组，需要指定图块存储在硬盘上的位置，这也就是“内部块”和“外部块”之间的不同之处。实质上，“外部块”就是一个图形文件，在保存为块文件后其文件的后缀为“.dwg”。这也就是说，我们可以将任意的图形文件作为块插入到其他文件中。

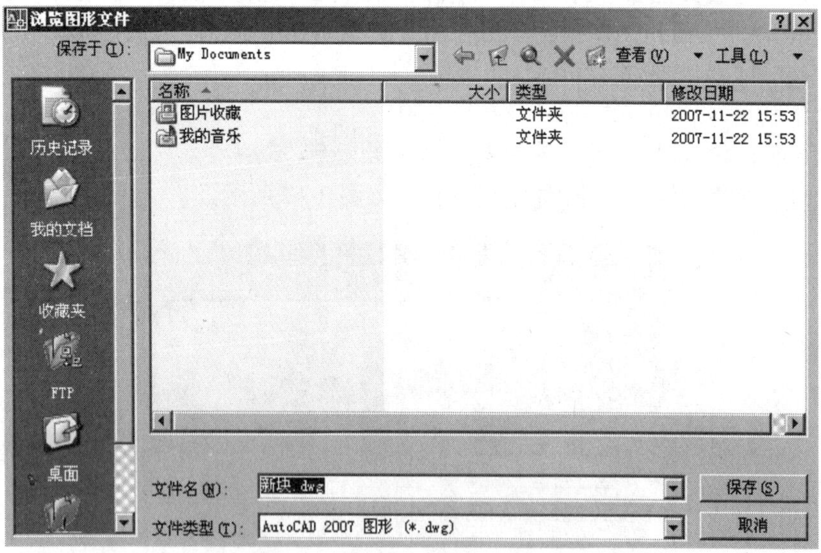

图 2-18 “浏览图形文件”对话框

2.6.3　插入图块

图块的重复使用是通过插入图块的方式实现的。所谓插入图块，就是将已经定义的图块插入到当前的图形文件中。在插入图块（或文件）时，用户必须确定 4 组特征参数，即要插入的图块名、插入点位置、插入比例系数和图块的旋转角度。

1. 利用 Insert 命令插入图块

- 命令行：输入 Insert（简捷命令 I）并回车。

启动该命令后，弹出插入对话框，如图 2-19 所示。

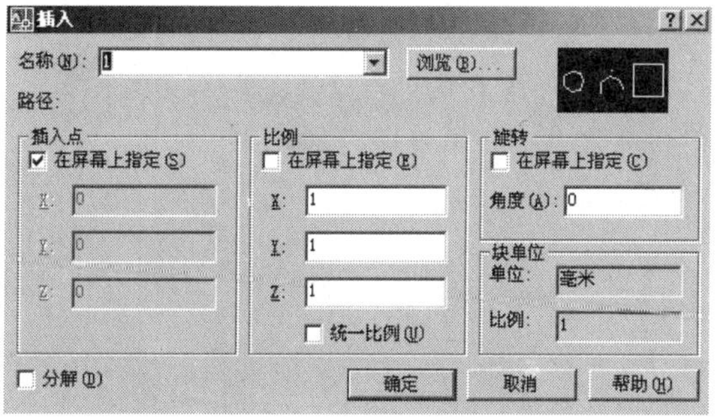

图 2-19 “插入”对话框

该对话框中各项的功能介绍如下：

（1）“名称”下拉列表框　输入或选择需要插入的图块或文件名。在该下拉列表框中的都是“内部块”。如果要选择一个“外部块”，则单击 浏览(B)... 按钮，从弹出的“选择文件”对话框中进行选择。

（2）“插入点”选项组　确定图块的插入点位置。选择其中的“在屏幕上指定”复选框，表示用户将在绘图区内确定插入点。

如不选择该复选框，用户可在 X、Y、Z 三个文本框中输入插入点的坐标值。

（3）“比例”选项组　确定图块的插入比例系数。选择其中的“在屏幕上指定”复选框，表示将在命令行中直接输入 X、Y 和 Z 轴方向的插入比例系数值。

如果不选择该复选框，可在 X、Y、Z 三个文本框中分别输入 X、Y 和 Z 轴方向的插入比例系数。选择“同一比例”复选框，表示 X、Y 和 Z 轴三个方向的插入比例系数相同。

（4）“旋转”选项组　确定图块插入时的旋转角度。选择其中的“在屏幕上指定”复选框，表示用户将在命令行中直接输入图块的旋转角度。

如不选择该复选框，用户可在“角度”文本框中输入具体的数值以确定图块插入时的旋转角度。

（5）“分解”复选框　选择此复选框，表示在插入图块的同时，将把该图块分解，使其成为各个单独的图形实体，否则插入后的图块将作为一个整体。

2．利用 MInsert 命令插入图块

MInsert 命令实际上是综合“插入”（Insert）和 “阵列”（Array）的操作特点而进行多个图块的阵列的插入命令。运用 MInsert 命令不仅可以大大节省时间，提高绘图效率，而且还可以减少图形文件所占用的磁盘空间。

❍　命令行：输入 MInsert 并回车。

启动该命令后，命令行给出如下提示：

输入块名或 [?]:（确定要插入的图块名或输入问号来查询已定义的图块信息）

指定插入点或 [基点(B)/比例(S)/X/Y/Z/旋转(R)]:（确定插入点位置或选择某一选项）

现用十字光标确定一插入点，命令行提示：

输入 X 比例因子，指定对角点，或 [角点(C)/XYZ(XYZ)] <1>:（确定 X 轴方向的比例系数）

输入 Y 比例因子或 <使用 X 比例因子>:（确定 Y 轴方向的比例系数）

指定旋转角度 <0>:（确定旋转角度）

输入行数 (---) <1>:（确定矩形阵列的行数）

输入列数 (|||) <1>:（确定矩形阵列的列数）

输入行间距或指定单位单元 (---):（确定行间距）

指定列间距 (|||):（确定列间距）

2.7 基本编辑方法

编辑是指对图形进行修改、移动、复制以及删除等操作。AutoCAD 提供了丰富的图形编辑功能，利用它们可以提高绘图的效率与质量。

2.7.1 放弃（Undo）

绘图过程中，错误操作是很难避免的，AutoCAD 允许使用 Undo 命令来取消这些错误操作。

只要没有执行 Quit、Save 或 End 命令结束或保存绘图文件，进入 AutoCAD 后的全部绘图操作都存储在缓冲区中，使用 Undo 命令可以逐步取消本次进入绘图状态后的操作，直至初始状态。这样用户可以一步一步地找出错误所在，重新进行编辑修改。

❍ 命令行：输入 Undo（简捷命令 U）并回车。

即可启动该命令。

2.7.2 删除（Erase）

删除图形的命令是 Erase。

❍ 命令行：输入 Erase（简捷命令 E）并回车。

启动删除命令后，命令行给出“选择对象：”提示，提示用户选择需要删除的实体。

在“选择对象：”提示下，可选择实体进行删除。可以使用窗口方式或交叉方式来选择要删除的实体。

在不执行任何命令的状态下，分别单击选中所要删除的实体，用键盘上的 < Delete > 键，也可删除实体。

使用删除命令，有时很可能会误删一些有用的图形实体。如果在删除实体后，立即发现操作失误，可用 OOPS 命令来恢复删除的实体。在命令行下直接输入 OOPS 即可实现操作。

2.7.3 复制（Copy）

复制图形的命令是 Copy。

❍ 命令行：输入 Copy（简捷命令 CO 或 CP）并回车。

启动复制命令后，命令行提示：

选择对象：（选择所要复制的实体目标）

指定基点或 [位移(D)/模式(O)] <位移>:（确定复制操作的基准点位置，这时可借助目标捕捉功能或十字光标确定基点位置）

指定第二个点或 <使用第一个点作为位移>:（要求确定复制目标的终点位置）

终点位置通常可借助目标捕捉功能或相对坐标（即相对基点的终点坐标）来确定。确定一个终点位置之后，命令行还会反复出现这一提示，要求用户确定另一个终点位置，直至用户回车结束命令。

2.7.4　镜像（Mirror）

在实际绘图过程中，经常会遇到一些对称的图形。AutoCAD 提供了图形镜像功能，即只需绘制出对称图形的一部分，利用镜像命令就可将对称的另一部分镜像复制出来。

- 命令行：输入 Mirror（简捷命令 MI）并回车。

启动镜像命令后，命令行提示：

选择对象：（选择需要镜像的实体）

指定镜像线的第一点：（确定镜像线的起点位置）

指定镜像线的第二点：（确定镜像线的终点位置）

确定了这两点，镜像线也就确定下来了，系统将以该镜像线为轴镜像另一部分图形，此时命令行提示：

要删除源对象吗？[是(Y)/否(N)] <N>：（确定是否删除原来所选择的实体）

AutoCAD 的默认选项为 N。图 2-20 为通过镜像绘出的图形。

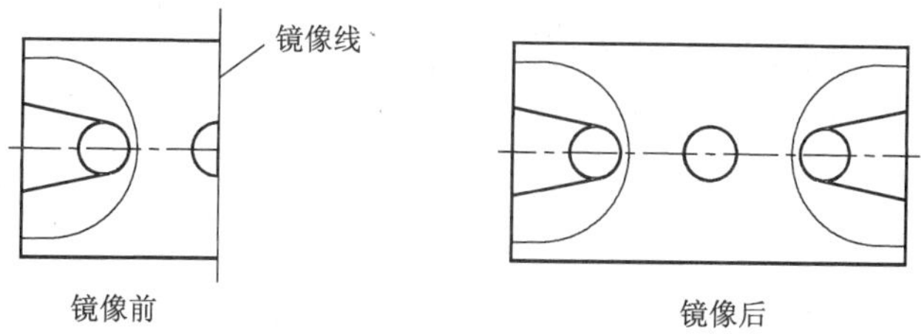

图 2-20　通过镜像绘出的图形

2.7.5　阵列（Array）

利用阵列命令可以实现以环形或矩形阵列的方式复制图形。

- 命令行：输入 Array（简捷命令 AR）并回车。

启动阵列命令后，即可打开如图 2-21 所示的对话框。下面介绍对话框中的各个选项。

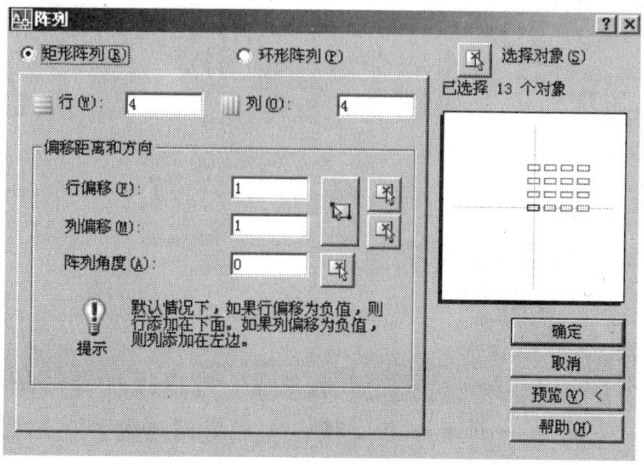

图 2-21　“矩形阵列”对话框

1．矩形阵列

通过设置行、列的数目以及行、列偏移量控制复制的效果。其中行、列的数目可以直接输入；行、列的偏移量（即行间距、列间距）可以直接输入，也可以通过“拾取”按钮进行鼠标拾取。行间距、列间距有正、负之分，行间距为正值时，向上阵列；行间距为负值时，向下阵列。列间距为正值时，向右阵列；列间距为负值时，向左阵列。

2．环形阵列

通过设置阵列中心点、阵列数目和填充角度控制复制的效果。单击“环形阵列”按钮，对话框变成如图 2-22 所示的形式。

（1）中心点　用于设置环形阵列的中心坐标，可以直接输入或者用鼠标拾取。

（2）“方法和值”选项组　有“项目总数和填充角度”、“项目总数和项目间的角度”以及“填充角度和项目间的角度”3 个选项，对应这 3 个选项进一步对下面的“项目总数”、“填充角度”、“项目间的角度”进行设置，后两项可以直接输入也可以用鼠标拾取。

（3）“复制时旋转项目”复选框　控制阵列后对象是否按照一定角度旋转复制。

环形阵列时，输入的角度为正值，沿逆时针方向旋转；输入负值时，沿顺时针方向旋转。环形阵列的复制份数也包括原始形体。

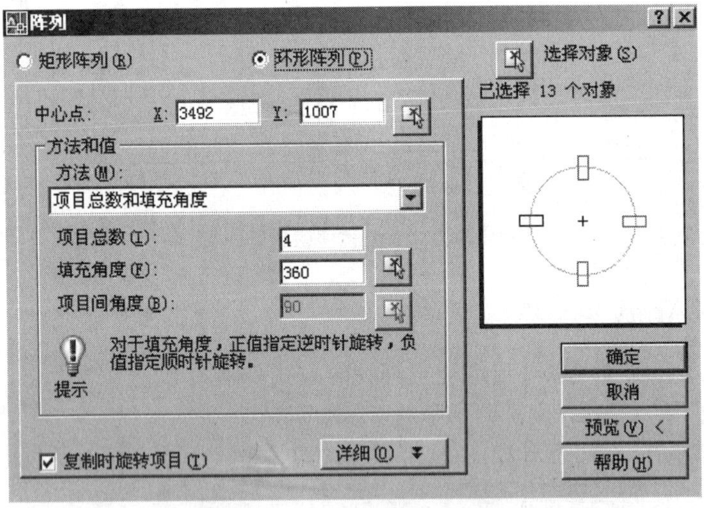

图 2-22　“环形阵列”对话框

2.7.6　移动（Move）

移动图形的命令是 Move。

❍　命令行：输入 Move（简捷命令 M）并回车。

启动移动命令后，命令行提示：

选择对象:（选择要移动的实体）

指定基点或 [位移(D)] <位移>:（确定移动基点，可以通过目标捕捉选择一些特征点）

指定第二个点或 <使用第一个点作为位移>:（确定移动终点，这时可以输入相对坐标或通过目标捕捉来准确定位终点位置）

2.7.7　旋转（Rotate）

旋转图形的命令是 Rotate。

❍　命令行：输入 Rotate（简捷命令 RO）并回车。

启动旋转命令后，命令行提示：

选择对象：（选择要进行旋转操作的实体目标）

指定基点：（确定旋转基点）

指定旋转角度，或 [复制(C)/参照(R)] <0>：（确定绝对旋转角度）

旋转角度有正、负之分，如果输入角度为正值，实体将沿着逆时针方向旋转；反之，则沿着顺时针方向旋转，如图 2-23 所示。

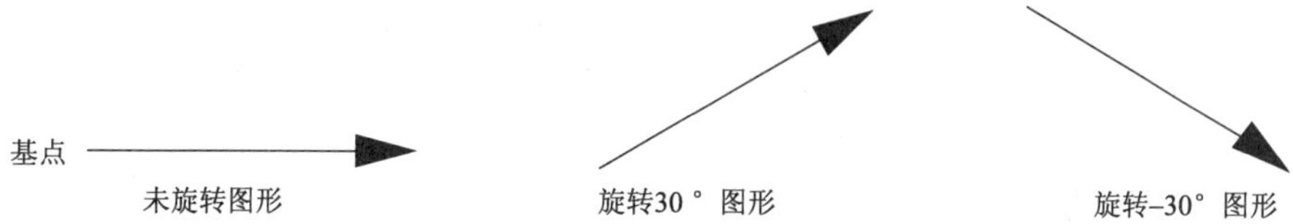

图 2-23　旋转图形

2.7.8　缩放（Scale）

缩放图形的命令是 Scale。

❍　命令行：输入 Scale（简捷命令 SC）并回车。

启动缩放命令后，命令行提示：

选择对象：（选择要进行比例缩放的实体）

指定基点：（确定缩放基点）

指定比例因子或 [复制(C)/参照(R)] <1.0000>：（确定缩放比例系数）

当用户不知道实体究竟要放大（或缩小）多少倍时，可以采用相对比例方式来缩放实体，该方式要求用户分别确定比例缩放前后的参考长度和新长度。新长度和参考长度的比值就是比例缩放系数，因此称该系数为相对比例系数。

要选择相对比例系数方式，在“指定比例因子或 [复制(C)/参照(R)] <1.0000>：”提示下输入 R 并回车即可。命令行将给出如下提示：

指定参照长度 <1.0000>：（确定参考长度，可以直接输入一个长度值，也可以通过两个点确定一个长度）

指定新的长度或 [点(P)] <1.0000>：（确定新长度，可直接输入一个长度值，亦可确定一个点，该点和缩放基点连线的长度就是新长度）

图 2-24 为执行缩放命令前后图形对照。

图 2-24　执行“缩放”命令前后的图形

2.7.9 打断（Break）

绘图过程中，有时需要将一个实体（如圆、直线）从某一点打断，甚至需要删掉该实体的某一部分，为此，AutoCAD 为用户提供了“打断”命令，利用打断命令，可以方便地进行这些工作。

❍ 命令行：输入 Break（简捷命令 BR）并回车。

启动打断命令后，在命令行出现如下提示：

选择对象：（选择要打断的实体）

指定第二个打断点或[第一点(F)]：（选择要删除部分的第二点，选择该方式，则上一操作中选取实体的点便作为第一点）

若选则输入 F，则要重新输入删除部分的起点和终点。命令行提示如下：

指定第一个打断点：（选取起点）

指定第二个打断点：（选取终点）

使用打断命令，可以方便地删掉实体中的一部分，如图 2-25 所示。

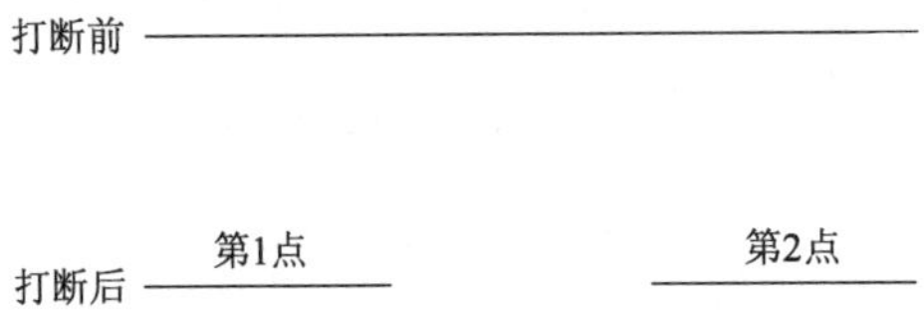

图 2-25 使用“打断”命令删除实体中的一部分

2.7.10 修剪（Trim）

AutoCAD 提供了修剪命令，可以方便快速地对图形实体进行修剪。该命令要求用户首先定义一个修剪边界，然后再用此边界剪去实体的一部分。

❍ 命令行：输入 Trim（简捷命令 TR）并回车。

启动修剪命令后，命令行出现如下提示：

选择对象：（选择实体作为修剪边界，可连续选多个实体作为边界，选择完毕后回车确认）

选择要修剪的对象，或按住 Shift 键选择要延伸的对象，或[栏选(F)/窗交(C)/投影(P)/边(E)/删除(R)/放弃(U)]：（选取要修剪实体的被修剪部分，将其剪掉，回车即可退出命令）

下面分别对其他几个选项的含义介绍如下：

- ◈ 按住 Shift 键选择要延伸的对象：如果修剪边与被修剪边不相交，此时按住 Shift 键选择对象，则该对象将延伸到修剪边。
- ◈ 栏选(F)：利用栏选修剪对象，最初拾取点将决定选定的对象是怎样进行修剪或延伸的。
- ◈ 窗交(C)：利用窗口选择修剪对象。
- ◈ 投影(P)：用于三维空间修剪时选择投影模式。在二维绘图时，投影模式=UCS，即在当前 UCS 的 XOY 平面内进行修剪。

◇ 边(E)：选择修剪边的模式。选择该项，系统提示："输入隐含边延伸模式 [延伸(E)/不延伸(N)] <不延伸>:"，选择"E"选项，修剪边界可以无限延长，边界与被剪实体不必相交；选择"N"选项，修剪边界只有与被剪实体相交时才有效。

◇ 删除(R)：选择要删除的对象。

◇ 放弃(U)：取消所作的修剪。

图 2-26 为修剪前后图形对照。

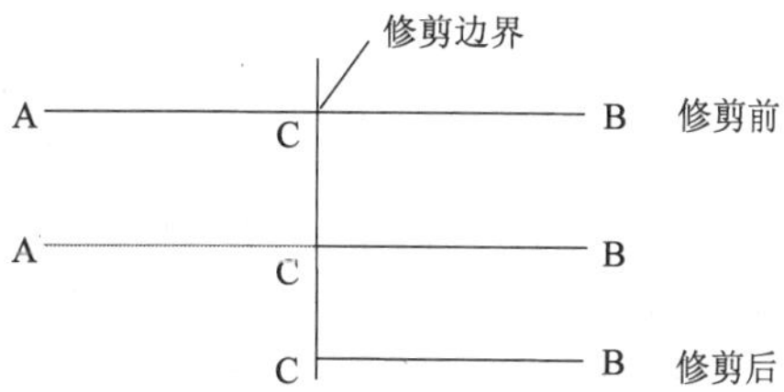

图 2-26 修剪前后的图形

2.7.11 延伸（Extend）

延伸命令用于延伸线。在进行延伸操作时，首先要确定一个边界，然后选择要延伸到该边界的线。

❍ 命令行：输入 Extend（简捷命令 EX）并回车。

启动延伸命令后，命令行提示：

选择对象或<全部选择>:（选择作为边界的实体目标，这些实体可以是弧、圆、多段线、直线、椭圆和椭圆弧）

选择要延伸的对象，或按住 Shift 键选择要延伸的对象，或[栏选(F)/窗交(C)/投影(P)/边(E)/删除(R)/放弃(U)]:（选择要延伸的实体）

在 AutoCAD 中，可以延伸直线、多段线和弧这 3 类实体。一次只能延伸一个实体。

该命令的提示选项与修剪命令的含义类似。图 2-27 为延伸前后图形对照。

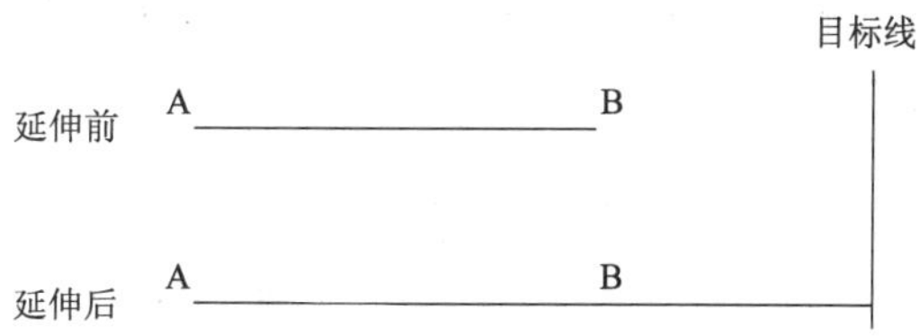

图 2-27 延伸前后的图形

2.7.12 倒角和圆角（Chamfer and Fillet）

建筑工程制图中常用倒角和圆角，用倒角和圆角命令可以分别完成这两类操作。

1. 倒角（Chamfer）

❍ 命令行：输入 Chamfer（简捷命令 CHA）并回车。

启动倒角命令后，命令行出现如下提示：

选择第一条直线或 [放弃(U)/多段线(P)/距离(D)/角度(A)/修剪(T)/方式(E)/多个(M)]:（选择要进行倒角的第一实体）

选择第二条直线，或按住 Shift 键选择要应用角点的直线:（选择第二个实体目标）

现将该提示中的其他选项含义介绍如下：

◇ 多段线(P)：选择多段线。选择该选项后，将出现"选择二维多段线:"，要求用户选择二维多段线。选择完毕后，即可将该多段线相邻边进行倒角。

◇ 距离(D)：确定两个新的倒角距离。选择该选项后，命令行将给出两个操作提示，“指定第一个倒角距离 <0.0000>:”，要求用户输入第一个实体上的倒角距离，即从两实体的交点到倒角线起点的距离；“指定第二个倒角距离 <0.0000>:”，要求用户输入第二个实体上的倒角距离。

◇ 角度(A)：确定第一个倒角距离和角度。选择该选项后，命令行将出现两条提示，“指定第一条直线的倒角长度 <0>:”，要求确定第一个倒角长度；“指定第一条直线的倒角角度 <0>:”，要求确定倒角线相对于第一实体的角度，而倒角线是以该角度为方向延伸至第二个实体并与之相交的。

◇ 修剪(T)：确定倒角的修剪状态。选择该选项后，将出现“输入修剪模式选项 [修剪(T)/不修剪(N)] <修剪>:”，其中“T”表示修剪倒角，“N”则不修剪倒角。

◇ 方式(E)：确定进行倒角的方式。选择该选项后，将出现“输入修剪方法 [距离(D)/角度(A)] <角度>:”，要求用户选择“D”或“A”这两种倒角方法之一。上次使用的倒角方式将作为本次倒角操作的默认方式。

图 2-28 所示为倒角前后图形对照。

图 2-28　倒角前后的图形

2．圆角（Fillet）

圆角命令为 Fillet，圆角命令和倒角命令有些类似，它要求用一段弧在两实体之间光滑过渡。

❍ 命令行：输入 Fillet（简捷命令 F）并回车。

启动圆角命令后，命令行出现如下提示：

选择第一个对象或 [放弃(U)/多段线(P)/半径(R)/修剪(T)/多个(M)]:（选择要进行圆角操作的第一个实体）

选择第二个对象，或按住 Shift 键选择要应用角点的对象:（选择要进行圆角操作的第二实体）

现将该提示中的其他选项含义介绍如下：

◇ 多段线(P)：选择多段线。选择该选项后，命令行给出“选择二维多段线:”，要求用户选择二维多段线，AutoCAD 将以默认的圆角半径对整个多段线相邻各边两两进行倒圆角操作。

◇ 半径(R)：要求确定圆角半径。选择该选项后，命令行提示“指定圆角半径 <0.0000>:”，要求输入新的圆角半径。初始默认半径值为 0。当输入新的圆角半径时，该值将作为新的默认半径值，直至下次输入其他的圆角半径为止。

◇ 修剪(T)：确定圆角的修剪状态。选择该选项后，将出现“输入修剪模式选项 [修剪(T)/不修剪(N)] <修剪>:”，其中“T”表示修剪倒角，“N”则不修剪倒角。

图 2-29 所示为不修剪圆角和修剪圆角所得图形。

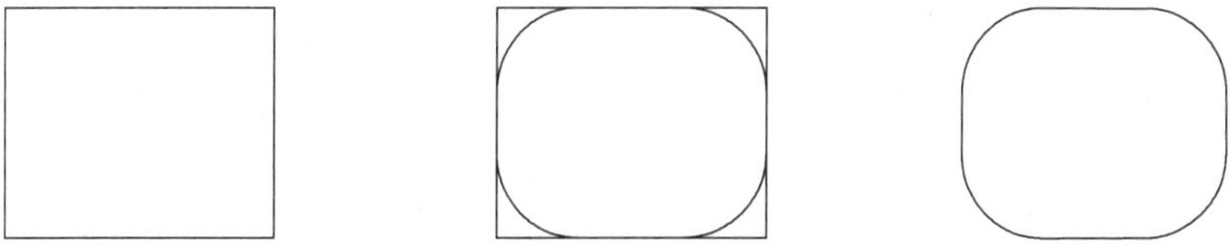

图 2-29　不修剪圆角和修建圆角所得图形

2.7.13　拉伸（Stretch）

拉伸图形的命令是 Stretch。

❍　命令行：输入 Stretch（简捷命令 S）并回车。

启动拉伸命令后，命令行给出如下提示：

以交叉窗口或交叉多边形选择要拉伸的对象...（提示用户采用交叉方式选择实体目标）

指定基点或 [位移(D)] <位移>:（确定拉伸基点）

指定第二个点或 <使用第一个点作为位移>:（确定拉伸终点，可直接用十字光标或坐标参数方式来确定终点位置）

拉伸命令可拉伸实体，也可移动实体。如果所选择的实体全部落在选择窗口内，AutoCAD 将把该实体从基点移动到终点。如果所选择的图形实体只有部分包含于选择窗口内，那么 AutoCAD 将拉伸实体。

并非所有实体只要部分包含于选择窗口内就可被拉伸。AutoCAD 只能拉伸由 Line 、Arc（包括椭圆弧）、Solid、Pline 和 Trace 等命令绘制的带有端点的图形实体。选择窗口内的那部分实体被拉伸，而选择窗口外的那部分实体将保持不变。图 3-30 为拉伸前后图形对照。

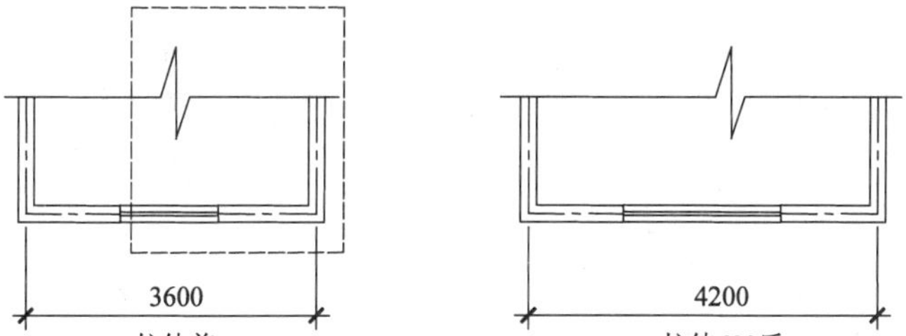

图 2-30　拉伸前后图形对照

2.7.14　偏移复制（Offset）

在建筑工程制图过程中，经常遇到一些间距相等、形状相似的图形，如环形跑道、人行横道线等。对于这类图形，AutoCAD 提供了偏移复制命令。

❍　命令行：输入 Offset（简捷命令 O）并回车。

启动偏移复制命令后，命令行给出如下提示：

指定偏移距离或 [通过(T)/删除(E)/图层(L)] <通过>:（输入偏移量，可直接输入一个数值或通过两点之间的距离来确定偏移量）

选择要偏移的对象，或 [退出(E)/放弃(U)] <退出>:（选取要偏移复制的实体目标）

指定要偏移的那一侧上的点，或 [退出(E)/多个(M)/放弃(U)] <退出>:（确定复制后的实

体位于原实体的哪一侧）

选择要偏移的对象，或 [退出(E)/放弃(U)] <退出>:（继续选择实体或直接回车结束命令）

如果在“指定偏移距离或 [通过(T)/删除(E)/图层(L)] <通过>:”提示下，输入“T”并回车，就可确定一个偏移点，从而使偏移复制后的新实体通过该点。此时，命令行提示：

选择要偏移的对象，或 [退出(E)/放弃(U)] <退出>:（选择要偏移复制的图形实体）

指定通过点或 [退出(E)/多个(M)/放弃(U)] <退出>:（确定要通过的点）

选择要偏移的对象，或 [退出(E)/放弃(U)] <退出>:（选择实体以继续偏移或直接回车退出）

偏移命令和其他的编辑命令不同，只能用直接拾取的方式一次选择一个实体进行偏移复制。只能偏移直线、圆、多段线、椭圆、椭圆弧、多边形和曲线，不能偏移点、图块、属性和文本。

对于直线（Line）、单向线（Ray）、构造线（Xline）等实体，AutoCAD 将平行偏移复制，直线的长度保持不变。

对于圆、椭圆、椭圆弧等实体，AutoCAD 偏移时将同心复制。偏移前后的实体将同心。

多段线的偏移将逐段进行，各段长度将重新调整。图 3-31 所示为各种实体偏移复制前后的图形。

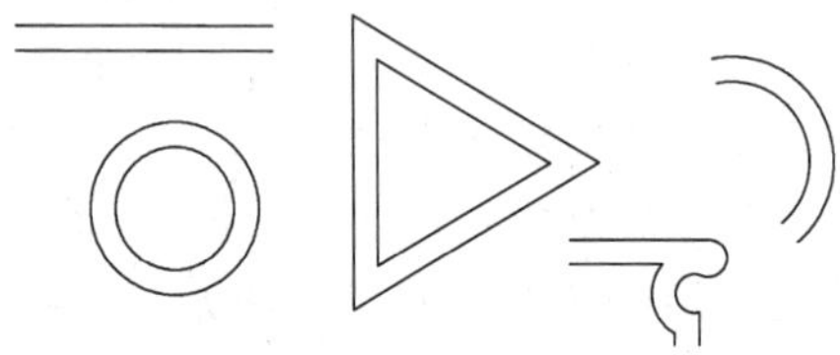

图 2-31　各种实体偏移前后的图形

2.7.15　分解（Explode）

在 AutoCAD 中，图块是一个相对独立的整体，是一组图形实体的集合。因此，用户无法单独编辑图块内部的图形实体，只能对图块本身进行编辑操作。AutoCAD 提供了分解命令用于分解图块，从而使其所属的图形实体成为可编辑的单独实体。

❍　命令行：输入 Explode（简捷命令 X）并回车。

启动分解命令后，命令行给出如下提示：

选择对象:（选择要分解的图块）

选择对象:（继续选择图块或直接回车结束命令）

除了图块之外，利用该命令还可以分解三维实体、三维多段线、填充图案、平行线（MLine）、尺寸标注线、多段线矩形、多边形和三维曲面等实体。

2.8　高级编辑技巧

本节主要介绍一些常用的高级编辑命令和编辑技巧。

2.8.1　图层控制（Layer）

“图层”是用来组织和管理图形的一种方式。它允许用户将图形中的内容进行分组，每一组作为一个图层。用户可以根据需要建立多个图层，并为每个图层指定相应的名称、线型、颜色。熟练运用图层可以大大提高图形的清晰度和工作效率，这在复杂的工程制图中尤其明显。

在 AutoCAD 2008 中，图层控制包括创建和删除图层、设置颜色和线型、控制图层状态等内容。

❍　命令行：输入 Layer（简捷命令 LA）并回车。

启动图层控制命令后，AutoCAD 将打开图层特性管理器对话框，如图 2-32 所示。

在图层特性管理器对话框中，用户可完成创建图层、删除图层、重设当前层、颜色控制、状态控制、线型控制以及打印状态控制等。

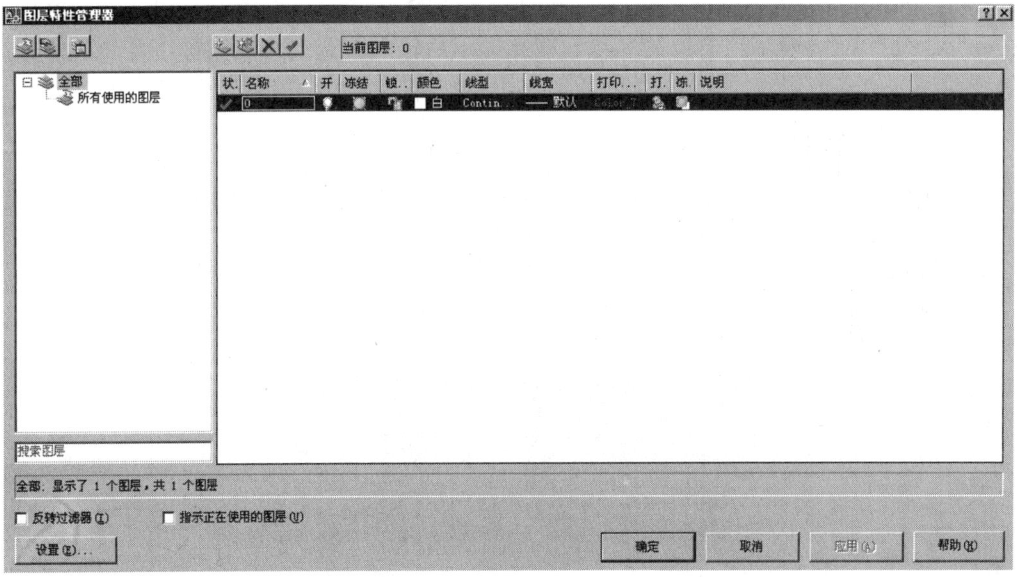

图 2-32 “图层特性管理器”对话框

1．新建图层

在绘图过程中，用户可随时创建新图层，操作步骤如下：

1）在图层特性管理器 对话框中单击“新建图层”按钮，AutoCAD 将自动生成一个名叫“图层××”的图层，其中“××”是数字，表明它是所创建的第几个图层。用户可以将其更改为所需要的图层名称。

2）在对话框内任一空白处单击，或按回车键即可结束创建图层的操作。

2．删除图层

在绘图过程中，用户可随时删除一些不用的图层。操作步骤如下：

1）在图层特性管理器对话框的图层列表框中单击要删除的图层。此时该图层名称呈高亮度显示，表明该图层已被选中。

2）按<Delete>键，或者单击“删除图层”按钮，即可删除所选择的图层。0 层、当前层（正在使用的图层）、含有图形对象的图层不能被删除。

3．设置当前层

当前层就是当前绘图层，用户只能在当前层上绘制图形，而且所绘制实体的属性将继承当前层的属性。当前层的层名和属性状态都显示在图层工具栏上。AutoCAD 默认 0 层为当前层。

设置当前层有以下 4 种方法：

1）在图层特性管理器对话框中，选择所需的图层名称，使其呈高亮度显示，然后单击“置为当前”按钮。

2）选择某个图形实体，然后单击图层工具栏上的“将对象的图层设置为当前”工具按钮，即可将实体所在的图层设置为当前层。

3）在图层工具栏上的图层控制下拉列表框中，将高亮度光条移至所需的图层名上，单击鼠标左键。此时新选的当前层就出现在列表框区域内。

4）在命令行下输入 CLayer 并回车，出现提示“输入 CLayer 的新值 <“××××”>:”，其中<“××××”>表示当前层的名称。在此提示后输入新选的图层名称，再回车即可将所选的图层设置为当前层。

4．图层颜色控制

为了区分不同的图层，建议用户为不同图层设置不同的颜色。操作步骤如下：

1）在图层特性管理器对话框图层列表框中选择所需的图层。

2）在该图层的颜色图标按钮上单击，弹出选择颜色对话框，如图 2-33 所示。

3）在选择颜色对话框中选择一种颜色，单击 确定 按钮。

4）在图层特性管理器对话框中单击 确定 按钮。

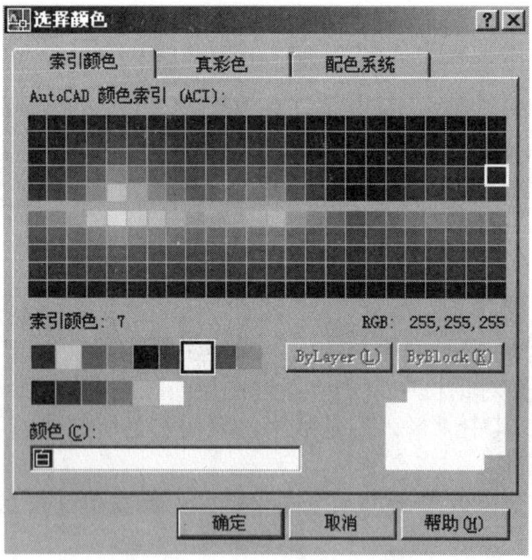

图 2-33 “选择颜色”对话框

5．图层线型设置

AutoCAD 允许用户为每个图层设置一种线型。在默认状态下，线型为连续实线（Continuous）。用户可以根据需要为每个图层设置不同的线型。

（1）装载线型　在使用一种线型之前，必须先把它装载到当前图形文件中，装载线型在选择线型对话框中进行。单击图层特性管理器对话框的线型按钮，即可打开该对话框，如图 2-34 所示。

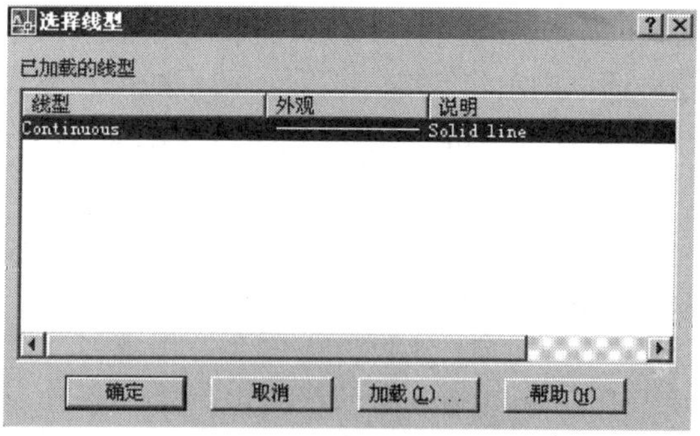

图 2-34 “选择线型”对话框

打开选择线型对话框后，即可进行加载线型的操作，步骤如下：

1）在选择线型对话框中，单击加载(L)...按钮，出现加载或重载线型对话框，如图 2-35 所示。

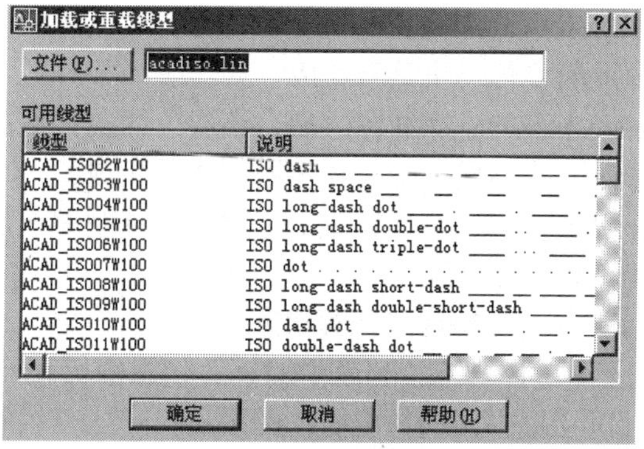

图 2-35 “加载或重载线型”对话框

2）在加载或重载线型对话框中，选择所要装载的线型。单击线型名，再单击确定按钮，关闭对话框。这样在选择线型对话框的列表选项中就可以看到刚才所选择的线型已加载。

3）单击确定按钮，关闭选择线型对话框，结束装载线型的操作。

（2）设置线型　装入线型后，可在图层特性管理器对话框中将其赋给某个图层。具体操作步骤如下：

1）在图层特性管理器对话框中选定一个图层，单击该图层的初始线型名称，弹出选择线型对话框，如图 2-36 所示。

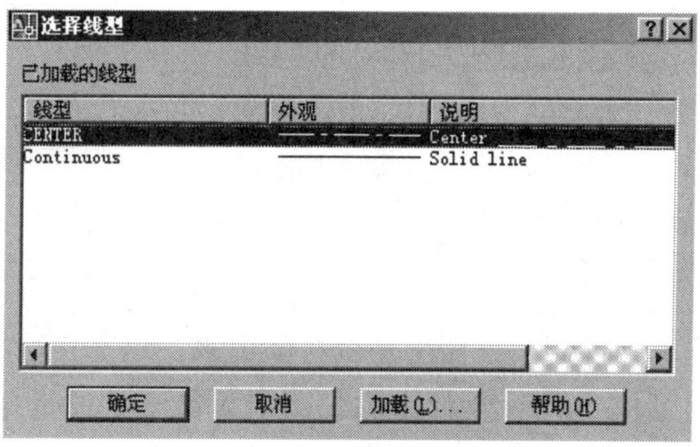

图 2-36 “选择线型”对话框

2）在此对话框中选择所需要的线型，再单击 确定 按钮。

3）在图层特性管理器对话框中单击 确定 按钮，结束线型设置操作。

（3）线型比例　用户可以用 LTScale 命令来更改线型的短线和空格的相对比例。线型比例的默认值为 1。

通常，线型比例应和绘图比例相协调。如果绘图比例是 1:10，则线型比例应设为 10。用户可以采用以方法来设置线型比例：

在命令行下输入 LTScale（简捷命令 LTS）并回车，出现如下提示：

输入新线型比例因子<1.0000>:（输入新的线型比例并回车）。

更改线型比例后，AutoCAD 自动重新生成图形。

6．图层状态控制

AutoCAD 2008 提供了一组状态开关，用以控制图层状态属性。现将这些状态开关简介如下：

（1）打开/关闭（On/Off）　关闭图层后，该层上的实体不能在屏幕上显示或由绘图仪输出。重新生成图形时，层上的实体仍将重新生成。

（2）冻结/解冻（Freeze/Thaw）　冻结图层后，该层上的实体不能在屏幕上显示或由绘图仪输出。在重新生成图形时，冻结层上的实体将不再重新生成。

（3）锁定/解锁（Lock/Unlock）　图层锁定后，用户只能观察该层上的实体，不能对其进行编辑和修改，但实体仍可以显示和输出。

用户可以采用以下两种方法控制这些开关状态：

1）单击图层工具栏上图层控制下拉列表中的开关状态图标。

2）在图层特性管理器对话框中，选择要操作的图层，单击开关状态按钮进行设置，再单击 确定 按钮。

7．线宽控制

在 AutoCAD 2008 中，用户可为每个图层的线条定制线宽，从而使图形中的线条在打印输出后，仍然各自保持其固有的宽度。用户为不同图层定义线宽之后，无论打印预览还是输出到其他软件中，这些线宽均是实际显示的，从而使 AutoCAD 真正做到了在打印输出时所见即所得的效果。

设定实际线宽可单击图层特性管理器对话框的线宽按钮，在打开的“线宽”对话框中进行，如图 2-37 所示。选择某一图层后，单击线宽下拉列表框。选择合适的线宽，这样就为该图层赋予了线宽。

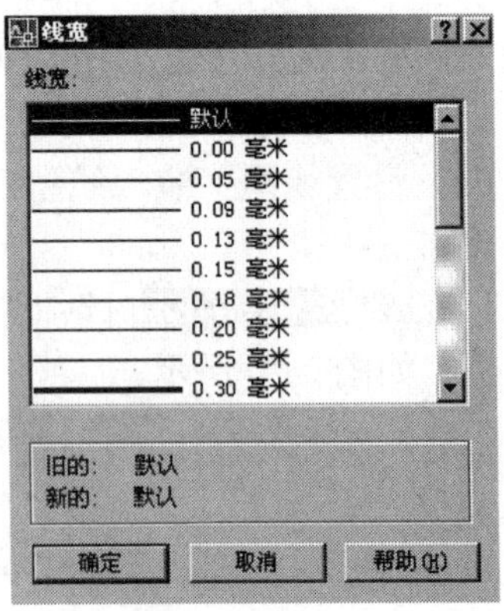

图 2-37 “线宽”对话框

8．图层打印开关

AutoCAD 允许用户单独控制某一图层是否打印出来，这在实际绘图中非常有用。

在图层特性管理器对话框中的图层列表框内，最右侧的一列便是打印开关，这是切换开关，用户只需在它上面单击便可切换。打印开关的初始状态为开启。

2.8.2　多段线编辑（PEdit）

多段线是 AutoCAD 中一种特殊的线条，其绘制方法在前面已作过介绍。作为一种图形实体，多段线也同样可以使用 Move、Copy 等基本编辑命令进行编辑，但这些命令却无法编辑多段线本身所独有的内部特征。AutoCAD 专门为编辑多段线提供了一个命令，即多段线编辑（PEdit）。使用多段线编辑命令，可以对多段线本身的特性进行修改，也可以把单一独立的首尾相连的多条线段合并成多段线。

❍　命令行：输入 PEdit（简捷命令 PE）并回车。

命令启动后，命令行提示如下：

选择多段线或 [多条(M)]:（选择编辑对象，可以拾取一条多段线、直线或圆弧）

如果选取的是多段线，命令行提示如下：

输入选项 [闭合(C)/合并(J)/宽度(W)/编辑顶点(E)/拟合(F)/样条曲线(S)/非曲线化(D)/线型生成(L)/放弃(U)]:

使用这些选项，可以修改多段线的长度、宽度，使多段线打开或闭合等。下面分别介绍这些选项。

- 闭合(C)：如果正在编辑的多段线是非闭合的，上述提示中会出现 C（Close）选项，可使用该选项使之封闭。反之，如果是一条闭合的多段线，则上述提示中第一个选项不是 C，而是 O（Open），使用 O 选项可以打开闭合的多段线。
- 合并(J)：使用该选项，可以将其他的多段线、直线或圆弧连接到正在编辑的多段线上，从而形成一条新的多段线。选择该选项后，命令行提示“选择对象:”，要求用户选择要连接的实体，可选择多个符合条件的实体进行连接，这多个实体应是首尾相连的。
- 宽度(W)：该选项可以改变多段线的宽度，但只能使一条多段线具有统一的宽度，而不能分段设置。
- 拟合（F）：对多段线进行曲线拟合，就是通过多段线的每一个顶点建立一些连续的圆弧，这些圆弧彼此在连接点相切。
- 样条曲线(S)：以原多段线的顶点为控制点生成样条曲线。
- 非曲线化(D)：选择 D 选项，可以把曲线变直。
- 线型生成(L)：调整线型比例，该选项用来控制多段线为非实线状态时的显示方式，即控制虚线或中心线等非实线型的多段线角点的连续性。

启动“多段线编辑”命令后，如果选择的线不是多段线，AutoCAD 将出现提示：

选定的对象不是多段线，是否将其转换为多段线? <Y>:

如果使用默认项 Y，则将把选定的直线或圆弧转变成多段线，然后继续出现上述的“多段线编辑”下属各选项。

2.8.3　特性管理器（Properties）

AutoCAD 不但提供了对象特性的设置功能，还提供了修改对象特性的功能，用户可以对图形对象的图层、颜色、线型、线型比例、线宽、打印样式等基本特性以及该对象的几何特性进行编辑修改。在特性管理器中，图形实体的所有特性均一目了然，用户修改起来也极为方便。

❍　命令行：输入 Properties 并回车。

启动该命令，弹出“特性”对话框。

“特性”对话框如图 2-38 所示。在该对话框中，列出了被选中的目标实体的全部属性，这些属性有些是可编辑的，有些则是不允许编辑的。而用户所选取的目标实体，可以是单一的，也可以是多个的；可以是同一种类的图形，也可以是不同种类的图形。

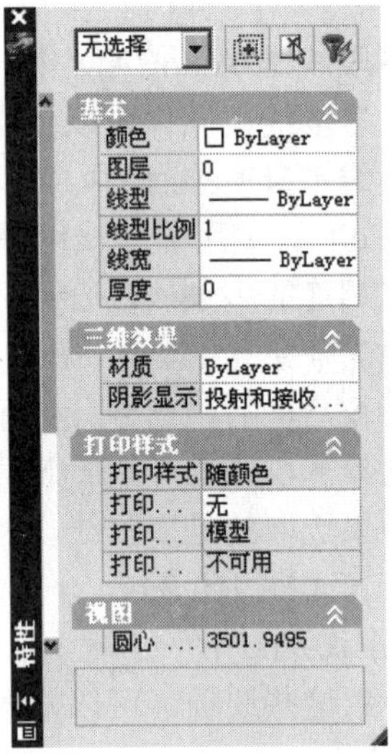

图 2-38 “特性”对话框

图形特性一般分为基本属性（General）、几何属性（Geometry）、形式属性(Misc)、打印样式属性（Plot style）和视窗属性（View）等，其中以基本属性和几何属性最为重要。

（1）基本属性　基本属性共包括 8 项，分别为：颜色（Color）、图层（Layer）、线型（Linetype）、线型比例（Linetype Scale）、打印样式（Plot Style）、线宽（Lineweigh）、超级链接（Hyperlink）、厚度（Thickness），它们控制了实体最本质的特征。

（2）几何属性及其他属性　不同的图形实体，其几何属性和其他属性等都是不尽相同的，在实际使用中有如下两种形式：

1）修改单个目标实体的属性。此时，该实体所有属性都可以进行编辑，用户可在下拉列表框中进行选择或在文本框中直接输入数值。

2）修改多个目标实体的属性。此时，属性管理器中除基本属性保持不变外，其他属性的下属项目均只部分列出，即仅仅排列出这些目标实体的相同属性部分。

AutoCAD 2008 中使用特性管理器的最大优点在于用户不但可以对多个目标实体的基本属性进行编辑，而且还可利用它对多个目标实体的某些共有属性一起进行编辑，这一新功能将为用户解决图形编辑中的一大难题。

2.8.4　特性匹配（Match Properties）

AutoCAD 2008 提供的“特性匹配”命令，可以方便地把一个图形对象的图层、线型、线型比例、线宽等特性赋予给另一个图形对象，而不用再逐项设定，从而大大提高绘图速度，节省时间。

- 命令行：输入 Matchprop（简捷命令 MA）并回车。

启动特性匹配命令后，命令行出现如下提示：

选择源对象：(选择源实体)

当前活动设置：颜色 图层 线型 线型比例 线宽 厚度 标注 文字 填充图案 多段线 视口 表格材质 阴影显示 多重引线

这一行提示显示出特性匹配命令的当前（也是默认）设置，允许复制这些特性。

选择目标对象或 [设置(S)]：(输入 S，重新设置可复制的属性项)

此时屏幕上弹出“特性设置”对话框，如图 2-39 所示。

在该对话框中，可以对复选框中列出的属性进行选择，只有被选择的才能从源实体复制到目标实体上。特殊属性只是某些特殊实体才有的属性，如尺寸标注属性只属于尺寸标注线，文本属性只属于文本。对于特殊属性，只能在同类型的实体之间进行复制。

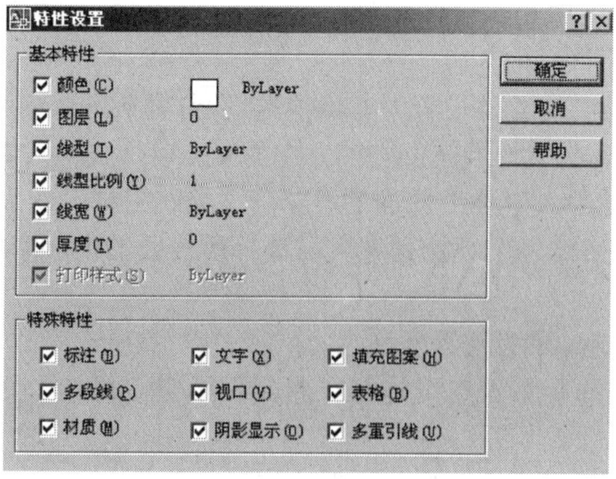

图 2-39 “特性设置”对话框

进行属性设置后，系统又回到原来的状态，即命令行又出现提示：

选择目标对象或[设置(S)]:（选择特性匹配的目标实体）

选择完毕并回车确认后，目标实体的特性便服从于源实体的特性。

2.9 文本标注与编辑

AutoCAD 2008 可以为图形进行文本标注和说明，对于已标注的文本，还提供相应的编辑命令，使得绘图中文本标注能力大大增强。

2.9.1 定义文字样式（Style）

文字样式是定义文本标注时的各种参数和表现形式。用户可以在文字样式中定义文字高度等参数，并赋名保存。定义文字样式的命令为 Style。

○ 命令行：输入 Style（简捷命令 ST）并回车。

启动命令后，弹出“文字样式”对话框，如图 2-40 所示，在该对话框中，用户可以进行字体样式的设置。

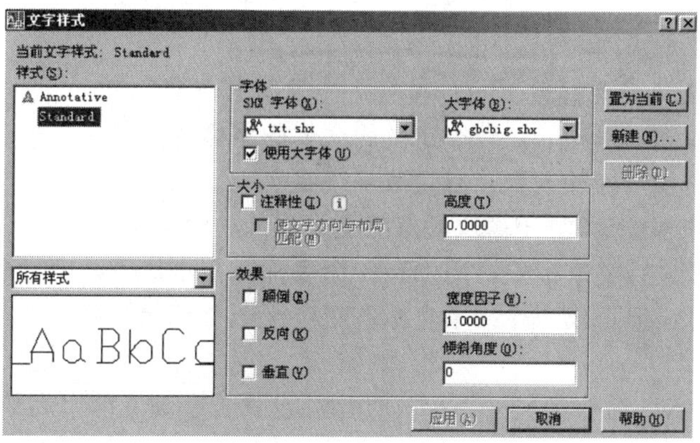

图 2-40 “文字样式”对话框

下面介绍文字样式对话框中各项内容。

（1）“样式”选项组　显示图形中的样式列表。列表包括已定义的样式名并默认显示选择的当前样式。

（2）“字体”选项组（字体文件设置）　其中包含了当前 Windows 系统中所有的字体文件，如 Romans、仿宋体、黑体等，以及 AutoCAD 中的 shx 字体文件，供用户选择使用。在使用汉字字体时需要去掉“使用大字体”前面的“√”，“shx 字体”变为“字体名”，“大字体”变为“字体样式”，从“字体名”下拉列表可以选择所需要的汉字字体。

（3）“大小”选项组

- “注释性”：指定文字为注释性文字。
- “使文字方向与布局匹配”复选框：指定图纸空间视口中的文字方向与布局方向匹配。
- “高度”文本框：根据输入的值设置文字高度。

（4）“效果”选项组（设定字体的具体特征）

- “颠倒”复选框：确定是否将文本文字旋转 180°。
- “反向”复选框：确定是否将文字以镜像方式标注。
- “垂直”复选框：控制文本是水平标注还是垂直标注。
- “宽度因子”文本框：设定文字的宽度系数。
- “倾斜角度”文本框：确定字的倾斜角度。

（5）“预览”区　显示随着字体的改变和效果的修改而动态更改的样例文字。

通过文字样式对话框就可以进行字体样式的设置。定义字体样式设置完毕后，便可以进行文本标注了。标注文本有两种方式：一种是单行标注（DText），即启动命令后每次只能输入一行文本，不会自动换行输入；另一种是多行标注（MText），一次可以输入多行文本。

2.9.2　单行文本标注（DText）

- 命令行：输入 DText（简捷命令 DT）并回车。

启动该命令后，命令行出现如下提示：

当前文字样式：（当前文字样式）

当前文字高度：（当前值）

指定文字的起点或 [对正(J)/样式(S)]：（确定文本行基线的起点位置）

该提示中另外 2 个选项的含义如下

- 对正(J)：用来确定标注文本的排列方式及排列方向。
- 样式(S)：用来选择 Style 命令定义的文本的字体样式。

指定高度 <当前值>：（输入数值确定文字高度）

指定文字的旋转角度 <0>：（输入数值确定文字旋转角度）

设置完成后即可进行文字标注，用 DText 命令标注文本，可以进行换行，即执行一次命令可以连续标注多行，但每换一行或用光标重新定义一个起始位置时，再输入的文本便被作为另一实体。

如果用户在用 Style 命令定义文字样式时已经设置了字高（即字高数值不等于 0），那么在文本标注过程中，命令行将不再显示“指定高度<当前值>：”操作提示。

输入文字回车确认后，可在已输入文字下一行位置继续输入；也可直接回车，结束本次 DText 命令。

2.9.3　多行文本标注（MText）

用 DText 命令虽然也可以标注多行文本，但换行时定位及行列对齐比较困难，且标注结束后，每行文本都是一个单独的实体，不易编辑。AutoCAD 为此提供了 MText 命令，使用 MText 命令可以一次标注多行文本，并且各行文本都以指定宽度排列对齐，共同作为一个实体。这一命令在注写设计说明中非常有用。

❍　命令行：输入 MText（简捷命令 MT）并回车。

启动该命令后，命令行给出如下提示：

当前文字样式：（当前设置）

当前文字高度：（当前值）

指定第一角点：（确定一点作为标注文本框的第一个角点）

指定对角点或 [高度(H)/对正(J)/行距(L)/旋转(R)/样式(S)/宽度(W)]：（确定标注文本框的另一个对角点）

提示中其他选项含义分别介绍如下：

◈　高度(H)：设置标注文本的高度。
◈　对正(J)：设置文本排列方式。
◈　行距(L)：设置文本行间距。
◈　旋转(R)：设置文本倾斜角度。
◈　样式(S)：设置文本文字标注样式。
◈　宽度(W)：设置文本框的宽度。

启动 MText 命令后，AutoCAD 根据所标注文本的宽度和高度或字体排列方式等数据确定文本框的大小，并自动弹出一个专门用于文字编辑的“文字格式”编辑框，如图 2-41 所示。

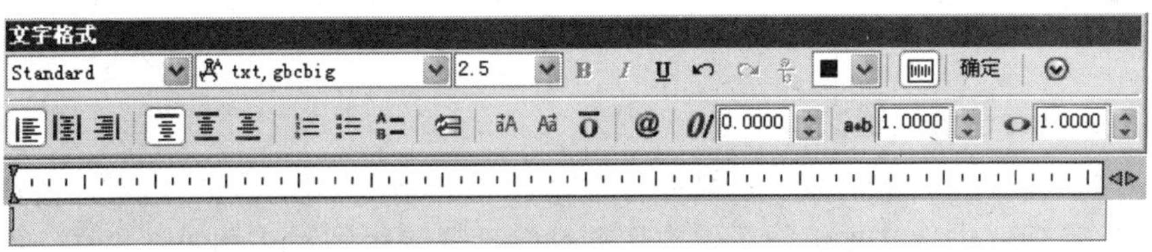

图 2-41　“文字格式”编辑框

用户可以利用**文字格式**编辑框设置文字的样式、字体、高度、字型等，并通过文字编辑器输入文字内容。

2.9.4　特殊字符的输入

在建筑工程绘图中，经常需要标注一些特殊字符，如表示直径的符号φ、表示标高的±符号等。这些特殊字符不方便直接从键盘上输入。AutoCAD 提供了一些简捷的控制码，通过从键盘上直接输入这些控制码，可以达到输入特殊字符的目的。

AutoCAD 提供的控制码及其相对应的特殊字符见表 2-1。

表 2-1 常用控制码及其相应的特殊字符

控制码	相对应特殊字符功能
%%O	打开或关闭文字上划线功能
%%U	打开或关闭文字下划线功能
%%D	标注符号“度”（°）
%%P	标注正负号（±）
%%C	标注直径（φ）

AutoCAD 提供的控制码，均由两个百分号（%%）和一个字母组成。输入这些控制码后，屏幕上不会立即显示它们所代表的特殊符号，只有在回车之后，控制码才会变成相应的特殊字符。

控制码所在的文本如果被定义为 TrueType 字体，则无法显示出相应的特殊字符，只能出现一些乱码或问号。因此使用控制码时要将字体样式设为非 TureType 字体。

2.9.5 文本编辑

已标注的文本，有时需对其属性或文字本身进行修改，AutoCAD 2008 提供了两个文本基本编辑方法，方便用户快速便捷地编辑所需的文本。这两种方法是：DDeDit 命令和属性管理器。

1. 利用 Ddedit 命令编辑文本

❍ 命令行：输入 Ddedit（简捷命令 ED）并回车。

启动命令后，命令行提示如下：

选择注释对象或 [放弃(U)]:（要求用户选取要修改的文本）

若选取的文本是用 DText 命令标注的单行文本，则可以直接对文字内容进行修改。

若用户所选的文本是用 MText 命令标注的多行文本，则弹出**文字格式**对话框，见图 2-41。用户可在该对话框中对文本进行更加全面的编辑修改。

在 Ddedit 命令下的提示中，还有一个 U 行选项，选择该选项，可以取消上次所进行的文本编辑操作。

2. 利用特性管理器编辑文本

先选中需要编辑的文本对象，在命令行下输入 Properties 启动该命令，打开特性管理器，就可利用属性管理器进行文本编辑了。在用特性管理器编辑图形实体时，允许一次选择多个文本实体；而用 Ddedit 命令编辑文本实体时，每次只能选择一个文本实体。

2.10 尺寸标注

建筑施工图中的尺寸标注是施工图的重要部分，利用 AutoCAD 的尺寸标注命令，可以方便快速地标注图样中各种方向、形式的尺寸。

2.10.1 尺寸标注的基础知识

一个完整的尺寸标注通常由尺寸线、尺寸界线、尺寸箭头和尺寸数字 4 部分组成。图 2-42

所示为一个典型的建筑制图的尺寸标注。

一般情况下，AutoCAD 将尺寸作为一个图块，即尺寸线、尺寸界线、尺寸起止符号和尺寸数字它们各自不是单独的实体，而是构成图块一部分。如果对该尺寸标注进行拉伸，那么拉伸后，尺寸标注的尺寸数字将自动发生相应的变化。这种尺寸标注称为关联性尺寸。

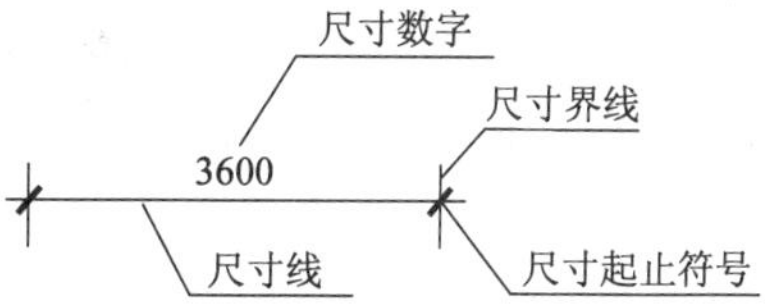

图 2-42　建筑制图尺寸标注各部分名称

如果用户选择的是关联性尺寸标注，那么当改变尺寸标注样式时，在该样式基础上生成的所有尺寸标注都将随之改变。

如果一个尺寸标注的尺寸线、尺寸界线、尺寸起止符号和尺寸数字都是单独的实体，即尺寸标注不是一个图块，那么这种尺寸标注称为无关联性尺寸。

如果用户用“缩放”命令缩放非关联性尺寸标注，将会看到尺寸线是被拉伸了，可尺寸数字仍保持不变，因此无关联性尺寸无法实时反应图形的准确尺寸。

如图 2-43 所示为用缩放命令缩放关联性和非关联性尺寸的结果。

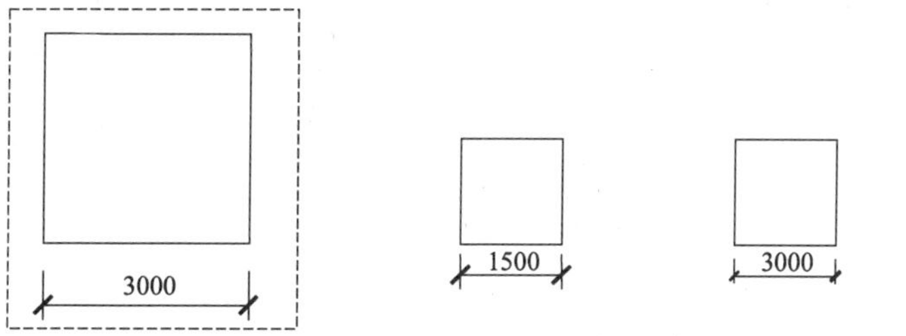

缩放图形　　关联性尺寸缩放　　非关联性尺寸缩放

图 2-43　用“缩放”命令缩放关联性和非关联性尺寸

2.10.2　创建尺寸标注样式

尺寸标注样式控制着尺寸标注的外观和功能，它可以定义不同设置的标注样式并给它们赋名。下面以建筑制图标准要求的尺寸形式为例，学习创建尺寸标注样式。

AutoCAD 提供了 Dimstyle 命令，用以创建或设置尺寸标注样式。

- 命令行：输入 Dimstyle（简捷命令 D）并回车。

启动该命令后，AutoCAD 将打开如图 2-44 所示的**标注样式管理器**对话框。

在新建尺寸标注样式之前，首先介绍**标注样式管理器**对话框中相关的选项功能。

- “样式”列表框：显示了标注样式的名称。
- “列出”下拉列表框：选择所有样式，则在“样式”列表框显示所有样式名；若选择“正在使用的样式”，则显示当前正在使用的样式名称。
- “预览”图像框：以图形方式显示当前尺寸标注样式。
- “置为当前”按钮：将选定的样式设置为当前样式。
- “新建”按钮：创建新的尺寸标注样式。
- “修改”按钮：修改已有的尺寸标注样式
- “替代”按钮：为一种标注格式建立临时替代格式，以满足某些特殊要求。
- “比较”按钮：用于比较两种标注格式的不同点。

单击 新建(N)... 按钮后，弹出 创建新标注样式 对话框，如图 2-45 所示。

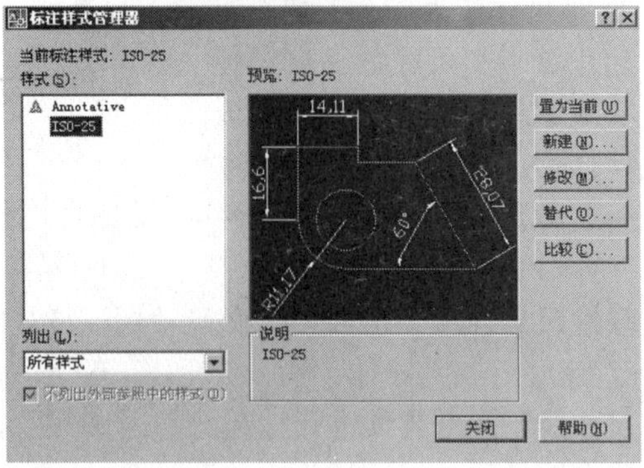

图 2-44 “标注样式管理器”对话框

该对话框中各选项含义如下：

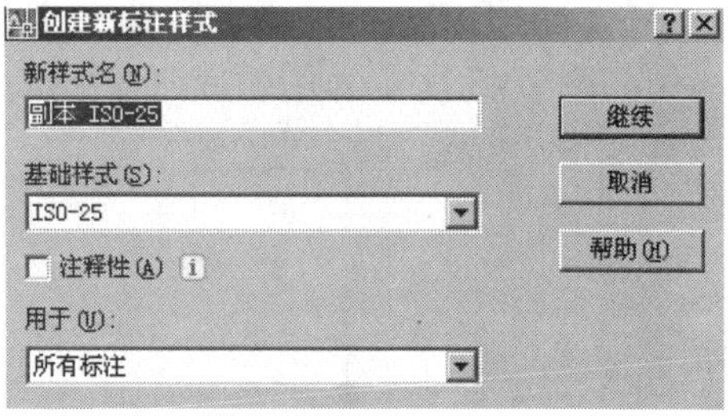

图 2-45 “创建新标注样式”对话框

◇ “新样式名”文本框：设置创建新的尺寸样式的名称，例如输入“建筑制图”。
◇ “基础样式”下拉列表框：在此下拉列表框中选择一种已有的标注样式，新的标注样式将继承此标注样式的所有特点。用户可以在此标注样式的基础上，修改不符合要求的部分，从而提高工作效率。
◇ “用于”下拉列表框：限定新标注样式的应用范围。

单击 继续 按钮，弹出 新建标注样式：建筑制图 对话框，如图 2-46 所示。用户可利用该对话框为新创建的尺寸标注样式设置各种相关的特征参数。

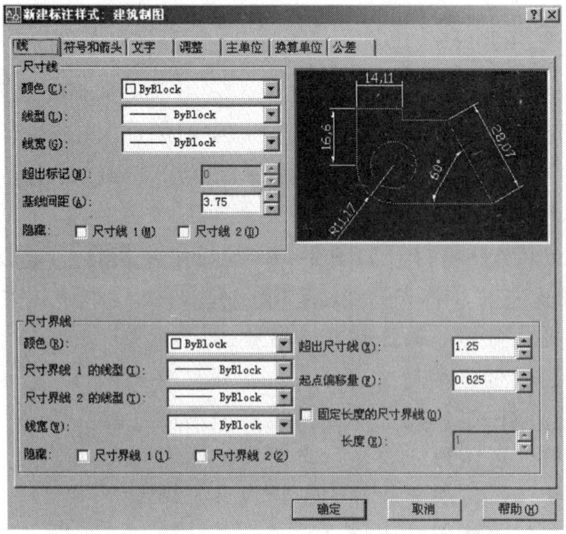

图 2-46 新建标注样式：“建筑制图”对话框

1．设置尺寸线和尺寸界限

在 新建标注样式：建筑制图 对话框中，单击 线 选项卡，如图 2-46 所示。用户可在该选项卡中设置尺寸线和尺寸界线的几何参数。

现将该选项卡中各选项的含义介绍如下：

（1）“尺寸线”选项组　设置尺寸线的特征参数。

◇ “颜色”下拉列表框：设置尺寸线的颜色。
◇ “线宽”下拉列表框：设置尺寸线的线宽。
◇ “超出标记”增量框：尺寸线超出尺寸界线的长度。《房屋建筑制图统一标准》（GB/T 50001—2001）规定该数值一般为 0（但新标准允许根据个人习惯，略有超出）。只有在“符号和箭头”选项卡中将“箭头”选择为“倾斜”或“建筑标记”时，“超出标记”增量框才能被激活，否则将呈灰色显示而无效。
◇ “基线间距”增量框：当用户采用基线方式标注尺寸时，可在该增量框中输入一个值，以控制两尺寸线之间的距离。《房屋建筑制图统一标准》规定两尺寸线间距为 7～10mm。
◇ “隐藏”选项：控制是否隐藏第一条、第二条尺寸线及相应的尺寸箭头。建筑制图时，我们只选默认值，即两条尺寸线都可见。

（2）“尺寸界限”选项组　设置尺寸界线的特征参数。

◇ “颜色”下拉列表框：设置尺寸界线的颜色。
◇ “超出尺寸线”增量框：用户可在此增量框中输入一个值以确定尺寸界线超出尺寸线的那一部分长度。《房屋建筑制图统一标准》规定这一长度宜为 2～3mm。
◇ “起点偏移量”：设置标注尺寸界线的端点离开指定标注起点的距离。
◇ “隐藏”选项：控制是否隐藏第一条或第二条尺寸界线。建筑制图时，只选默认值，即两条尺寸界线都可见。

2．设置符号和箭头

在新建标注样式：建筑制图对话框中，单击符号和箭头选项卡，用户可在如图 2-47 所示选项卡中设置尺寸箭头的形状、大小以及圆心标记、弧长符号、半径标注折弯格式。

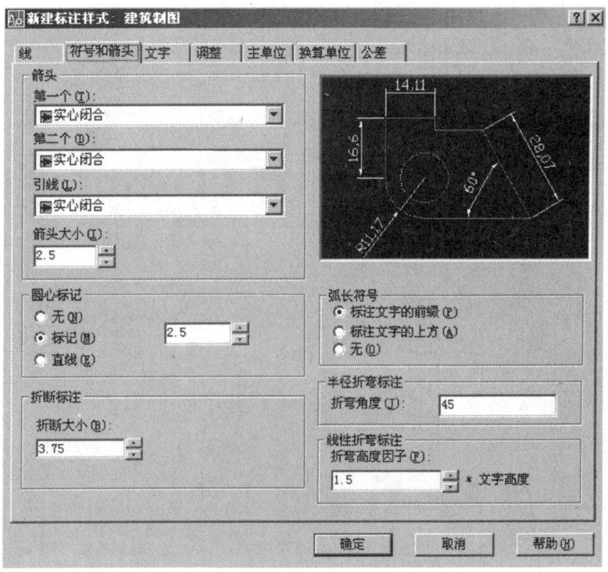

图 2-47　“符号和箭头”选项卡

（1）“箭头”选项组

◈ “第一个”下拉列表框：选择第一尺寸箭头的形状。下拉列表框中提供各种箭头符号以满足各种工程制图需要。建筑制图时，选择“建筑标记”选项。当用户选择某种类型的箭头符号作为第一尺寸箭头时，AutoCAD 将自动把该类型的箭头符号默认为第二尺寸箭头而出现在“第二个”下拉列表框中。

◈ “第二个”下拉列表框：设置第二尺寸箭头的形状。

◈ “引线”下拉列表框：设置指引线的箭头形状。

◈ “箭头大小”增量框：设置尺寸箭头的大小。《房屋建筑制图统一标准》要求起止符号一般用中粗短线绘制，长度宜为 2～3mm。

（2）“圆心标记”选项组

◈ “无”单选按钮：既不产生中心标记，也不采用中心线。

◈ “标记”单选按钮：中心标记为一个记号。

◈ “直线”单选按钮：中心标记采用中心线的形式。

◈ “大小”增量框：设置中心标记和中心线的大小和粗细。

（3）“弧长符号”选项组

◈ “标注文字的前缀”单选按钮：将弧长符号放在标注文字的前面。

◈ “标注文字的上方”单选按钮：将弧长符号放在标注文字的上方。

◈ “无”单选按钮：不显示弧长符号。

（4）“半径标注折弯”选项组　控制折弯半径标注的显示。在“折弯角度”文字框中可以输入连接半径标注的尺寸界限和尺寸线的横向直线角度。

3．设置尺寸文字格式

在**新建标注样式：建筑制图**对话框中，单击**文字**选项卡，用户可在如图 2-48 所示的选项卡中对文字外观、文字位置、文字对齐等相关选项进行设置。

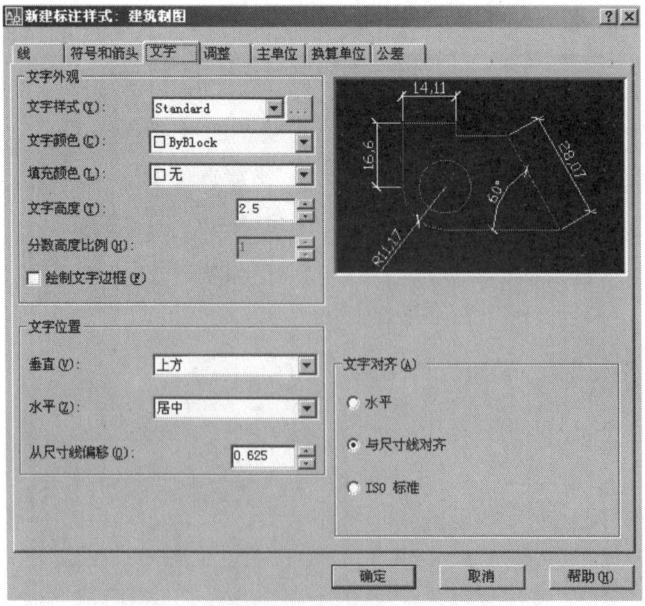

图 2-48 “文字”选项卡

现将该选项卡中各选项含义介绍如下：

(1)“文字外观”选项组　依次可以设置或者选择文字的样式、颜色、填充颜色、文字高度、分数高度比例和是否给标注文字加上边框。建筑制图时，文字字高一般为3.5～4mm。

(2)“文字位置”选项组　用于设置文字和尺寸线间的位置关系及间距。建筑制图时，“从尺寸线偏移”一般设置为1～1.5mm。

(3)“文字对齐”选项组　用于确定文字的对齐方式。

当对以上内容有所改变时，右上侧的预览会显示相应的变化，应特别注意观察以便确定所作定义或者修改是否合适。

4．设置尺寸标注特征

在新建标注样式：建筑制图对话框中，单击调整选项卡，用户可在如图2-49所示的选项卡内设置尺寸文本、尺寸箭头、引线和尺寸线的相对排列位置。

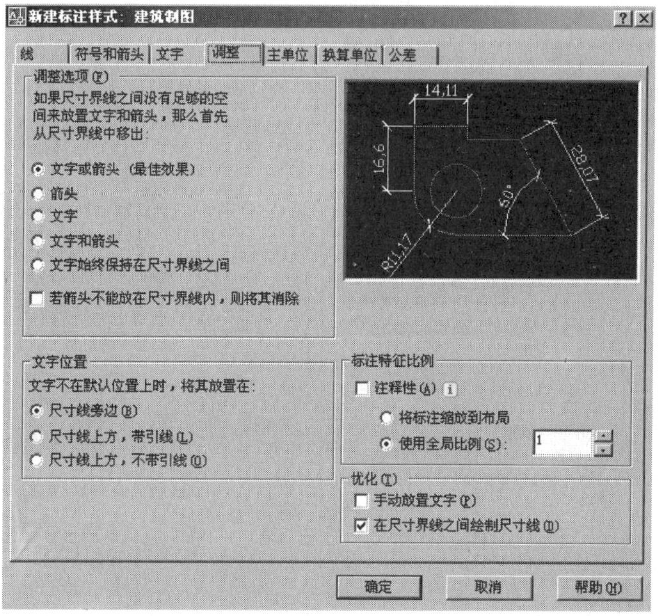

图2-49　“调整”选项卡

现将该选项卡中各选项含义介绍如下：

(1)“调整选项”选项组　用户可根据两尺寸界线之间的距离来选择具体的选项，以控制将尺寸文本和尺寸箭头放置在两尺寸界线的内部还是外部。在建筑制图中，选择默认值即可。

(2)“文字位置”选项组　设置当尺寸文本离开默认位置时的放置位置。

(3)“标注特征比例”选项组　该选项组用来设置尺寸的比例系数。

◇　“注释性”复选框：控制将尺寸标注设置为注释性内容。

◇　“将标注缩放到布局”单选按钮：选择该单选按钮，可确定图纸空间内的尺寸比例系数。

◇　“使用全局比例”增量框：用户可在该增量框中输入数值以设置所有尺寸标注样式的总体尺寸比例系数。

（4）“优化”选项组　该选项组用来设置尺寸文本的精细微调选项。

◇ “手动放置文字”复选框：选择该复选框后，AutoCAD 将忽略任何水平方向的标注设置，允许用户在“指定尺寸线位置或[多行文字(M)/文字(T)/角度(A)/水平(H)/垂直(V)/旋转(R)]:”，提示下，手工设置尺寸文本的标注位置。若不选择该复选框，AutoCAD 将按水平下拉列表框所设置的标注位置自动标注尺寸文本。

◇ “在尺寸界限之间控制尺寸线”复选框：选择该复选框后，当两尺寸界线距离很近不足以放下尺寸文本时，而把尺寸文本放在尺寸界线的外面时，AutoCAD 将自动在两尺寸界线之间绘制一条直线把尺寸线连通。若不选择该复选框，两尺寸界线之间将没有一条直线，尺寸线隔开。

5．设置主单位参数

在 新建标注样式：建筑制图 对话框内，单击 主单位 选项卡，用户可在如图 2-50 所示的选项卡中设置基本尺寸文本设置各种参数，以控制尺寸单位、角度单位、精度等级、比例系数等。

图 2-50 “主单位”选项卡

现将该选项卡中各选项的含义介绍如下：

（1）“线型标注”选项组　设置基本尺寸文本的特征参数。

◇ “单位格式”下拉列表框：设置基本尺寸的单位格式。用户可从该下拉列表框中选取所需的单位制。建筑制图中，选用“小数”选项。

◇ “精度”下拉列表框：控制除角度型尺寸标注之外的尺寸精度。建筑制图中，精度为 0。

◇ “分数格式”下拉列表框：设置分数型尺寸文本的书写格式。

◇ “舍入”增量框：设置尺寸数字的舍入值。

（2）“测量单位比例”选项组　“比例因子”增量框：控制线性尺寸的比例系数。

（3）“消零”选项组　控制尺寸标注时的零抑制问题。

（4）“角度标注”选项组　设置角度型尺寸的单位格式和精度。

2.10.3　线性尺寸标注

线性（Linear）尺寸是建筑制图中最常见的尺寸，包括水平尺寸、垂直尺寸、旋转尺寸、基线标注和连续标注。下面将分别介绍这几种尺寸的标注方法。

1．标注长度类尺寸

AutoCAD 把水平尺寸、垂直尺寸和旋转尺寸都归为长度类尺寸。这 3 种尺寸的标注方法大同小异。

AutoCAD 2008 提供了 DimLinear 命令来标注长度类尺寸。

❍　命令行：输入 DimLinear（简捷命令 DLI）并回车。

启动该命令后，命令行给出如下提示：

指定第一条尺寸界线原点或 <选择对象>:（选取一点作为第一条尺寸界线的起始点）

指定第二条尺寸界线原点:（选择另一点作为第二条尺寸界线的起始点）

指定尺寸线位置或[多行文字(M)/文字(T)/角度(A)/水平(H)/垂直(V)/旋转(R)]:（要求用户选择一点以确定尺寸线的位置或选择某个选项）

现将各选项的含义介绍如下：

◈　多行文字(M): 通过对话框输入尺寸文本。

◈　文字(T): 通过命令行输入尺寸文本。

◈　角度(A): 确定尺寸文本的旋转角度。

◈　水平(H): 标注水平尺寸。

◈　垂直(V): 标注垂直尺寸。

◈　旋转(R): 确定尺寸线的旋转角度。

如果在“指定第一条尺寸界线原点或 <选择对象>:”提示下，直接回车，命令行将提示：

选择标注对象:（直接选择要标注尺寸的实体对象）

指定尺寸线位置或[多行文字(M)/文字(T)/角度(A)/水平(H)/垂直(V)/旋转(R)]:（要求用户确定尺寸线的位置或选择某一选项）

2．基线标注

在建筑制图中，往往以某一线作为基准，其他尺寸都按该基准进行定位或画线，这就是基线标注。AutoCAD 2008 提供了 Dimbaseline 命令方便用户标注这类尺寸。

❍　命令行：输入 Dimbaseline（简捷命令 DBA）并回车。

启动该命令后，命令行给出如下提示：

指定第二条尺寸界线原点或 [放弃(U)/选择(S)] <选择>:（在此提示下直接确定另一尺寸的第二尺寸界线起始点，即可标注出尺寸）

此后，命令行将反复出现如下提示：

指定第二条尺寸界线原点或 [放弃(U)/选择(S)] <选择>:

直到基线尺寸全部标注完，按<Esc>键退出基线标注为止。

如果在该提示符下输入 U 并回车，将删除上一次刚刚标注的那一个基线尺寸。

如果在输入命令后直接回车，命令行提示：

选择基准标注：（选择基线标注的基线）

指定第二条尺寸界线原点或 [放弃(U)/选择(S)] <选择>：（直接确定另一要标注基线尺寸的第二尺寸界线起始点）

3．连续标注

除了基线标注之外，还有一类尺寸，它们也是按某一“基准”来标注尺寸的，但该基准不是固定的，而是动态的。这些尺寸首尾相连（除第一个尺寸和最后一个尺寸外），前一尺寸的第二尺寸界线就是后一尺寸的第一尺寸界线。AutoCAD 把这种类型的尺寸称为连续尺寸。

开始连续标注时，要求用户先要标出一个尺寸。

AutoCAD 2008 提供了 Dimcontinue 命令，方便用户标注连续尺寸。

❍ 命令行：输入 Dimcontinue（简捷命令 DCO）并回车。

启动该命令后，命令行将给出如下提示：

指定第二条尺寸界线原点或 [放弃(U)/选择(S)] <选择>：（在该提示符下直接确定另一尺寸的第二尺寸界线起始点）

命令行将反复出现如下提示：

指定第二条尺寸界线原点或 [放弃(U)/选择(S)] <选择>：

直到按<Esc>键退出为止。

如果在该提示下输入 U 并回车，AutoCAD 将撤销上一连续尺寸，然后命令行还将提示：

指定第二条尺寸界线原点或 [放弃(U)/选择(S)] <选择>：

如果在该提示下直接回车，命令行提示：

选择连续标注：（选择新的连续尺寸群中的第一个尺寸）

指定第二条尺寸界线原点或 [放弃(U)/选择(S)] <选择>：（选择一点以确定第二个尺寸的第二尺寸界线位置）

2.10.4 编辑尺寸标注

AutoCAD 2008 提供了多种方法以方便用户对尺寸标注进行编辑，下面将逐一介绍这些方法及命令。

1．利用属性管理器编辑尺寸标注

用户先选择将要修改的某个尺寸标注，然后在命令行下输入 Properties，启动“特性”管理器命令，可在“特性”对话框中根据需要更改、编辑尺寸标注的相关参数。

2．利用 DimEdit 命令编辑尺寸标注

❍ 命令行：输入 DimEdit（简捷命令 DED）并回车。

启动该命令后，命令行提示如下：

输入标注编辑类型 [默认(H)/新建(N)/旋转(R)/倾斜(O)] <默认>：（要求用户输入需要编辑的选项）

现将各选项含义介绍如下：

◈ 默认(H)：将尺寸文本按 Dimstyle 所定义的默认位置、方向重新放置。执行该选项，命令行提示“选择对象:”，选择要编辑的尺寸标注即可。

- ◈ 新建(N)：更新所选择的尺寸标注的尺寸文本。执行该选项，AutoCAD 将打开“文字格式”对话框。用户可在该对话框中更改新的尺寸文本。单击 确定 按钮关闭对话框后，命令行提示“选择对象:”，选择要更改的尺寸文本即可。
- ◈ 旋转(R)：旋转所选择的尺寸文本。执行该选项，命令行提示“指定标注文字的角度:”，输入尺寸文本的旋转角度后命令行提示“选择对象:”，选择要编辑的尺寸标注即可。
- ◈ 倾斜(O)：实行倾斜标注，即编辑线性尺寸标注，使其尺寸界线倾斜一个角度，不再与尺寸线相垂直。常用于标注锥形图形。执行该选项，命令行提示“选择对象:”，选择要编辑的尺寸标注后命令行提示“输入倾斜角度（按回车键表示无）:”，输入倾斜角度即可。

3．利用 Dimtedit 命令更改尺寸文本位置

❍ 命令行：输入 Dimtedit（简捷命令 DIMTED）并回车。

启动该命令后，命令行将提示：

选择标注:（选择要修改的尺寸标注）

指定标注文字的新位置或 [左(L)/右(R)/中心(C)/默认(H)/角度(A)]:（确定尺寸文本的新位置）

现将各选项的含义介绍如下：

- ◈ 左(L)：更改尺寸文本沿尺寸线左对齐。
- ◈ 右(R)：更改尺寸文本沿尺寸线右对齐。
- ◈ 中心(C)：将所选的尺寸文本按居中对齐。
- ◈ 默认(H)：将尺寸文本按 Dimstyle 所定义的默认位置、方向重新放置。
- ◈ 角度(A)：旋转所选择的尺寸文本。

输入 A 并回车后，命令行将提示：

指定标注文字的角度:（输入尺寸文本的旋转角度即可）

4．更新尺寸标注

用户可将某个已标注的尺寸按当前尺寸标注样式所定义的形式进行更新。AutoCAD 提供了 DIM 下的 Update 命令来实现这一功能。

❍ 命令行：输入 DIM 并回车，然后在“标注:”提示下输入 Update（简捷命令 UP）并回车。

启动该命令后，命令行提示：

选择对象:（选择要更新的尺寸标注）

选择对象:（继续选择尺寸标注或按回车键结束操作）

回到“标注:”提示下在“标注:”提示下，输入 E 并回车，返回到“命令:”状态。

通过上述操作，AutoCAD 将自动把所选择的尺寸标注更新为当前尺寸标注样式所设置的形式。

2.11 三维模型构造

三维模型构造包括三维曲面模型、三维实体模型以及三维实体模型之间的布尔运算。本节中将分别加以介绍。

2.11.1 三维曲面模型

在 AutoCAD 2008 中，用户可以自由地构造三维空间内的平面、曲面以及三维形体的表面。下面将介绍在 AutoCAD 2008 中创建三维曲面的命令及操作方法。

1．用 3Dface 命令创建三维面

AutoCAD 2008 为创建三维空间平面提供了 3Dface 命令，利用 3Dface 命令可以构造空间任意位置的平面，平面的顶点可以有不同的 X、Y、Z 坐标，但不能超过 4 个顶点。只有当用户选择的 4 个顶点共面时，AutoCAD 才会认为由这 4 个顶点确定的平面是存在的。由 3Dface 命令创建的平面，AutoCAD 在屏幕上只显示其轮廓线。

❍ 命令行：输入 3Dface 并回车。

启动命令后，命令行出现如下提示：

指定第一点或 [不可见(I)]:（输入第一个顶点）

指定第二点或 [不可见(I)]:（输入第二个顶点）

指定第三点或 [不可见(I)] <退出>:（输入第三个顶点）

指定第四点或 [不可见(I)] <创建三侧面>:（输入第四个顶点）

指定第三点或 [不可见(I)] <退出>:（继续输入第三个顶点，以建立第二个三维面或回车结束命令）

在第一次输完 4 个顶点之后，AutoCAD 自动将最后 2 个顶点当作下一个三维平面的第一、二个顶点，继续出现提示，要求用户继续输入下一平面的第三和第四个顶点。若不需要再建立三维面，可在“指定第三点或 [不可见(I)] <退出>：”提示下回车，结束本次命令。

2．绘制直纹曲面

直纹曲面是指由两条指定的直线或曲线为相对的两边而生成的一个用三维网格表示的曲面，该曲面在两相对直线或曲线之间的网格线是直线。

绘制直纹曲面的命令是 Rulesurf。

❍ 命令行：输入 Rulesurf 并回车。

启动 Rulesurf 命令后，命令行给出如下提示：

选择第一条定义曲线:（选择第一条曲线）

选择第二条定义曲线:（选择第二条曲线）

用户根据提示分别选择了生成直纹曲面的两条曲线后，AutoCAD 便自动在两曲线之间生成一个直纹曲面，如图 2-51 所示。

可以看出，创建直纹曲面的前提是必须先有两条曲线或直线。

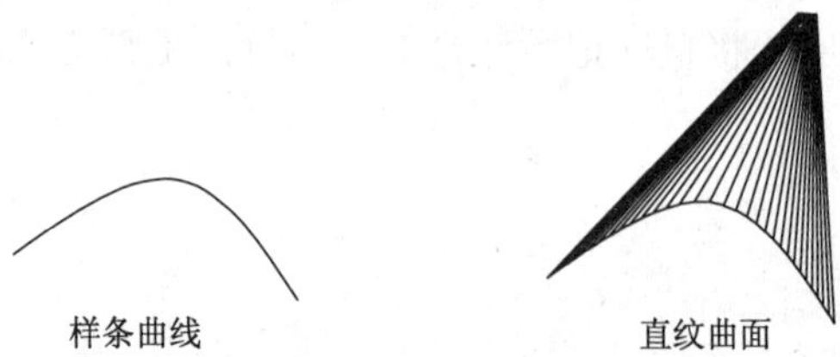

图 2-51 绘制直纹曲面

3．绘制旋转曲面

在 AutoCAD 中，利用一条曲线围绕某一个轴旋转一定角度，可以产生一个光滑的旋转曲面，若旋转一周，即可生成一个封闭的旋转曲面。旋转曲面也是用三维多边形网格表示的，网格密度在旋转方向分别由两个系统变量进行控制。

通常，AutoCAD 将曲线的旋转方向称为 M 向，旋转所围绕的轴线方向称为 N 向。M 向的网格密度由系统变量 Surftab1 确定，N 向的网格密度由 Surftab2 变量确定，这两个系统变量的设置方法相同，只需执行如下命令序列（以 Surftab1 为例）：

命令：Surftab1

输入 Surftab1 的新值 <6>：(输入新值)

AutoCAD 中绘制旋转曲面的命令是 Revsurf。

❍　命令行：输入 Revsurf 并回车。

启动 Revsurf 命令后，命令行给出如下提示：

选择要旋转的对象：（选择旋转曲线）

选择定义旋转轴的对象：（选择旋转轴）

指定起点角度 <0>：（输入旋转起始角度）

指定包含角 (+=逆时针，- =顺时针) <360>：（输入旋转角度，逆时针为正，顺时针为负，默认角度为 360°）。

图 2-52 即为样条曲线执行旋转曲面命令后的操作结果。

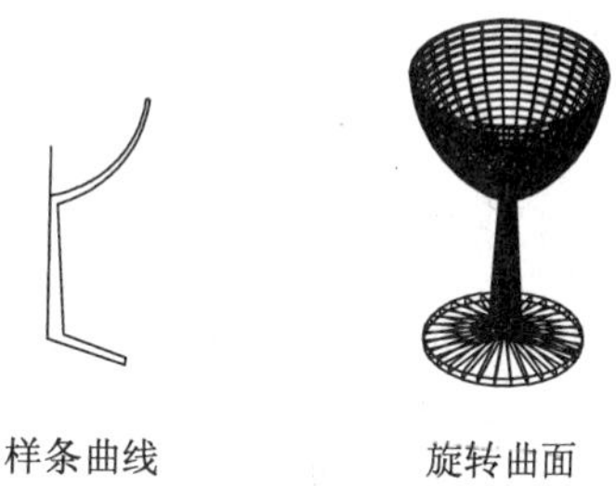

图 2-52　绘制旋转曲面

4．绘制拉伸曲面

拉伸曲面是指由一条初始轨迹线沿指定的矢量方向伸展而成的曲面。绘制拉伸曲面的命令是 Tabsurf。

❍　命令行：输入 Tabsurf 并回车。

启动该命令后，命令行给出如下提示：

选择用作轮廓曲线的对象：（选取轨迹线）

选择用作方向矢量的对象：（选择矢量方向，即确定轨迹线的伸展方向）

确定了轨迹线和伸展矢量后，AutoCAD 2008 将自动生成一个由多边形网格表示的三维曲面，如图 2-53 所示。

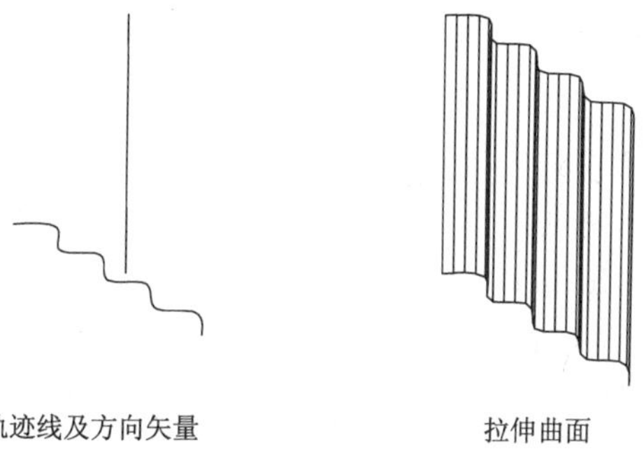

图 2-53　绘制拉伸曲面

5．绘制定边界曲面

在 AutoCAD 2008 中，绘制曲面除可以采用以上所述方法外，还提供了一种更加灵活方便的方法，即定边界绘制曲面（Edgesurf）。该方法是先确定曲面的 4 条边，然后再通过 4 条边生成曲面，如图 2-54 所示。

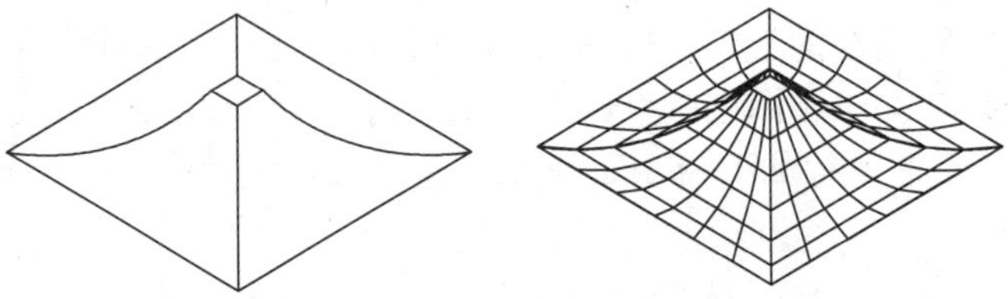

亭顶的线框模型　　定边界曲面模型

图 2-54　绘制定边界曲面

❍　命令行：输入 Edgesurf 并回车。

启动该命令后，命令行给出如下提示：

选择用作曲面边界的对象 1:（选择第 1 条边）

选择用作曲面边界的对象 2:（选择第 2 条边）

选择用作曲面边界的对象 3:（选择第 3 条边）

选择用作曲面边界的对象 4:（选择第 4 条边）

4 条边选择完毕后，AutoCAD 自动生成多边形网格。M 向和 N 向的网格密度分别由系统变量 Surftab1 和 Surftab2 控制。

如果 4 边没有首尾相连，则出现错误提示：

边未接触其他边界:

2.11.2　创建基本三维实体

三维实体（Solid）是三维图形中最重要的部分，它具有实体的特征，即其内部是实心的，而上节中所讲述的三维形体表面只是一个空壳。用户可以通过布尔运算对三维实体进行打孔、打洞等编辑，从而形成具有实用意义的物体。在实际的三维绘图工作中，三维实体是最常见的。

AutoCAD 2008 可以方便地创建出一些基本形状的三维实体，这些三维实体主要包括：长方体（Box）、圆锥体（Cone）、球体（Sphere）、圆柱体（Cylinder）、楔形体（Wedge）、圆环（Torus）。这些实体都是三维绘图中的基本元素，下面分别介绍它们的绘制方法。

1．长方体（Box）

该命令用于绘制长方体或正方体。

❍　命令行：输入 Box 并回车。

启动该命令后，命令行出现如下提示：

指定第一个角点或 [中心(C)]:（确定长方体的一个顶点）

指定其他角点或 [立方体(C)/长度(L)]:（确定长方体的某一个顶点的位置，这个顶点与底面中心点共同确定生成长方体）

指定高度或 [2 点(2P)] <默认值>:（指定高度或为两点选项输入 2P）。

提示中其他选项分别介绍如下：

- ◇ 立方体(C)：该选项用来生成正方体，执行该选项，将出现提示“指定长度:”，要求用户输入正方体的边长。
- ◇ 长度(L)：该选项用来确定长方体的长、宽、高尺寸，从而确定长方体的大小。执行该选项，命令行提示，
  指定长度：（输入长方体的长）
  指定宽度：（输入长方体的宽）
  指定高度：（输入长方体的高）
- ◇ 2 点(2P)：该选项指定长方体的高度为两个指定点之间的距离。执行该选项，命令行提示，
  指定第一个点：（指定点）
  指定第二个点：（指定点）
  如果用户选择“[中心(C)]选项:”，命令行提示，
  指定中心：（输入长方体底面中心点的坐标）
  指定其他角点或 [立方体(C)/长度(L)]：（确定长方体的某一个顶点的位置）
  该提示中后两个选项与上面所述含义相同，不再介绍。

2．球体（Sphere）

该命令用来创建实心球体。

❍ 命令行：输入 Sphere 并回车。

启动该命令之后，命令行出现如下提示：

指定中心点或 [三点(3P)/两点(2P)/相切、相切、半径(T)]：（指定球体中心点的位置）

指定半径或 [直径(D)]：（输入球体的半径或直径）

提示中其他选项分别介绍如下：

- ◇ 三点(3P)：该选项通过在三维空间的任意位置指定三个点来定义球体的圆周，执行该选项，将出现提示，
  指定第一点：（指定点 1）
  指定第二点：（指定点 2）
  指定第三点：（指定点 3）
- ◇ 两点(2P)：该选项通过在三维空间的任意位置指定两个点来定义球体的圆周，执行该选项，命令行提示，
  指定直径的第一个端点：（指定点 1）
  指定直径的第二个端点：（指定点 2）
- ◇ 相切、相切、半径(T)：通过指定半径定义可与两个对象相切的球体。执行该选项，命令行提示，
  指定对象上的点作为第一个切点：（在对象上选择一个点）
  指定对象上的点作为第二个切点：（在对象上选择一个点）
  指定半径 <默认值>：（指定半径）

3．圆柱体（Cylinder）

用来绘制圆柱体或椭圆柱体的命令是 Cylinder。

❍ 命令行：输入 Cylinder 并回车。

启动该命令之后，命令行出现如下提示：

指定底面的中心点或 [三点(3P)/两点(2P)/相切、相切、半径(T)/椭圆(E)]:（确定圆柱体端面中心点的位置或输入选项）

提示中其他选项分别介绍如下：

- 三点(3P)：该选项通过指定三个点来定义圆柱体的底面周长和底面，执行该选项，将出现提示，
  指定第一点：（指定点 1）
  指定第二点：（指定点 2）
  指定第三点：（指定点 3）
  指定高度或 [两点(2P)/轴端点(A)] <默认值>:（指定高度、输入选项或按默认高度值确定）
- 两点(2P)：该选项通过指定两个点来定义圆柱体的底面直径，执行该选项，命令行提示，
  指定直径的第一个端点：（指定点）
  指定直径的第二个端点：（指定点）
  指定高度或 [两点(2P)/轴端点(A)] <默认值>:（指定高度、输入选项或回车指定默认高度值）
- 相切、相切、半径(T)：定义具有指定半径，且与两个对象相切的圆柱体底面。执行该选项，命令行提示，
  指定对象上的点作为第一个切点：（选择对象上的点）
  指定对象上的点作为第二个切点：（选择对象上的点）
  指定底面半径 <默认值>:（指定底面半径，或回车指定默认的底面半径值）
  指定高度或 [两点(2P)/轴端点(A)] <默认值>:（指定高度、输入选项或回车指定默认高度值）
- 椭圆(E)：指定圆柱体的椭圆底面。执行该选项，命令行提示，
  指定第一个轴的端点或 [中心(C)]:（指定点 1）
  指定第一个轴的另一个端点：（指定点）
  指定第二个轴的端点：（指定点）
  指定高度或 [两点(2P)/轴端点(A)] <默认值>:（指定高度、输入选项或回车指定默认高度值）
  上述各选项执行过程中的“[两点(2P)/轴端点(A)]”分别表示如下含义：
- 两点(2P)：指定圆柱体的高度为两个指定点之间的距离。执行该选项，命令行提示，
  指定第一个点：（指定点）
  指定第二个点：（指定点）
- 轴端点(A)：指定圆柱体轴的端点位置。执行该选项，命令行提示，
  指定轴端点：（指定点）
  若按默认选项指定定圆柱体端面中心点的位置后，命令行继续提示，
  指定底面半径或 [直径(D)] <默认值>:（指定底面半径、输入“D”指定直径或回车指定默认的底面半径值）

指定高度或 [两点(2P)/轴端点(A)] <默认值>:（指定高度、输入选项或回车指定默认高度值）

4．圆锥体（Cone）

用于绘制圆锥体或椭圆锥体的命令是 Cone。

❍ 命令行：输入 Cone 并回车。

启动该命令后，命令行出现如下提示：

指定底面的中心点或 [三点(3P)/两点(2P)/相切、相切、半径(T)/椭圆(E)]:（指定点 1 或输入选项）

指定底面半径或 [直径(D)] <默认值>:（指定底面半径、输入“D”指定直径或回车指定默认的底面半径值）

指定高度或 [两点(2P)/轴端点(A)/顶面半径(T)] <默认值>:（指定高度、输入选项或回车指定默认高度值）

这里只介绍“顶面半径(T)”选项的含义，其余选项与执行圆柱体命令过程中出现的选项含义相同。

“顶面半径(T):”该选项用来创建圆台时指定圆台的顶面半径。执行该选项，命令行提示：

指定顶面半径 <默认值>:（指定值或回车指定默认值）

5．楔形体（Wedge）

Wedge 命令用来绘制楔形实体。

❍ 命令行：输入 Wedge 并回车。

启动该命令后，命令行出现如下提示：

指定第一个角点或 [中心(C)]:（要求用户首先确定楔形体的顶点位置）

确定后，命令行接着出现提示：

指定其他角点或 [立方体(C)/长度(L)]:

该提示中，立方体“C”选项用来生成等边楔形体，长度“L”选项用来根据长、宽、高 3 个参数生成楔形体。

如果选择[中心(C)]，可按中心点方式生成楔形体。

6．圆环体（Torus）

Torus 命令用于创建圆环实体。

❍ 命令行：输入 Torus 并回车。

启动该命令后，命令行出现下列提示：

指定中心点或 [三点(3P)/两点(2P)/相切、相切、半径(TTR)]:（指定圆环中心点或输入选项）

指定半径或 [直径(D)] <默认值>:（指定半径或输入 D）

指定圆管半径或 [两点(2P)/直径(D)]:（输入圆环管体的半径或其他选项）

上述选项与前面介绍的相同，不再赘述。

2.11.3　创建复杂三维实体

创建三维实体，归纳起来可通过两种途径：一种是直接输入实体的控制尺寸，由 AutoCAD

相关函数自动生成；另一种是由二维图形以旋转或拉伸等方式生成。前者只能创建一些基本的规则实体，后者则可以创建出更为灵活的实体。下面介绍常用的创建复杂三维实体的方法。

1．拉伸实体

对封闭的二维实体沿某一指定路线进行拉伸，可以建立复合实体，即较复杂而不规则的实体图形，可以拉伸成三维实体的二维图形包括：闭合多段线、多边形、3D 多段线、圆和椭圆，用来拉伸的多段线必须是封闭的。AutoCAD 中用来建立拉伸的命令是 Extrude。

❍ 命令行：输入 Extrude（简捷命令 EXT）并回车。

启动该命令后，命令行出现如下提示：

选择要拉伸的对象：（选取被拉伸的二维实体）

选择要拉伸的对象：（回车结束选择或继续选择）

指定拉伸高度或 [方向(D)/路径(P)/倾斜角(T)] <默认值>：（按指定高度进行拉伸，如果输入正值，将沿对象所在坐标系的 *Z* 轴正方向拉伸对象。如果输入负值，将沿 *Z* 轴负方向拉伸对象。对象不必平行于同一平面。如果所有对象处于同一平面上，将沿该平面的法线方向拉伸对象）

如果输入“0”选项，通过指定的两点指定拉伸的长度和方向，则命令行提示：

指定方向的起点：（指定点）

指定方向的端点：（指定点）

如果输入“P”，选择基于指定曲线对象的拉伸路径。路径将移动到轮廓的质心。然后沿选定路径拉伸选定对象的轮廓以创建实体或曲面。路径选取完毕后，二维图形即沿着指定路径的方向进行拉伸，且拉伸长度与作为路径的实体相同，如图 2-55 所示。

如果输入“T”选项，命令行提示：

指定拉伸的倾斜角<0>：（指定介于−90° 和+90° 之间的角度，回车或指定点）

如果为倾斜角指定一个点而不是输入值，则必须拾取第二个点。用于拉伸的倾斜角是两个指定点之间的距离。

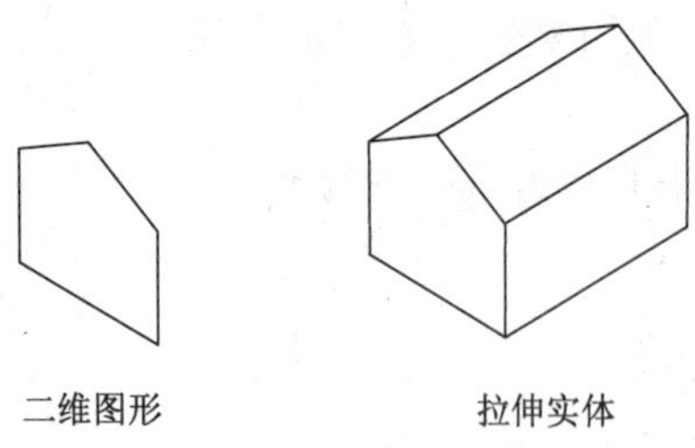

图 2-55 拉伸实体

2．旋转实体

旋转实体是将一些二维图形绕指定的轴旋转而形成的三维实体。用于旋转生成实体的二维对象可以是圆、椭圆、二维多段线及面域，如图 2-56 所示。AutoCAD 2008 中用来生成旋转实体的命令是 Revolve。

❍ 命令行：输入 Revolve（简捷命令 REV）并回车。

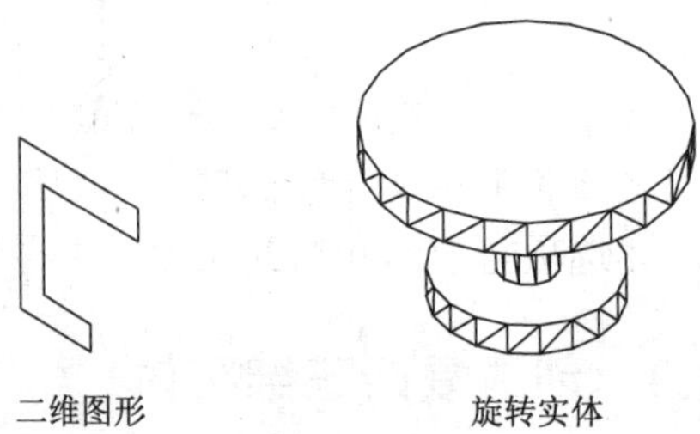

图 2-56 二维图形旋转生成三维实体

启动该命令后，命令行出现下列提示：

选择要旋转的对象：（选取二维实体）

选择要旋转的对象：（回车结束选择或继续选择）

指定轴起点或根据以下选项之一定义轴 [对象(O)/X/Y/Z] <对象>:（指定点或回车可选择轴对象或输入选项）

指定轴起点后，命令行提示：

指定轴端点：（指定点）

指定旋转角度或 [起点角度(ST)] <360>:（指定角度或回车）

指定从旋转对象所在平面开始的旋转偏移，“ST”选项，命令行继续提示：

指定起点角度 <0>:（指定角度或回车）

指定旋转角度 <360>:（指定角度或回车）

提示中各选项含义分别介绍如下：

- ◈ 对象(O)：使用户可以选择现有的对象，此对象定义了旋转选定对象时所绕的轴。选择该选项后，命令行提示：
  选择对象：（使用对象选择方法）
  指定旋转角度或 [起点角度(ST)] <360>:（指定角度或回车）
- ◈ X/Y/Z：使用当前 UCS 的正向 X/Y/Z 轴作为轴的正方向。以 X 项为例，选择该项后，命令行如下提示：
  指定旋转角度或 [起点角度(ST)] <360>:（指定角度或回车）

3．三维实体的布尔运算

在三维绘图中，复杂实体往往不能一次生成，一般都是由相对简单的实体通过布尔运算组合而成的。布尔运算就是对多个三维实体进行求并、求差和求交的运算，使它们进行组合，最终形成用户需要的实体。

（1）求并运算（Union） 对所选的实体进行求并运算，可将两个或两个以上的实体进行合并，使之成为一个整体，如图 2-57 所示。用来进行求并运算的命令是 Union。

❍ 命令行：输入 Union（简捷命令 UNI）并回车。

启动该命令后，命令行出现如下提示：

选择对象：（要求用户选择被合并的实体）

选择对象：（在此提示下，可继续进行选择，也可以回车结束选择）

回车后，AutoCAD 便开始进行合并运算。

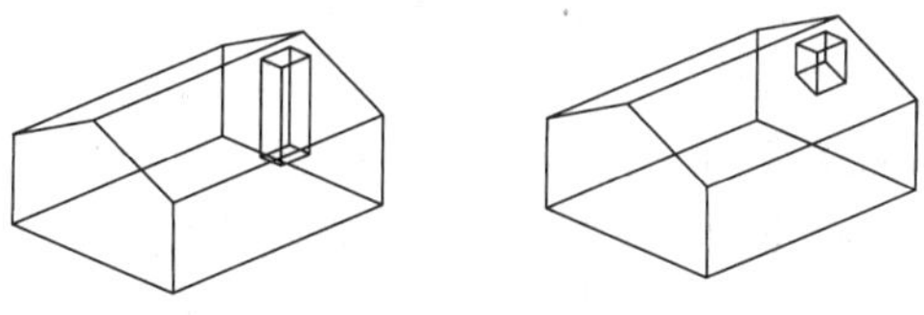

运算前　　运算后

图 2-57 求并运算

（2）求差运算（Sutract） 对三维实体或二维面域进行求差运算，实际上就是从一个实体中减去另一个实体，最终得到一个新的实体，如图 2-58 所示。求差运算的命令是 Subtract。

❍ 命令行：输入 Subtract（简捷命令 SU）并回车。

启动该命令后，命令行出现如下提示：

选择对象：（选择被减的实体）

选择对象：（选取作为减数的实体并在完成时回车）

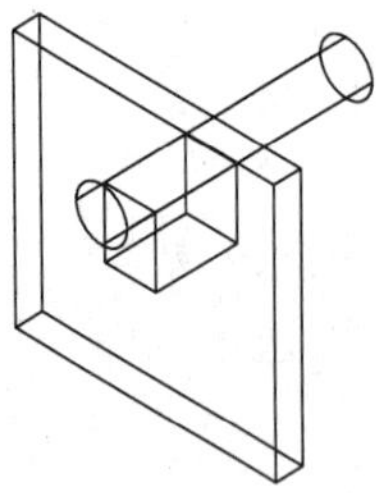

运算前

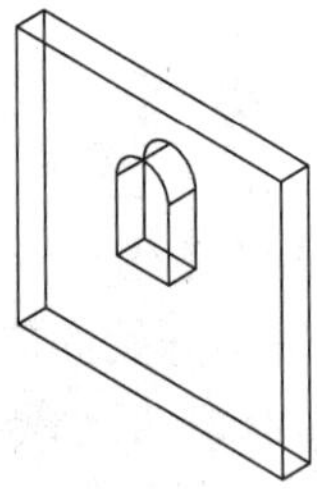

运算后

图 2-58　求差运算

（3）求交运算（Intersect）　对两个或两个以上的实体进行求交运算，将得到的这些实体的公共部分，而每个实体的非公共部分将被删除。求交运算的命令是 Intersect。

❍ 命令行：输入 Intersect 并回车。

启动该命令后，命令行出现以下提示：

选择对象：（选取进行求交的实体）

选择对象：（回车结束命令或继续选取）

2.11.4　三维图形显示

AutoCAD 2008 提供了多种显示和观察方式来获得满意的三维效果或对三维场景进行全面的观察和了解。消隐（Hide）和视觉样式（Vscurrent）是常用的显示方式。

1．消隐

对三维物体进行消隐操作，可隐藏屏幕上存在的而实际上应被遮挡住的轮廓线条或其他线条，图 2-59 所示的图形就是一个经过消隐后的三维物体，可以看出，消隐后的实体更加符合现实中的视觉感受。AutoCAD 中进行消隐的命令是 Hide。

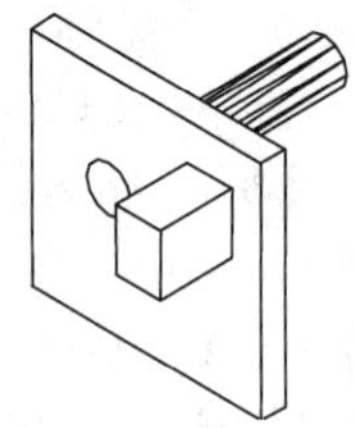

图 2-59　消隐后的三维实体

❍ 命令行：输入 Hide（简捷命令 HI）并回车。

启动该命令后，用户无需进行目标选择，AutoCAD 将对当前视窗内的所有实体自动进行消隐，这大概需要数秒钟时间。之后，当 AutoCAD 在命令行出现“Hide 正在重生模型”提示时，说明消隐已经完成，屏幕上将显示出消隐后的图形。用户可对以往绘制的实体图形进行消隐，从中体会消隐的效果。

2．视觉样式

使用视觉样式（Vscurrent）命令可以控制图形对象的显示方式。

❍ 命令行：输入 Vscurrent 并回车。

启动视觉样式命令后，命令行给出如下提示：

输入选项 [二维线框(2)/三维线框(3)/三维隐藏(H)/真实(R)/概念(C)/其他(O)/] <当前>:

提示中各个选项的含义分别介绍如下：

- 二维线框(2)：该选项显示实体线框模型。选择该选项，所有的三维实体均以直线、曲线组成的线框边界显示，同时图标以二维方式显示。
- 三维线框(3)：选择该选项，实体将以线框模型显示，但同时显示三维彩色图标。
- 三维隐藏(H)：显示用三维线框表示的对象并隐藏表示后向面的直线。
- 真实(R)：选择该选项，先是着色后的多边形平面间的对象，并使对象的边平滑化，同时显示已经附着到对象上的材质效果。
- 概念(C)：选择该选项，着色多边形平面间的对象，并使对象的边平滑化。着色使用冷色和暖色之间的过渡。效果缺乏真实感，但是可以更方便地查看模型的细节。
- 其他(O)：选择该选项，将出现以下提示“输入视觉样式名称 [?]:”。要求输入当前图形中的视觉样式的名称或输入“？”以显示名称列表并重复该提示。

小　　结

绘图和编辑在 AutoCAD 中都是用命令来实现的。实现的方法有三种：① 在命令窗口中直接输入命令；② 在菜单栏中选择命令；③ 在工具栏中按命令按钮。这三种命令的执行方式都是同一个目的，启动某种绘图或编辑过程。命令启动后，有些时候会出现一系列的屏幕提示，以交互方式输入一些待定参数；有些时候会出现对话框，以对话方式确定需要选择的一些内容。当我们依照提示根据设计要求依次输入数据参数后，计算机就会在屏幕上显示出绘制图形的结果。事实上这些固定程式的执行过程，是软件设计时按照绘图要求预先设定好的，如果在软件设计时设计了某一步骤，就会有这种功能，如果没有设计就没有这种功能。所以我们在学习时只要知道这个命令是干什么的，执行命令有几个步骤，分别需要给定几个参数就可以了。限于篇幅，介绍命令时我们只列出了窗口命令输入法，上机时也可分别用其他两种方式练习，作用是一样的。有些绘图命令和编辑方法也可以在以后的章节实际绘图的真实环境中逐步学习和练习，没有必要在本章把它嚼碎消化，实际上这样的要求也是很难做到的。

思　考　题

1. 绘图中绘制多段线的含义是什么？在 PLine 命令中键入什么参数，可以使最后的多段线闭合。

2. 对象编辑时，用默认方式进行选择时，从左到右选择窗口和从右到左选择窗口有什么不同？

3. 外部块与内部块有何区别？

4. 如何创建文字标注样式并进行标注？

5. 如何创建和修改标注样式？

练 习 题

1. 执行 Point（绘点）、Line（绘线）等命令完成图 2-60 所示图形。

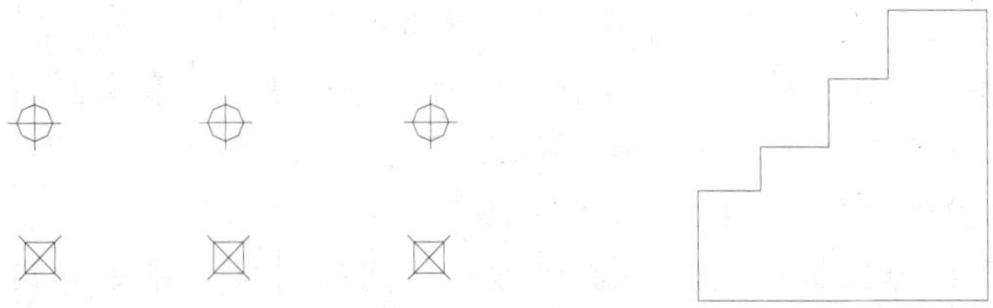

图 2-60　练习 1 图

2. 执行 Circle（绘圆）、Line（绘线）以及 PLine（绘制多段线）命令完成图 2-61 所示图形。

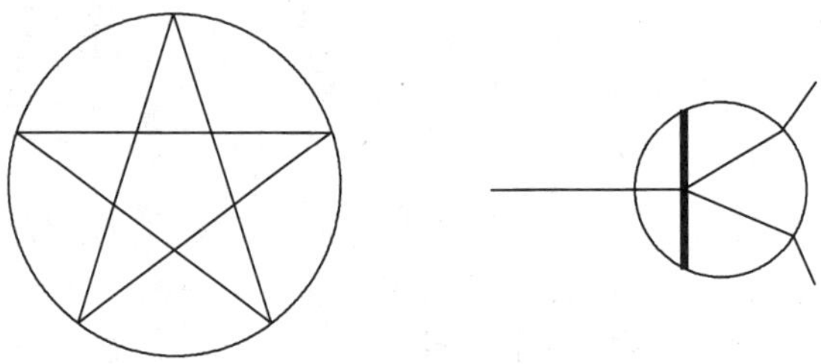

a）　　b）

图 2-61　练习 2 图

3. 执行 Line（绘线）、Arc（绘弧）等命令完成图 2-62 所示图形。

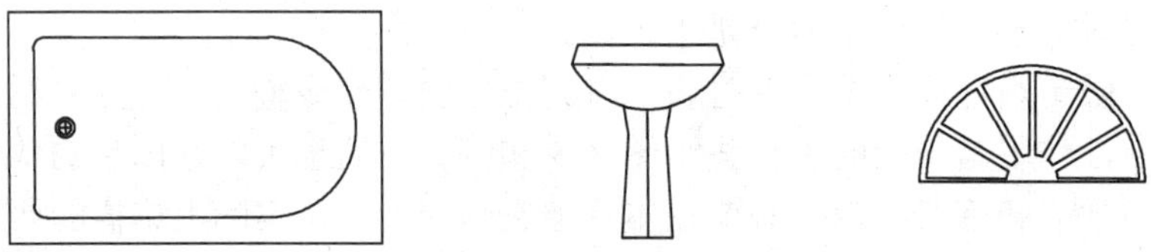

a）　　b）　　c）

图 2-62　练习 3 图

4. 执行 Line（绘线）、PLine（绘制多段线）、Rectangle（绘制矩形）以及 DText 等命令完成图 2-63 所示图形。

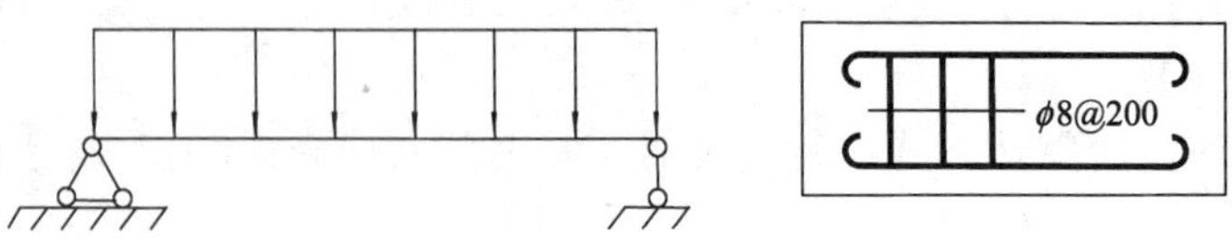

图 2-63　练习 4 图

5. 执行 BHatch（图案填充）、Line（绘线）等命令完成图 2-64 所示图形。

6．执行 Layer（图层）、Circle（绘圆）以及 Offset（偏移）等命令绘制图 2-65 所示图形。

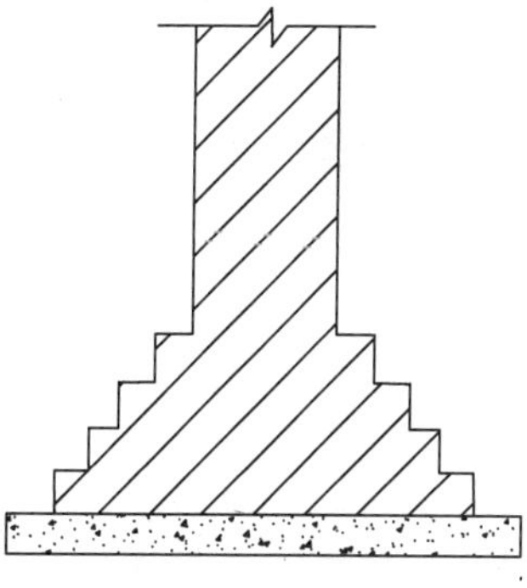

图 2-64　练习 5 图

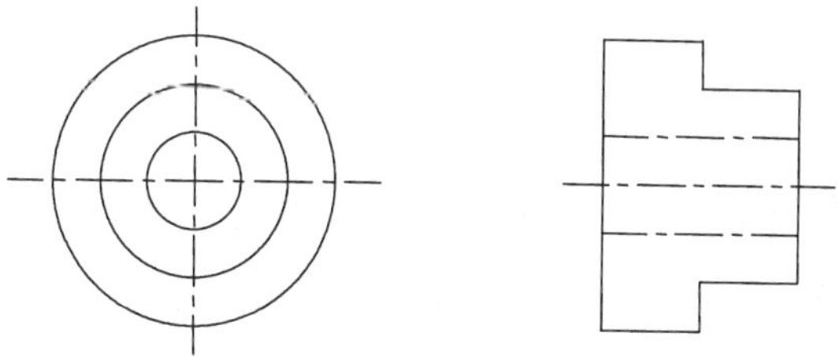

图 2-65　练习 6 图

7．利用 AutoCAD 的尺寸标注，标注图 2-66 所示尺寸。

8．利用 AutoCAD 的文字标注功能标注图 2-67 所示文字。

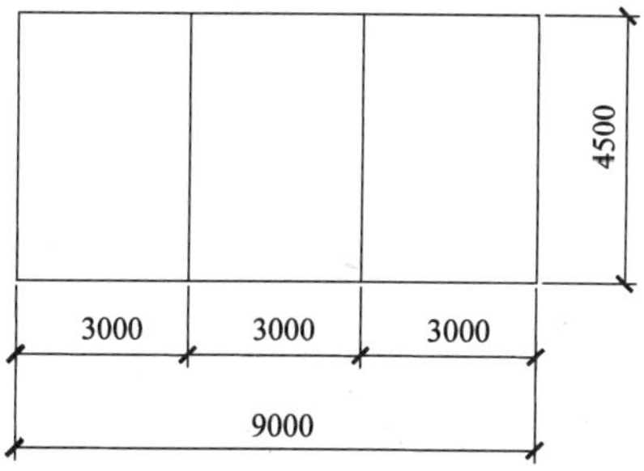

图 2-66　练习 7 图

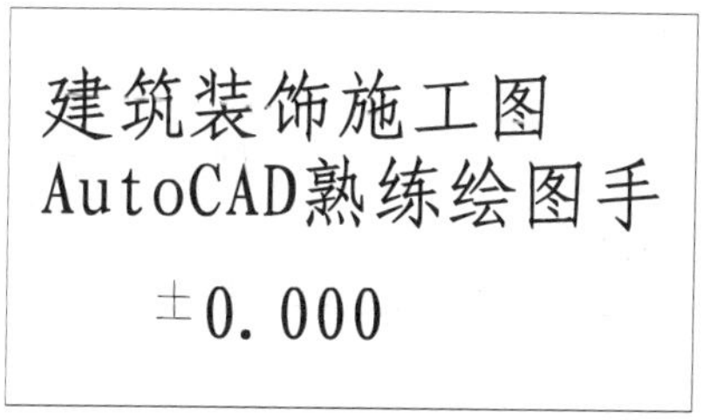

图 2-67　练习 8 图

第 3 章　绘制建筑平面图

● 学习内容与目标 ●

本章以附录图 A-1“底层平面图”为例，详细讲解了建筑平面图的绘制过程和步骤，包括图幅、图框、标题栏设置，填写标题栏，绘制定位轴线、轴线圈并标注轴线编号，绘制墙线、门窗、散水及其他细部和尺寸标注等内容。通过本章的学习，熟悉和掌握 AutoCAD 相关命令在绘制建筑平面图时的应用，理解和学会 AutoCAD 相关命令使用时的步骤和方法，以及操作时输入的相关参数的实际意义。

3.1　图幅、图框、标题栏

本节将以 A3 标准图纸的格式绘制为例，学习图幅、图框、标题栏的绘制过程，进一步熟悉 AutoCAD 的基本命令及其应用。A3 标准图纸的格式如图 3-1 所示。

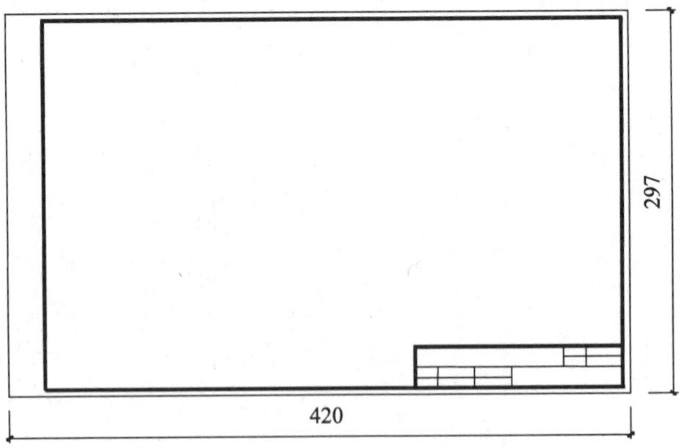

图 3-1　A3 标准图纸

3.1.1　设置绘图界限

AutoCAD 的绘图范围计算机系统没有规定。但是如果我们把一个很小的图样放在一个很大的绘图范围内显然不太合适，也没有这个必要。所以设置绘图界限的过程，也就是买好图纸后裁图纸的过程：即根据图样大小，选择合适的绘图范围。一般来说，要选择比图样较大一些的范围。

操作：

① 命令:（输入 Limits 并回车）

② 指定左下角点或[开(ON)/关(OFF)]<0.0000,0.0000>:（直接回车）

③ 指定右上角点<420.0000,297.0000>:（输入 90000,60000 并回车）

④ 命令:（输入 Zoom 并回车）

⑤ [全部(A)/中心(C)/动态(D)/范围(E)/上一个(P)/比例(S)/窗口(W)/对象(O)] <实时>（输入 A 并回车）

这时虽然屏幕上没有发生什么变化，但绘图界限已经设置完毕，而且所设的绘图范围已全部呈现在屏幕上。

3.1.2　绘图幅线

A3 标准格式图幅为 420mm×297mm，我们利用绘线命令以及相对坐标来绘制图幅线，采用 1:100 的比例绘图。

操作：

① 命令:（输入 Line 并回车）

② 指定第一点:（在屏幕左下方单击，绘出 A 点）

③ 指定下一点[放弃(U)]:（输入@ 0,29700 并回车，绘出 B 点）

④ 指定下一点[放弃(U)]:（输入@ 42000,0 并回车，绘出 C 点）

⑤指定下一点[闭合(C)/放弃(U)]:（输入@ 0, −29700 并回车，绘出 D 点）

⑥ 指定下一点[闭合(C)/放弃(U)]:（输入"C"并回车，将 D 点和 A 点闭合）。结果如图 3-2 所示。

⑦ 命令:（输入 Save 并回车，弹出保存对话框，如图 3-3 所示。）

⑧ 在对话框"文件名"的文本框里输入"底层平面图"。

⑨ 单击 保存(S) 按钮，退出对话框，返回作图屏幕。

图 3-2　绘图幅线

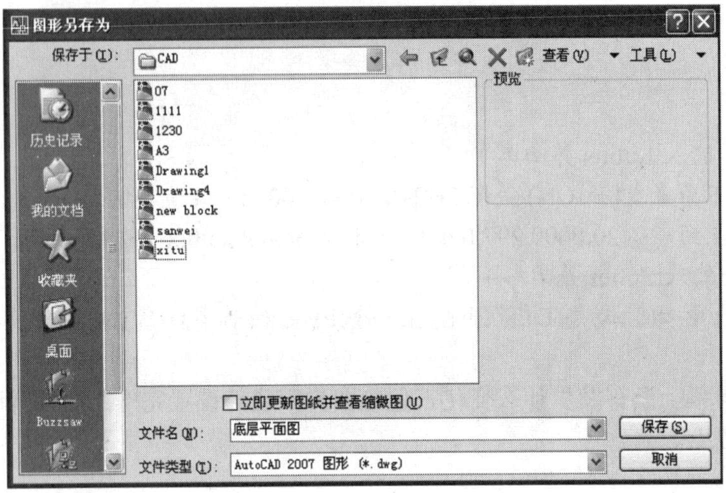

图 3-3 “保存”对话框

提示:

在作图过程中一定要养成及时存盘的良好习惯，以免发生意外情况（如死机、断电等），丢失所绘图形。

说明:

1. 为了便于掌握，在学习 AutoCAD 阶段，我们将建筑施工图的尺寸暂时分为两类：工程尺寸和制图尺寸。工程尺寸是指图样上有明确标注的、施工时作为依据的尺寸。如开间尺寸、进深尺寸、墙体厚度、门窗大小等。而制图尺寸是指国家制图标准规定的图纸规格，一些常用符号及线形宽度尺寸等，如定位轴线编号大小、指北针符号尺寸、标高符号尺寸、文字的高度、箭头的大小以及粗细线的宽度要求等。

2. 采用 1:100 的比例绘图时，将所有制图尺寸扩大 100 倍。如在绘图幅线时，输入的尺寸是 59400×42000。而在输入工程尺寸时，按实际尺寸输入。如开间的尺寸是 3600mm，我们就直接输入 3600，这与手工绘图正好相反。

3.1.3 绘图框线

因为图框线与图幅线之间有相对尺寸，所以在绘制图框线时，可以根据图幅线尺寸，执行复制命令、修剪命令以及编辑多段线命令来完成。

1. 复制图幅线

操作:

① 命令:（输入 Copy 并回车，启动复制命令）

② 选择对象:（单击选择线段 AB 并回车）

③ 指定基点或[位移(D)]<位移>:（在线段 AB 附近单击左键，确定基点位置）

④ 指定第二个点或<使用第一个点作为位移>:（输入@ 2500,0 并回车）

这时，线段 AB 向右复制了 2500 个单位，得到如图 3-4 所示的图形。

⑤ 命令:（直接回车，重复执行复制命令）

⑥ 选择对象:（单击选择线段 BC 后回车）

⑦ 指定基点或[位移(D)]<位移>:（在线段 BC 附近单击）

⑧ 指定第二个点或<使用第一个点作为位移>（输入@ 0,−500 并回车）

这时，线段 BC 向下复制了 500 个单位。执行同样的步骤，可以将线段 CD 向左、线段 AD 向上分别复制 500 个单位，得到如图 3-5 所示图形。

图 3-4　复制图幅线（一）

图 3-5　复制图幅线（二）

说明：

1. 在利用相对坐标进行复制时，复制方向与 X、Y 轴的正方向一致时，输入的坐标为正值；当复制方向与 X、Y 轴的正方向相反时，输入的坐标为负值。

2. < F8 > 为正交切换键，若处于正交状态，复制时可直接输入复制距离，不必输入相对坐标。

2. 修剪图线

执行修剪命令，将多余线段剪掉。但在修剪以前，必须将图形局部放大，以便操作。

操作：

① 命令:（输入 Zoom 并回车）

② [全部(A)/中心(C)/动态(D)/范围(E)/上一个(P)/比例(S)/窗口(W)/对象(O)]<实时>:（输入 W 并回车）

③ 指定第一个角点:（单击要放大的区域的左下角）

④ 指定对角点:（向上、向右拖动小方框，将要放大的区域选中后单击）

这样，图形的左上角部位就被放大显示在屏幕上了，如图 3-6 所示。

⑤ 命令:（输入 Trim 并回车）

⑥ 选择对象或<全部选择>:（选择线段 FG、EF 并回车）

⑦ [栏选(F)/窗交(C)投影(P)边(E)删除(R)放弃(U)]:（分别点取线段 1、2 并回车）

这样两条小线段就被修剪掉了，得到如图 3-7 所示的图形。

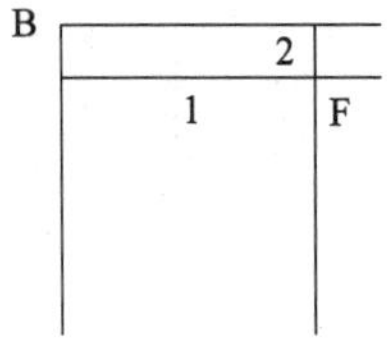

图 3-6　图形左上角放大显示

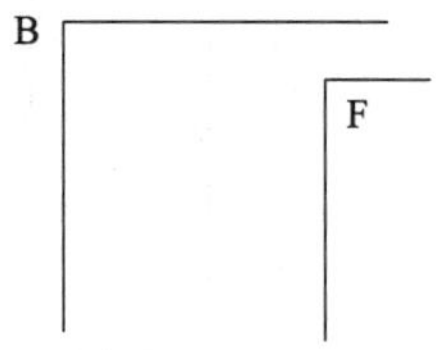

图 3-7　修剪掉 1、2 线段

⑧ 执行同样的操作步骤，将其余小线段 3、4、5、6、7、8 剪掉，得到如图 3-8 所示的图形。

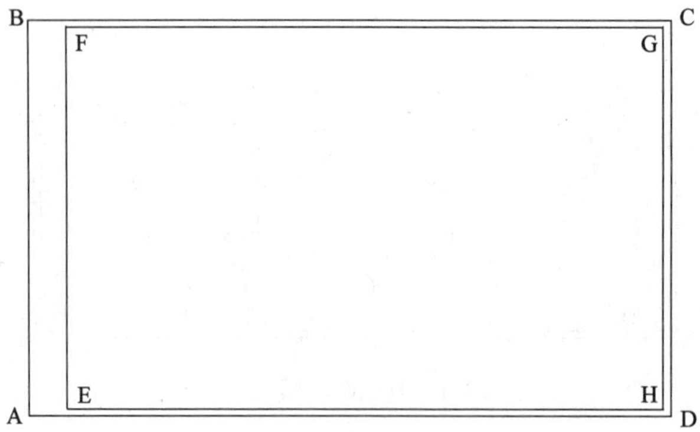

图 3-8　修剪后的图形

提示：

1. 把光标停留在图形某一部位后，转动鼠标滚轮，也可以将图形此部位放大或缩小。
2. 缩放图形的操作只是视觉上的变化，而图形的实际尺寸并没有改变。

3. 加粗图框线

制图标准要求图框线为粗实线，宽度为 0.9～1.2mm，下面执行多段线编辑命令来完成线条的加粗。

操作:

① 命令:（输入 PEdit 并回车）

② 选择多段线或[多条(M)]:（输入 M 并回车）

③ 选择对象:（选择线段 EF、FG、GH、HE 并回车）

④ 是否将直线和圆弧转换为多段线？[是(Y)否(N)]？<Y>:（直接回车将线段 EF、FG、GH、HE 变成多段线）

⑤ 输入选项[闭合(C)/打开(O)/合并(J)/宽度(W)/拟合(F)/样条曲线(S)/非曲线化(D)/线型生成(L)/放弃(U)]:（输入 W 并回车）

⑥ 指定所有线段的新宽度:（输入 90 并回车）

⑦ 输入选项[闭合(C)/打开(O)/合并(J)/宽度(W)/拟合(F)/样条曲线(S)/非曲线化(D)/线型生成(L)/放弃(U)]:（直接回车，返回到命令状态下）

这样就把线段 EF、FG、GH、HE 分别加粗，得到如图 3-9 所示的图形。

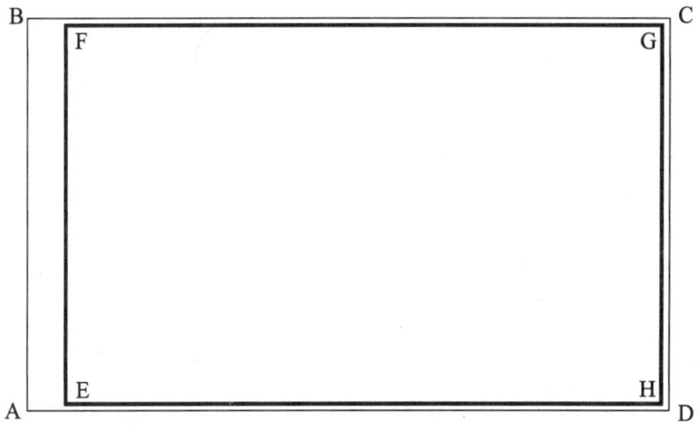

图 3-9　加粗图框线

提示:

执行编辑多段线命令时，可以先选一条线段 ET 加粗。加粗 EF 后，可以执行合并选项（J），连续选择 FG、GH、HE 线段，将图框线加粗，但此时这四条线已变成一个整体。

3.1.4　绘标题栏

标题栏的绘制与图框的绘制一样，也是通过复制、修剪及编辑线宽来完成。具体步骤如下。

1. 复制图线

操作:

① 命令:（输入 Copy 并回车）

② 选择对象:（单击选择线段 EH 并回车）

③ 指定基点或[位移(D)]<位移>:（在线段 EH 附近单击）

④ 指定第二个点或<使用第一个点作为位移>:（输入@0,4000 并回车）

这样线段 EH 向上复制了 4000 个单位。

⑤ 重复执行复制命令，在“选择对象:”提示下，用鼠标单击选择线段 GH 并回车。

⑥ 指定基点或[位移(D)]<位移>:（在线段 GH 附近单击）

⑦ 指定第二个点或<使用第一个点作为位移>:（输入@−18000,0 并回车）

这样将线段 GH 向左复制了 18000 个单位，得到如图 3-10 所示的图形。

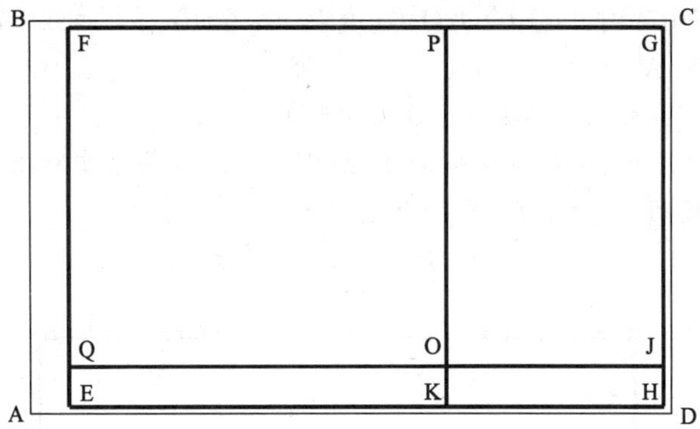

图 3-10　复制图线

2．修剪图线

操作:

① 命令:（输入 Trim 并回车）

② 选择对象或<全部选择>:（选择线段 QJ 及 PK 并回车）

③ [栏选(F)/窗交(C)投影(P)边(E)删除(R)放弃(U)]:（分别点取线段 OP 和 OQ 并回车）

得到如图 3-11 所示的图形。

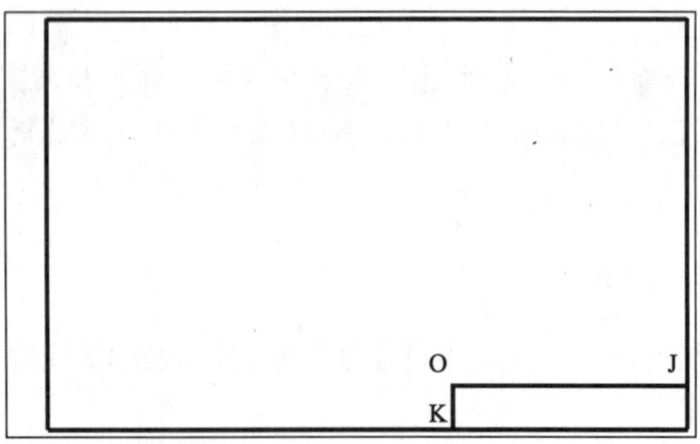

图 3-11　修剪图线

3．编辑线宽

制图标准规定，标题栏外框线为中实线，它的宽度应为 0.45mm，那么在绘图时宽度为

0.45mm×100=45mm。下面再用编辑多段线命令将它们的宽度改为 45mm。

操作：

① 命令:（输入 PEdit 并回车）
② 选择多段线或[多条(M)]:（输入 M 并回车）
③ 选择对象:（选择线段 OK、OJ 并回车）
④ 输入选项[闭合(C)/打开(O)/合并(J)/宽度(W)/拟合(F)/样条曲线(S)/非曲线化(D)/线型生成(L)/放弃(U)]:（输入 W 并回车）
⑤ 指定所有线段新宽度:（输入 45 并回车）
⑥ 输入选项[闭合(C)/打开(O)/合并(J)/宽度(W)/拟合(F)/样条曲线(S)/非曲线化(D)/线型生成(L)/放弃(U)]:（直接回车，回到"命令":提示下，完成操作）

用同样的方法可以完成标题栏其他线的操作。即首先将线段 OJ、OK 向下、向右复制要求距离，将复制所得的图线变窄（即编辑线宽），再通过修剪，最后得到如图 3-1 所示的图形，完成这一节的内容。

3.1.5　保存图形并退出 AutoCAD

我们每次绘图结束后都需要把绘好的图形保存下来，以便下次操作。

操作：

① 命令:（输入 Save，打开"图形另存为"对话框）
② 在"文件名"处键入"底层平面图"，用鼠标单击"保存(S)"按钮。
③ 命令:（输入 Quit 并回车，返回到 Windows 界面）

3.2　填写标题栏

文字标注是施工图的重要组成部分。本节以填写标题栏为例，学习掌握 AutoCAD 的文字字体类型设置及标注的基本方法。

3.2.1　定义文字样式

标注文本之前，必须先给文本文字定义一种样式，文字样式包括所用文字的字体、字体大小以及宽度系数等参数。

操作：

① 命令:（输入 Open 并回车，打开"选择文件"对话框，如图 3-12 所示）

图 3-12 “选择文件”对话框

② 选择“底层平面图”，单击 打开(O) 按钮。

③ 命令:（输入 Style 设置字体样式并回车，出现 文字样式 对话框）

④ 在 文字样式 对话框中，单击文件名区的 新建(N)... 按钮，打开 新建文字样式 对话框，如图 3-13 所示。

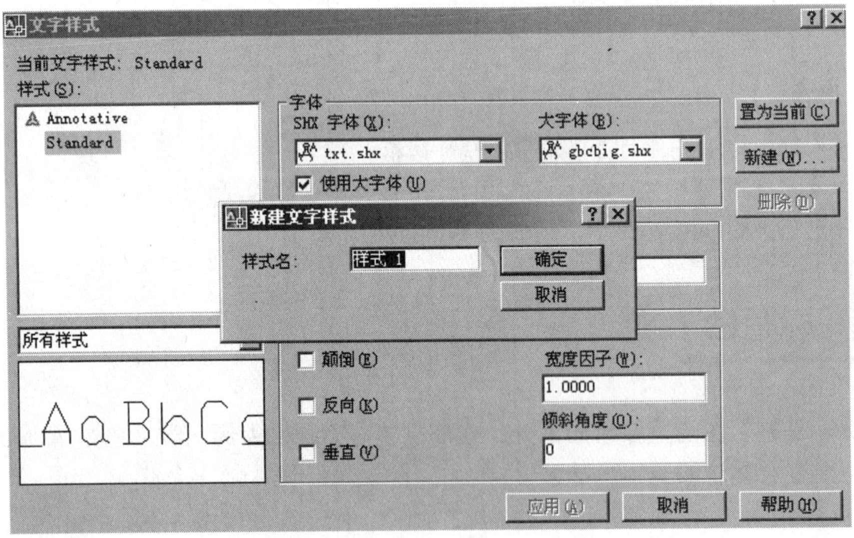

图 3-13 “新建文字样式”对话框

⑤ 在 新建文字样式 对话框中输入字体样式名，此时可输入“样式 1”。若已有则直接单击 确定 按钮，关闭此对话框。

⑥ 去掉“使用大字体”复选框，打开字体下拉列表框，选择“仿宋字”字体文件。

⑦ 在“宽度因子”文本框中输入 0.7（宽高比），如图 3-14 所示。

⑧ 单击 应用(A) 按钮，预览结果。

⑨ 单击 置为当前(C) 按钮，将“样式 1”设置为当前样式，然后关闭对话框，结束命令。

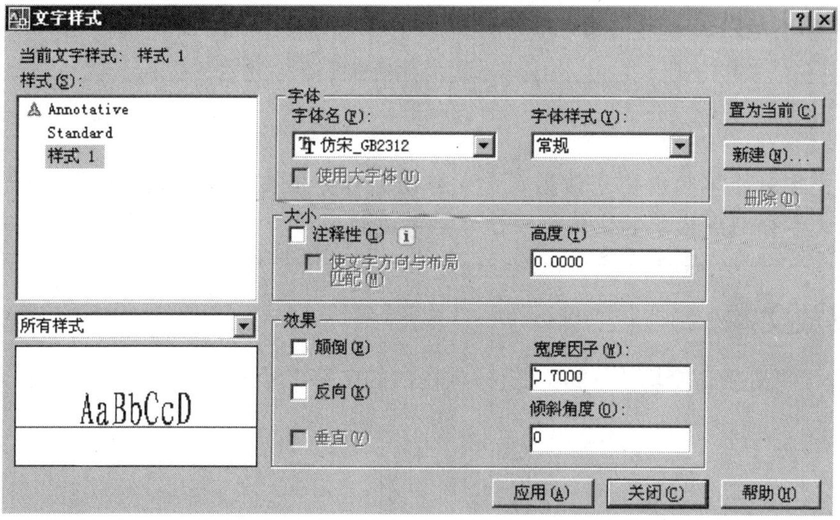

图 3-14 “样式 1”参数设置

提示：

我们可以根据自己的绘图习惯和需要，设置几个最常用的文字样式，需要时只需从这些文字样式中进行选择，而不必每次都重新设置，这样可大大提高绘图效率。

说明：

只有定义了中文字库中的字体，如宋体、楷体、仿宋或 Big font 字体中的 HZtxt.shx 等字体文件，才能进行中文标注，否则将会出现乱码或问号。

3.2.2 输入文字

文字样式定义完成后，就可以填写标题栏内的内容了。

操作：

① 命令：（输入 DText 并回车）

② 指定文字的起点或[对正(J)/样式(S)]：（在标题栏附近单击作为标注起点）

③ 指定高度<2.5000>:（输入 1000 并回车，（确定字体高度）

④ 指定文字的旋转角度<0>：（直接回车）

⑤ 打开中文输入法，输入“底层平面图”、“姓名”、“日期”、“制图”及“审核”等标题栏内其他文字，输入完成后，回车两次结束命令。

结果如图 3-15 所示。

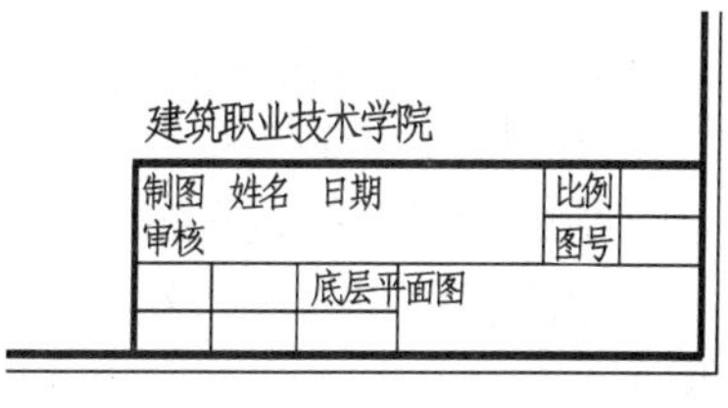

图 3-15 输入文字

⑥ 再把输入法改为英文状态。

说明：

输入文字时，不同内容应该用回车或移动鼠标并单击来改变文字起始点位置，使内容不同的文字分别成为单独实体，便于以后的编辑。

3.2.3 缩放文本

以上输入的文字高度均为1000，但标题栏内的文字大小不一，需要将大小不合适的文本进行缩放。

操作：

① 命令:（输入 Scale 并回车）

② 选择对象:（选择“姓名”、“日期”、“制图”及“审核”等字样并回车）

③ 指定基点:（在标题栏附近单击左键）

④ 指定比例因子或[复制(C)/参考(R)]<1.0000>:（输入 0.5 并回车）

缩放后的文本如图 3-16 所示。

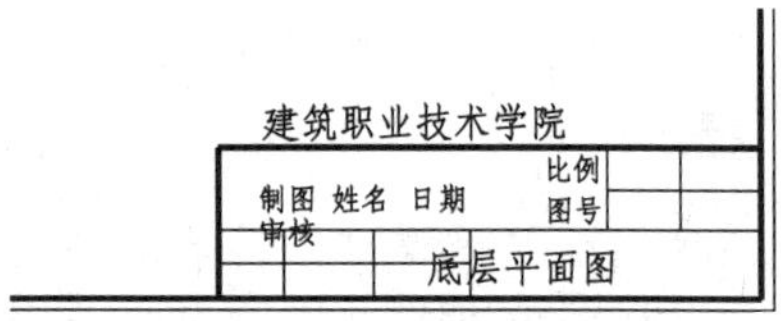

图 3-16　缩放后的文本

说明：

1. 在输入 10 号字后，我们也可以重新执行 DText 命令，输入字体高度为 500 的 5 号字体，即“姓名”、“日期”等内容。

2. 为了提高绘图速度，我们通常先把图纸上需要的文字及说明按照同一规格进行输入，然后再通过缩放文本、改变文本大小来满足图面需要。

3.2.4 移动文本位置

从图面上可以看到，字体大小合适了，但位置不对，下面执行移动命令（Move）将它们放到各自正确的位置。

操作：

① 命令:（输入 Move 并回车）

② 选择对象:（选择某一文本并回车）

③ 指定基点或[位移(D)]<位移>:（单击鼠标左键）

④ 指定第二个点或<使用第一个点作为位移>:（移动鼠标将文本移动到合适的位置后单击左键）

⑤ 按回车键，重新启动 Move 命令，按以上步骤将其他文本分别移动到新位置。

操作结果如图 3-17 所示。

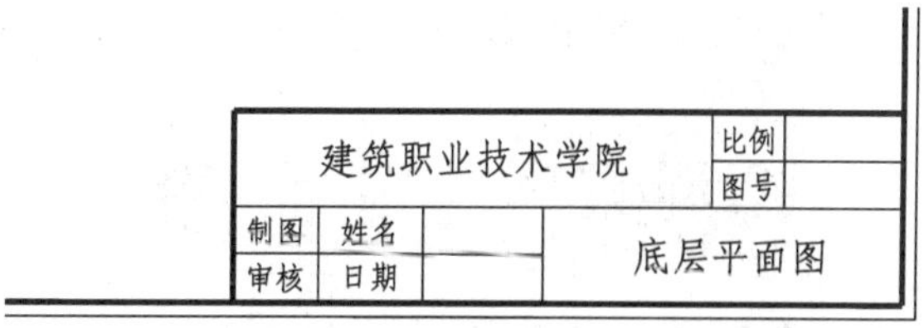

图 3-17　移动文本位置后的图形

提示：

移动文本位置时，初学者一定要关闭对象捕捉功能，以免产生错误结果。

3.3　绘制定位轴线、轴线圈并编号

本节以绘制定位轴线为例学习掌握图层、线型的设置及它们在施工图中的应用；以绘制轴线圈及标注轴线编号为例，学习掌握 AutoCAD 的命令在绘制施工图中的运用技巧。

3.3.1　图层设置

此前的操作都在 0 层，它的设置是白颜色的实线，这是系统默认的一种选项。下面我们将设置新的图层，将它的线型设置为红色的点划线，并将其设置为当前层。

操作：

① 命令：（输入 Layer 并回车，弹出图层特性管理器对话框，如图 3-18 所示）
② 单击对话框中左上方的按钮。
③ 将名称框中的图层 1 改为 A。

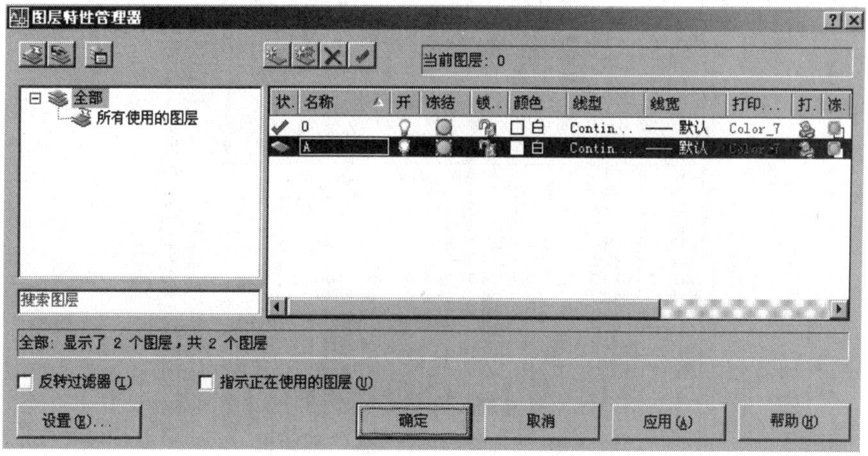

图 3-18 “图层特性管理器”对话框

④ 单击 A 层中“白”左边的颜色空白框，弹出选择颜色对话框，如图 3-19 所示。

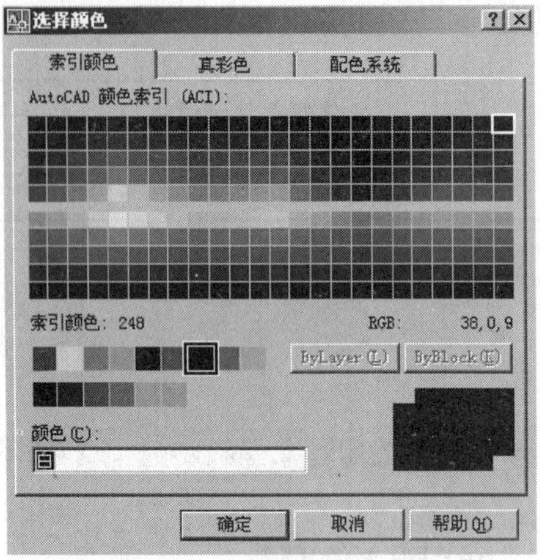

图 3-19 “选择颜色”对话框

⑤ 在选择颜色对话框中，单击颜色区域中的红色框，单击 确定 按钮，关闭此对话框。

⑥ 单击 A 层中的线型名 Continuous，弹出对话框，如图 3-20 所示。

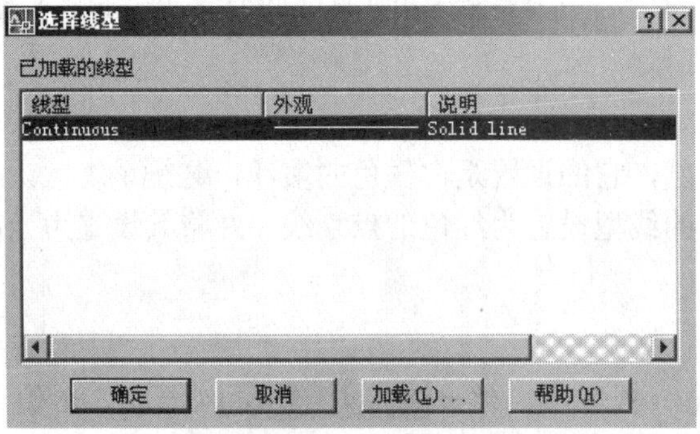

图 3-20 “选择线型”对话框

⑦ 单击选择线型对话框中的 加载(L)... 按钮，弹出加载或重载线型对话框，如图 3-21 所示。

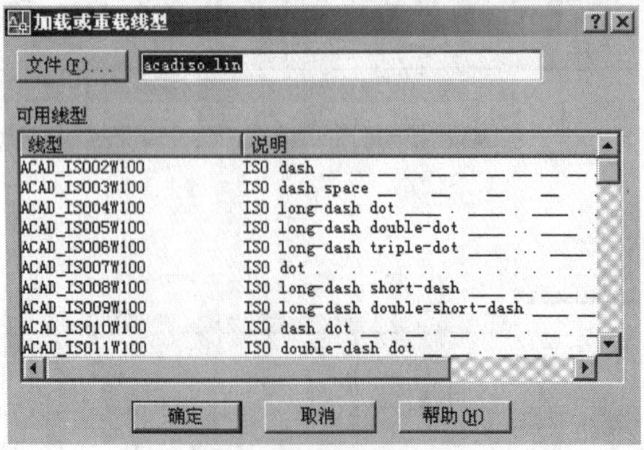

图 3-21 “加载或重载线型”对话框

⑧ 在加载或重载线型对话框中向下拖动右边的滚动条，找出线型名为 Center 的点划线并

单击，然后单击 确定 按钮，返回选择线型对话框，如图3-22所示。

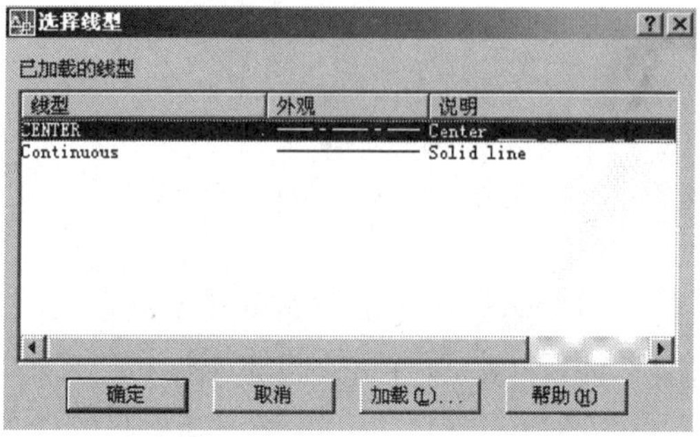

图3-22 确定Center线型后的“选择线型”对话框

⑨ 在选择线型对话框中，选择Center线型，单击 确定 按钮，退回图层特性管理器对话框。

⑩ 在图层特性管理器对话框中，确认A层被选中后，单击✓按钮，单击 确定 按钮，关闭对话框。

至此就完成了一个新图层的建立，并为它设置了线型与颜色，为下一步绘制轴线做好了准备。

说明：

1. 通过建立图层，可以将图样内容分为若干组，例如分为粗实线组、中实线组、虚线组、尺寸线组等，将每组作为一层。在绘制过程中，可以随时打开或关闭某一层，被关闭的层将不再显示在屏幕上。这样可以提高目标捕捉的效率，减少错误操作的可能性。

2. 通过建立图层，可以分别显示或打印不同的图层。例如，可以将一幢建筑的结构施工图、管道施工图、电气线路图分别绘在不同的图层上，以后可以根据需要分别显示或打印各图层上的图形。

3.3.2 绘制定位轴线

参看图A-1底层平面图。水平轴线有4条，它们之间的距离分别为5100 mm、1800 mm以及5100 mm，垂直轴线有8条，轴间距均为3600mm。下面分别绘制水平轴线及垂直轴线。

1. 绘制水平定位轴线

操作：

① 命令：（输入Line并回车）

② 指定第一点：（在屏幕左下方单击）

③ 指定下一点或[放弃(U)]：（在屏幕右下方单击并按<F8>，打开正交方式）

④ 指定下一点或[放弃(U)]：（回车结束命令）

这样就绘制了一条红色的点划线，但它通常显示的不是点划线，而是实线。这是因为线型比例（Ltscale）不太合适，需要重新调整线型比例。

操作：

① 命令:（输入 Ltscale 调整线型比例并回车）

② 输入新的线型比例因子<1.0000>:（输入 100 并回车）

观察所绘图线，已是我们需要的点划线了。如果还不满足，可以重复执行 Ltscale 命令，输入新的比例因子，经过反复调整，达到所需要的线型形状。之后，通过执行复制命令绘出其他三条水平轴线。

操作：

① 命令:（输入 Copy 并回车）

② 选择对象:（选择已经绘好的轴线并回车）

③ 指定基点或[位移(D)]位移>:（单击鼠标左键）

④ 指定第二个点或<使用第一个点作为位移>:（移动鼠标，保证直线垂直下落，输入 5100 并回车）

用同样的方法，将其他两条轴线复制出来，结果如图 3-23 所示。

图 3-23　绘制水平轴线

说明：

<F8>是一个坐标正交切换控制键。在复制图线时，如果处于正交状态，那么直接输入复制距离 5100，否则就必须输入相对坐标值@0,5100。

2．绘制垂直定位轴线

绘制垂直轴线也可以像绘制水平轴线一样，执行复制命令把它们一条一条绘制出来，但通过观察发现垂直轴线的间距都是相等的。这样就可以利用偏移复制命令，更快捷地绘出垂直轴线。

操作：

① 执行 Line 命令绘制一条垂直轴线线 1。

② 命令:（输入 Offset 并回车）

③ 指定偏移距离或 [通过(T)/删除(E)/图层(L)] <通过>:（输入 3600 并回车）

④ 选择要偏移的对象 [退出(E)/放弃(U)] <退出>:（选择线 1）

⑤ 指定要偏移的那一侧上的点，或在“[退出(E)/多个(M)/放弃(U)] <退出>:”提示下，在线 1 右边单击，绘出线 2。

⑥ 选择要偏移的对象 [退出(E)/放弃(U)] <退出>:（选择线 2）

⑦ 指定要偏移的那一侧上的点，或在“[退出(E)/多个(M)/放弃(U)] <退出>:”提示下，在线 2 右边单击，绘出线 3。

⑧ 选择要偏移的对象 [退出(E)/放弃(U)] <退出>:（选择线 3）

⑨ 指定要偏移的那一侧上的点，或在“[退出(E)/多个(M)/放弃(U)] <退出>:”提示下，在线 3 右边单击，绘出线 4。

同样的步骤，绘出全部轴线，结果如图 3-24 所示。

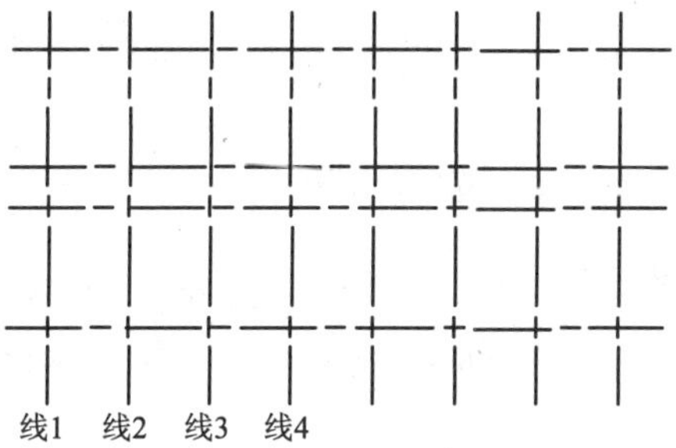

图 3-24　绘制全部轴线

3.3.3　绘制一个轴线圈并标注轴线编号

绘制轴线圈可以执行绘圆命令，绘制一个半径为 500mm 的圆，然后再执行单行文本输入命令在轴线圈里标注数字。

操作:

① 执行 Layer 命令，将 0 层设为当前层。

② 命令:（输入 Circle 并回车）

③ 指定圆的圆心或[三点(3P)/两点(2P)/相切、相切、半径(T)]:（在轴线 1 下端点附近单击确定圆心位置）

④ 指定圆的半径[直径(D)]:（输入 500 并回车）

⑤ 命令:（输入 DText 并回车）

⑥ 指定文字的起点或[对正(J)/样式(S)]:（在轴线圈内单击确定文本起始位置）

⑦ 指定高度<2.5000>:（输入 700 并回车确定输入字体高度）

⑧ 指定文字的旋转角度<0>:（直接回车确定字体不旋转；输入 1 并回车两次结束命令）

⑨ 执行 Move 命令调整数字的位置，使其居于轴线圈中心，结果如图 3-25 所示。

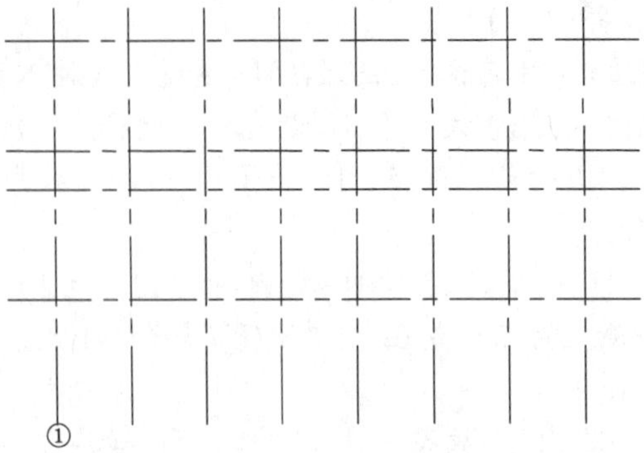

图 3-25　绘制一个轴线圈并填写轴线编号

提示：

调整数字位置时，最好将图形局部放大，调整后再返回原来的视图。

3.3.4　绘制全部轴线圈并标注轴线编号

其他的轴线圈不必一一绘出，可以通过端点及象限点的捕捉，将已经绘出的轴线圈及轴线编号进行多重复制，最后执行文本编辑命令，把轴线编号修正过来，即可完成。

1．复制轴线圈及轴线编号

操作：

① 命令：（输入 Osnap 并回车，弹出草图设置对话框，如图 3-26 所示）

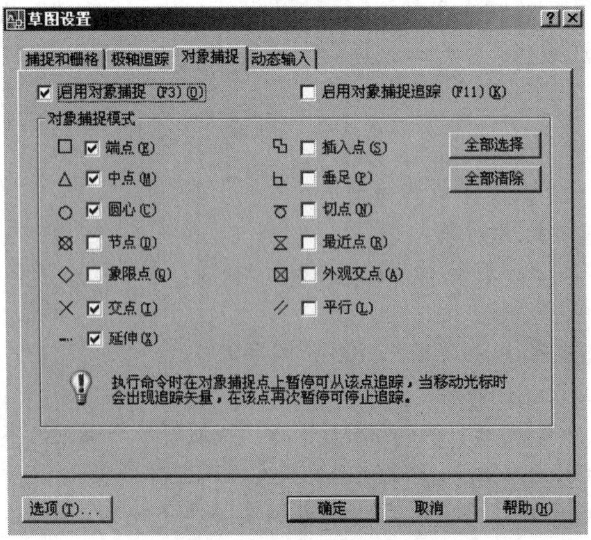

图 3-26 “草图设置”对话框

提示：

右键单击屏幕状态行的对象捕捉选项，在弹出的菜单中单击对象捕捉选项卡，也可以打开此对话框。为了方便绘图，在此对话框中勾选常用的选项，如：端点、象限点、中点、交点等，以后将不再提及。

② 命令:（输入 Move 并回车）

③ 选择对象:（选择轴线圈及轴线编号后回车）

④ 指定基点或[位移(D)/模式(O)] <位移>:（移动鼠标到轴圈顶端，直至出现小黄框后，单击左键确定移动基点，需要打开捕捉开关捕捉对象）。

⑤ 指定第二个点或<使用第一个点作为位移>:（移动鼠标到轴线 1 下端，直至出现小黄框后，单击左键）

⑥ 命令:（输入 Copy 并回车）

⑦ 选择对象:（单击选择轴线圈及轴线编号后回车）

⑧ 指定基点或[位移(D)/模式(O)] <位移>:（捕捉轴线圈顶端）

⑨ 指定第二个点或<使用第一个点作为位移>:（移动鼠标到轴线 2 下端，直至出现小黄框后，单击左键）

⑩ 指定第二个点或[退出(E)/放弃(U)]<放弃>:（移动鼠标到轴线 3 下端，直至出现小黄框后，单击左键）

执行同样的操作完成其他轴线圈及轴线编号后，结束命令，结果如图 3-27 所示。

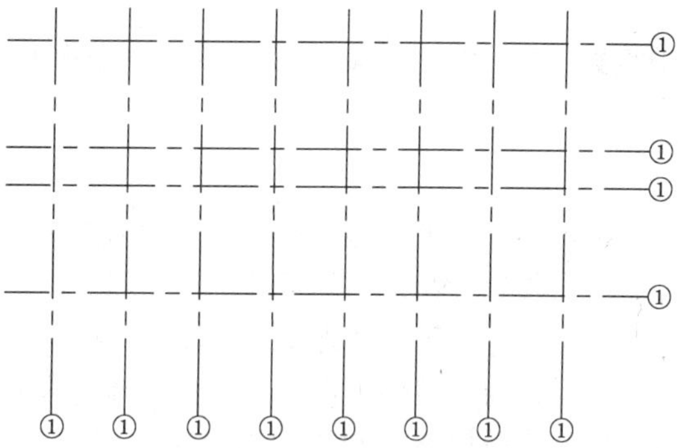

图 3-27　复制轴线圈及轴线编号

提示：

复制垂直轴线圈时必须重新执行 Copy 命令，当出现“指定基点或[位移(D)/模式(O)] <位移>:”时，选择的是轴线圈最左边的四分点，其他步骤均相同。

2．修改轴线编号

观察图 3-27 可看到，虽然轴线圈位置精确，但所有的编号都不对，下面执行文本编辑命令将它们一一修改过来。

操作:

① 命令:（输入 Ddedit 命令并回车）

② 选择注释对象[放弃(U)]:（单击选择第 2 个轴线圈内的数字编号“1”）

③ 将对话框中的编号“1”改为“2”后，直接回车。

④ 选择注释对象[放弃(U)]:（选择第 3 个轴线圈内的数字“1”，将对话框中的编号“1”改为“3”后，直接回车）

⑤ 执行同样的操作，将所有编号全部修改后回车结束命令，结果如图 3-28 所示。

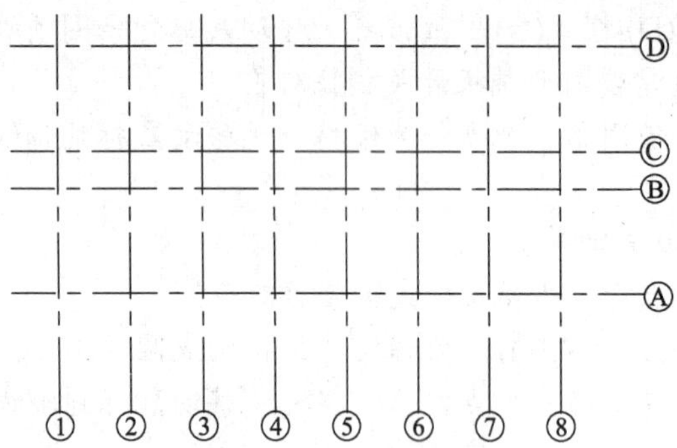

图 3-28　修改轴线编号

3.4　绘制墙线

本节中我们通过绘制墙线，进一步熟悉 AutoCAD 的基本绘图和编辑命令。

3.4.1　绘制一条墙线

参看图 A-1（底层平面图），内墙厚度为 240mm，外墙厚度为 370 mm。墙线为粗实线。执行绘制多段线命令，先绘制一条与轴线 1 局部重叠的粗实线。

在绘制墙线以前，有必要在图层管理器中新建一个墙线所在的图层（B 层），这样便于我们管理图形文件。可以把墙线所在的图层颜色设置为黄色，线型设置为 Continuous。具体的设置方法参照上一节中的内容，然后把 B 层设置为当前层。

操作:

① 命令:（输入 PLine 并回车）

② 指定起点:（移动鼠标到轴线 1 的上端，出现小黄框之后，单击左键）

③ 指定下一个点或[圆弧(A)/半宽(H)/长度(L)/放弃(U)/宽度(W)]:（输入 W 并回车，设置线宽）

④ 指定起点宽度<0.0000>:（输入 90 并回车，设置起始宽度）

⑤ 指定端点宽度<90.0000>:（直接回车，设置末端宽度）

⑥ 指定下一个点或[圆弧(A)/半宽(H)/长度(L)/放弃(U)/宽度(W)]:（垂直向下拖动鼠标，

单击左键，注意切换 F8 键成正交状态）。

⑦ 指定下一个点或[圆弧(A)/半宽(H)/长度(L)/放弃(U)/宽度(W)]:（直接回车，结束命令）结果如图 3-29 所示。

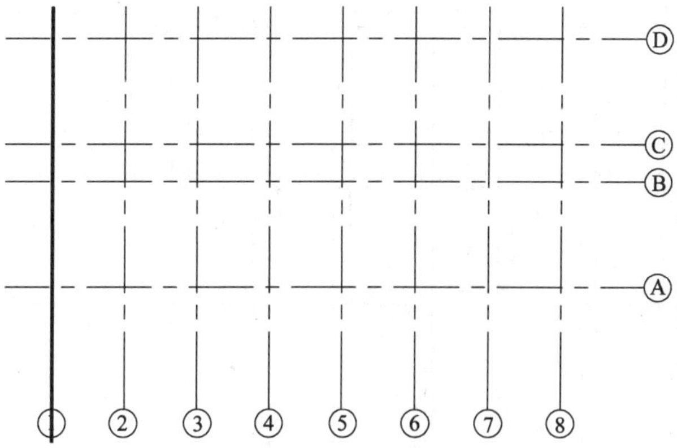

图 3-29　绘制一条墙线

提示：

为了将来选择方便，绘墙线时最好让它比轴线长一些。

3.4.2　绘制其他墙线

操作：

① 执行 Offset 命令，将墙线 1 复制成如图 3-30 所示。

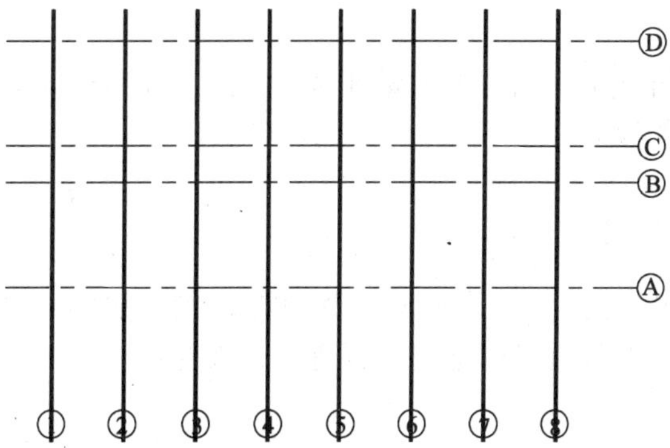

图 3-30　将墙线复制后的图形

② 执行 Move 命令，将所有与轴线重合的墙线向左偏移 120（C 窗选择所有墙线）。
③ 执行 Copy 命令，将所有墙线向右复制 240。
④ 将 1、8 轴外墙线分别向外偏移 130，形成 370 墙。
⑤ 绘一条与 A 轴部分重叠的墙线（方法与绘墙线 1 相同）。
⑥ 执行 Copy 命令，把墙线 A 复制到 B 轴、C 轴及 D 轴上。
⑦ 将 A、B、C、D 轴的墙线一起向下偏移 120。

⑧ 将偏移后的墙线再一起向上复制 240。

⑨ 将 A 轴、D 轴的外墙线分别向外偏移 130，形成 370 墙。完成本节目标。结果如图 3-31 所示。

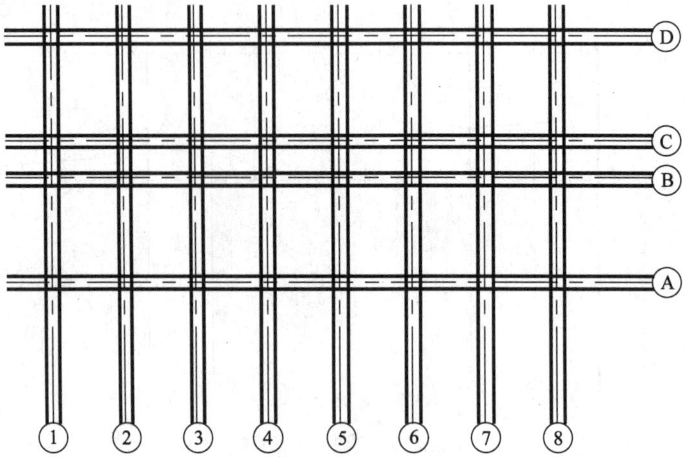

图 3-31　绘制全部墙线

提示：

1. 绘制墙线的方法有多种，也可用镜像等命令完成。

2. 选择实体的方法有三种：直接点取、W 窗选和 C 窗选。本节在选择所有墙线进行偏移或复制时，宜用 C 窗选，详见第 2 章。

3.5　绘制门窗

门窗及其标注在建筑施工平面图中数量非常多。通过 AutoCAD 命令的组合应用，可非常方便快捷地完成门窗的绘制。

3.5.1　绘制一个窗洞线

观察图 A-1（底层平面图），可看到 A 轴及 D 轴的窗户居中，并整齐排列，这样只要将一个窗洞线绘出，其他窗洞线就可以通过执行阵列命令绘出。

操作：

① 将 1 轴内墙线向右复制 930 成为线 A。

② 将线 A 再向右复制 1500 成为线 B。

③ 执行 Zoom 命令的 W 选项（或滚动鼠标滑轮）将左上方的窗户部位局部放大如图 3-32a 所示。

④ 将 D 轴线的两条墙线与线 A、线 B 互相修剪，结果如图 3-32b 所示。

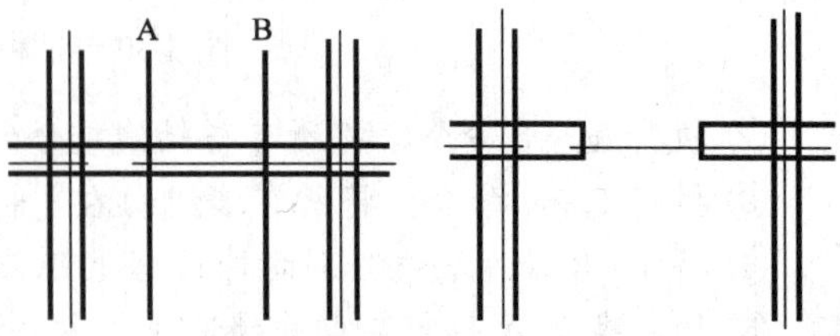

a）　b）

图 3-32　绘制一个窗洞线

提示：

如果在修剪图线时，不小心剪错了，可执行 Undo 命令回退，重新修剪。

3.5.2　完成其他窗洞线

其他窗洞线可以执行阵列命令，通过将短线 A、B 阵列来完成。

操作：

① 命令:（输入 Array 并回车，打开阵列对话框）
② 单击选择对象按钮，选择短线 A、B 后回车，返回对话框。
③ 在对话框中进行参数设置，如图 3-33 所示。

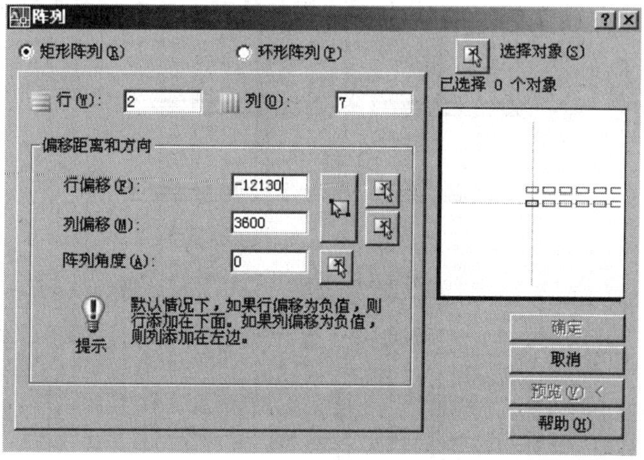

图 3-33 “阵列”对话框

④ 单击确定按钮，结果如图 3-34 所示。可以看到 A 轴、D 轴外墙上的每一个开间都有了窗洞线。

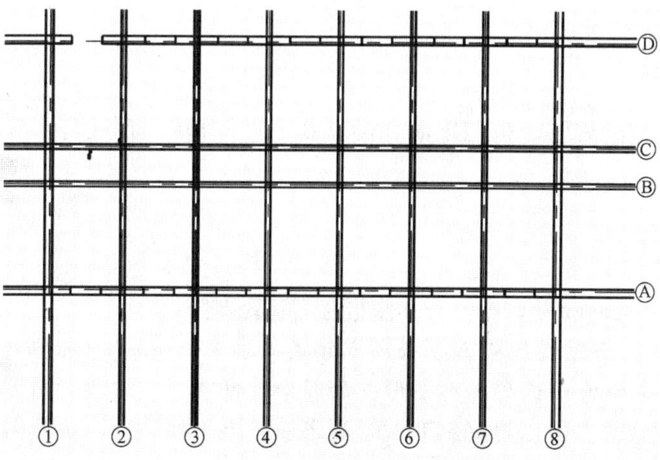

图 3-34　完成其他窗洞线

提示：

阵列时，如果是向右向上阵列，那么输入行间距、列间距时为正值；反之，则输入负值。

3.5.3 绘制门洞线

因为几乎所有的门都居中，且排列整齐，所以开门洞的方法与开窗洞一样。

操作：

① 将 2 轴墙体的右墙线向右复制 1180。

② 再将新复制的线向右复制 1000。

③ 执行 Zoom 命令的 W 选项（或滚动鼠标滑轮）将 2～3 轴的门洞附近局部放大。

④ 将新复制的两条线与 B、C 轴线的墙线互相修剪。结果如图 3-35 所示。

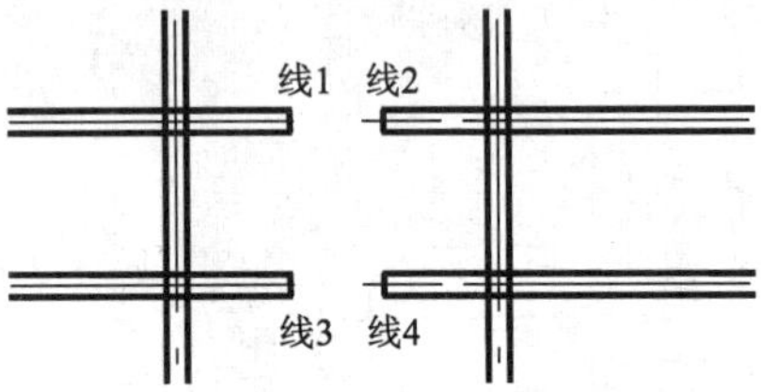

图 3-35 绘制门洞线

⑤ 将门洞短线 1、2、3、4 一起阵列，一行六列，列间距为 3600。结果如图 3-36 所示。

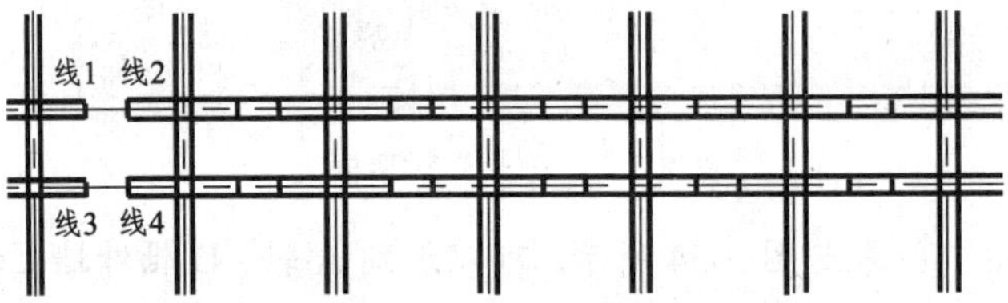

图 3-36 门洞线阵列结果

3.5.4 修剪墙线

门洞线、窗洞线绘好了，但门窗洞并没有真正“打开”，而且墙体节点处都不对，必须对它们一一修剪。

操作：

① 命令:（输入 Layer 并回车，弹出图层特性管理器对话框）

② 在对话框里，将轴线层即 A 层关闭或锁定之后单击 确定 按钮，关闭对话框。

③ 执行 Trim 命令的 C 选项，对图形多余部分进行修剪。结果如图 3-37 所示。

因为修剪范围较大，所以将局部放大修剪之后，再平移视窗，再修剪，直至完成全部修剪任务。

说明：

1. 关闭或锁定图层 A，是为了修剪的时候方便，以免执行 Trim 命令的 C 选项时造成误操作，修剪掉定位轴线。

2. 执行 Trim 命令的 F 选项也可以对图形进行修剪。

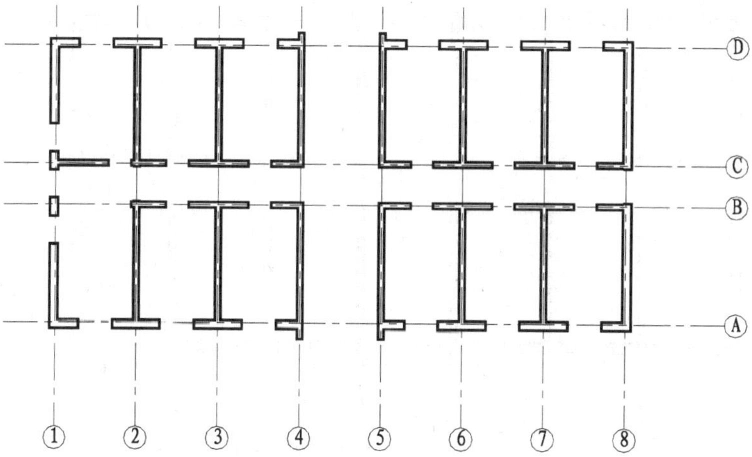

图 3-37　墙线修剪

提示：

1. 局部缩放图形，可以用 Zoom 命令 W、P 选项，也可以使用鼠标滑轮。

2. 第一开间的门开洞及墙线修剪必须根据图样上的细部尺寸单独进行。

3.5.5　绘制窗线并标注编号

每组窗线由四条细线组成，先将这四条线通过执行绘线命令及复制命令绘出后，再执行阵列命令将它们阵列，完成所有窗线。

操作：

① 命令：（输入 Layer 并回车，弹出图层特性管理器对话框）

② 在对话框里，将轴线层即 A 层关闭或锁住之后单击确定按钮，关闭对话框。

③ 执行 Zoom 命令的 W 选项，将左上角的开间局部放大。

④ 命令：（输入 Line 并回车）

⑤ 指定第一点：（捕捉 A 点）

⑥ 指定下一点或[放弃(U)]：（捕捉 B 点，完成 AB 线段的绘制）

⑦ 执行 Offset 命令将 AB 线复制 3 次，复制距离分别为 150、70 以及 150，形成一组窗线，结果如图 3-38 所示。

⑧ 执行 Array 命令，将这一组线全选中进行阵列，2 行 7 列，行间距为−12130，列间距为 3600。然后再把其余的窗线分别完成，结果如图 3-39 所示。

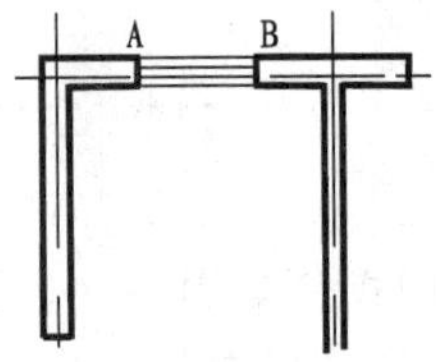

图 3-38　绘左上角窗线

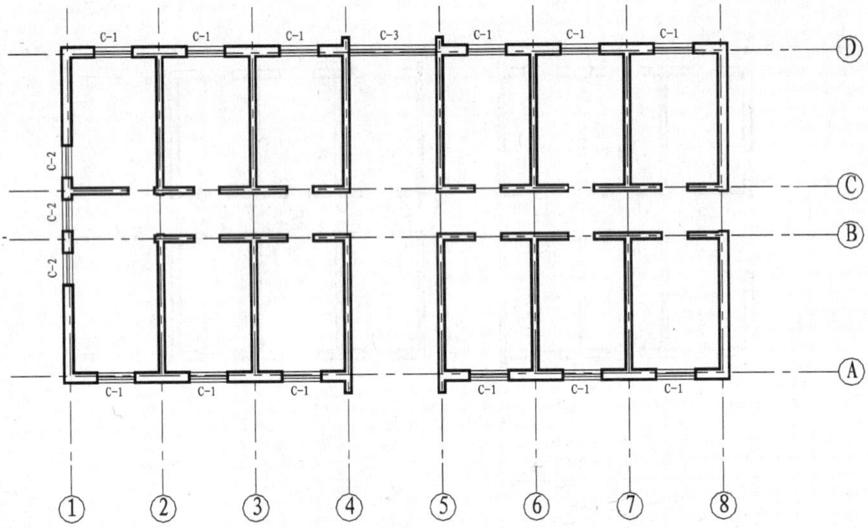

图 3-39　绘制完成所有窗线

提示：

窗编号 C-1，也可以通过此方法来完成。即先在左上角窗线上方用 DText 命令将第一个编号标出，再执行 Array 命令将其阵列为一行七列。绘出一边窗户的窗号如与之对应的另一边窗号相同，可一次选择所有窗号将其复制到合适的位置。

3.5.6　删除多余实体

观察图 3-39，发现有许多没用的线段，执行删除命令，将它们及时删掉。

操作：

① 命令：（输入 Erase 命令并回车）

② 选择对象：（单击选择或窗选要删除的线条，之后回车）

提示：

在不执行任何命令的状态下，单击要删除的实体，之后按键盘上的<Delete>键，也可完成删除实体操作。

3.5.7　绘制门线、开启线并标注编号

从附录图 A-1 上可以看到，门由三部分组成：门线、开启线及门的编号。门线是一条长为 1000mm 的中实线，可以执行绘制多段线命令完成。开启线是一条弧线，可执行绘弧命令完成。门的编号 M-1 可执行文字标注命令来完成。

1．绘门线

操作：

① 执行 Zoom 命令的 W 选项将 2～3 轴的走廊部分局部放大。

② 草图设置对话框的中点选项已勾选。

③ 命令:（输入 PLine 命令并回车）

④ 指定起点:（单击捕捉 A 点）

⑤ 切换<F8>将拖出的线改为自由角度状态。

⑥ 指定下一个点或[圆弧(A)/半宽(H)/长度(L)/放弃(U)/宽度(W)]:（输入 W 并回车）

⑦ 指定起点宽度<90.0000>:（输入 45 并回车）

⑧ 指定端点宽度<45.0000>:（直接回车）

⑨ 指定下一点或[圆弧(A)/闭合(C)/半宽(H)/长度(L)/放弃(U)/宽度(W)]:（输入@1000<45 并回车两次，结束命令）

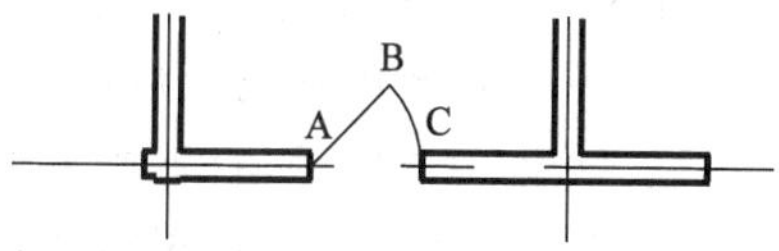

图 3-40　绘门线

结果如图 3-40 所示。

2．绘制门的开启线并标注编号

操作：

① 命令:（输入 Arc 并回车）

② 指定圆弧的起点或[圆心(C)]:（输入 C 并回车）

③ 指定圆弧的圆心:（捕捉 A 点后单击）

④ 指定圆弧的起点:（捕捉 C 点后单击）

⑤ 指定圆弧的端点或[角度(A)/弦长(L)]:（捕捉 B 点后单击）

⑥ 执行 DTExt 命令将门标号 M-1 标出，如图 3-41 所示。

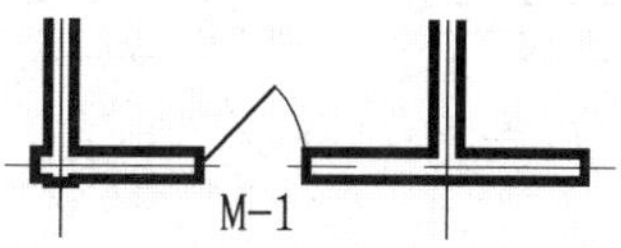

图 3-41　绘制单个门的开启线并标注编号

⑦ 执行 Array 命令，选择门线开启线、编号 M-1，一起阵列为一行六列，列间距为 3600。

⑧ 删掉楼梯间的多余线段，结果如图 3-42 所示。

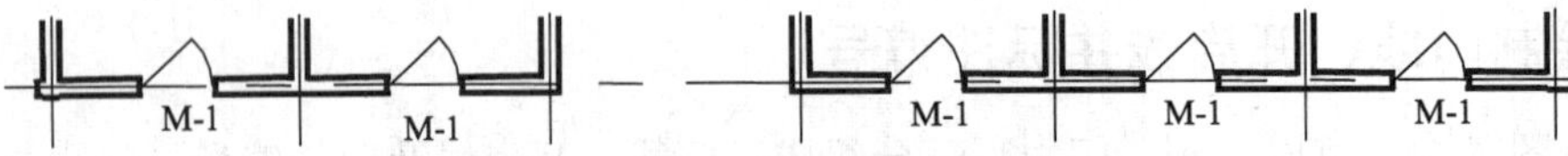

图 3-42　阵列生成门的开启线及编号

提示：

1. 门线 AB 也可执行 Line 命令绘出，再执行编辑多段线命令将其宽度改为 45。
2. 门编号 M-1 的字母必须大写，大小写切换键为 Caps Lock。

3．镜像门线及开启线

从图 A-1 上可以看到，B 轴墙上的门之所以不能和 C 轴的一起阵列出来，是因为它们的开启方向相反。这时可以通过 Mirror 命令来完成 B 轴墙上的门的绘制任务。

操作：

① 执行 Zoom 命令的 W 选项将 2～3 轴的走廊部分放大。

② 将 C 轴的门线及开启线向下复制 1800，如图 3-43a 所示。

③ 命令:（输入 Mirror 并回车）

④ 选择对象:（选择 B 轴上的门线及开启线后回车）

⑤ 指定镜像线的第一点:（移动鼠标，单击 E 点）

⑥ 指定镜像线的第二点:（单击 F 点，以 EF 为镜像线）

⑦ 要删除源对象吗？[是(Y)/否(N)] <N>:（输入 Y 并回车）

结果如图 3-43b 所示，虽然现在已变成向里开的门，但方向还是不对，需要以 EF 的中垂线为镜像线，再次镜像。

⑧ 命令:（直接回车，重复执行 Mirror 命令）

⑨ 选择对象:（选择要镜像的门线及开启线并回车）

⑩ 指定镜像线的第一点:（移动鼠标至 EF 的中点附近，小黄三角框出现后单击）

⑪ 指定镜像线的第二点:（切换<F8>，垂直向下拖动鼠标后单击）

⑫ 要删除源对象吗？[是(Y)/否(N)] <N>:（输入 Y 并回车，结果如图 3-43c 所示）

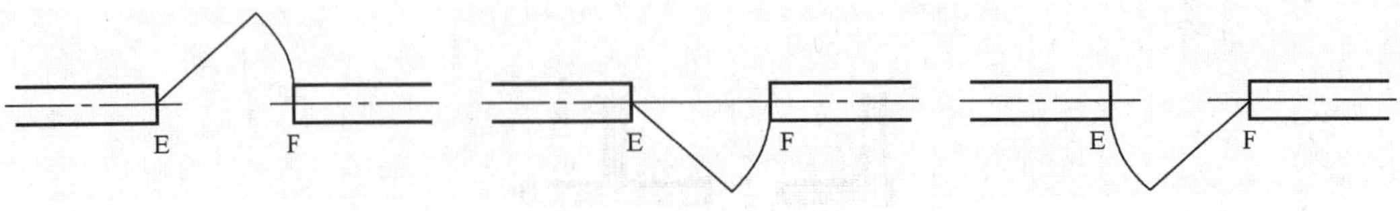

a)　　b)　　c)

图 3-43　镜像门线及门的开启线

⑬ 执行 Erase 命令删掉 EF 线，再将新镜像过来的门线、开启线阵列，最后再将 M-1 复制到合适位置，结果如图 3-44 所示。

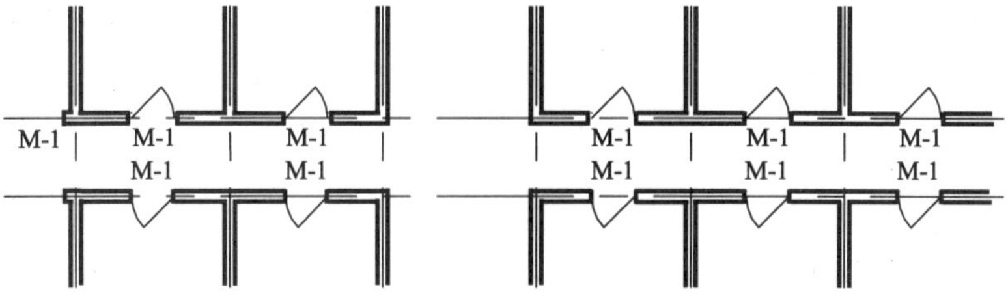

图 3-44　阵列新镜像过来的门线、门的开启线并复制编号

当把主要的门、窗线都完成后，就可以进行一些细部的修改，比如对门厅部位的门、楼梯间的窗户以及台阶的绘制等。

提示：

1. 门厅部分的门的绘制与上述方法一样，可执行 Line 和 Arc 命令完成。

2. 厕所间的门可单独绘制，也可以通过复制其他门，再镜像来完成。最终如图 3-45 所示，完成本节内容。

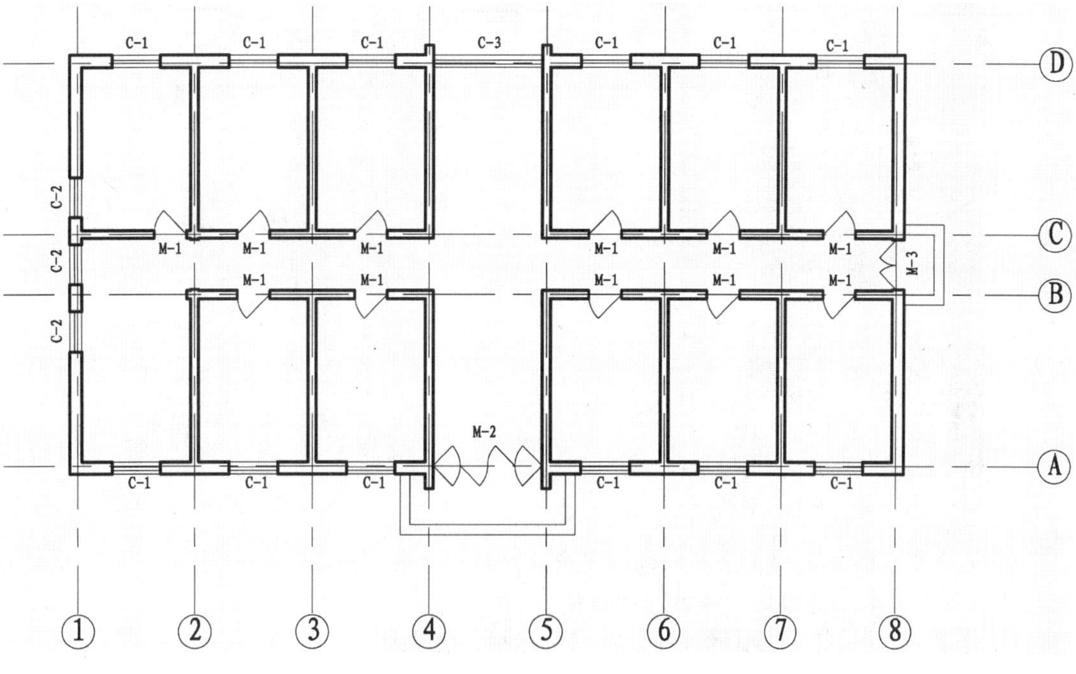

图 3-45　绘制完成所有门、窗后的底层平面图

3.6　绘制散水及其他细部

本节以前，图 A-1（底层平面图）整体框架已经完成。本节将继续完善施工平面图，通

过一些细节（散水、标高、指北针符号）的绘制，进一步学习 AutoCAD 常用命令的各种运用技巧。细心的读者可能会发现，同一个命令同一个选项，只要灵活运用，就能得到事半功倍的效果。

3.6.1 绘制散水

从图 A-1 上可以看到，散水为细实线，距外墙边 800 mm，那么距最近的轴线为 1050 mm。这样可以把 1、8、A、D 的轴线分别向外复制 1050 mm，然后再将它们修剪，改变图层，完成目标。

操作：

① 执行 Offset 命令，将 1 轴轴线向左复制 1050，8 轴轴线向右复制 1050，将 A 轴轴线向下复制 1050，D 轴轴线向上复制 1050。

② 命令：（输入 Properties 并回车，启动特性管理器命令，弹出对话框，如图 3-46 所示）

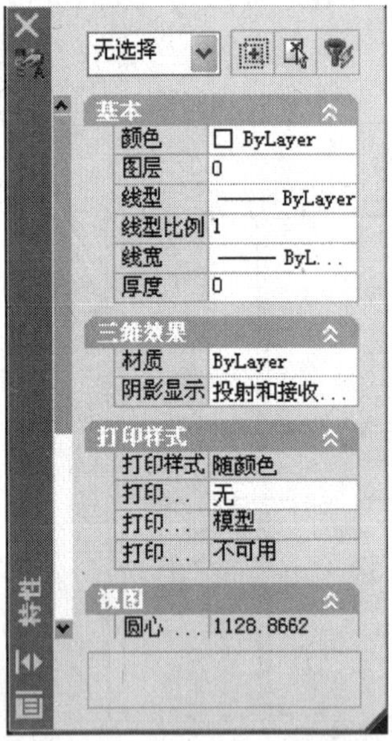

图 3-46 “特性”对话框

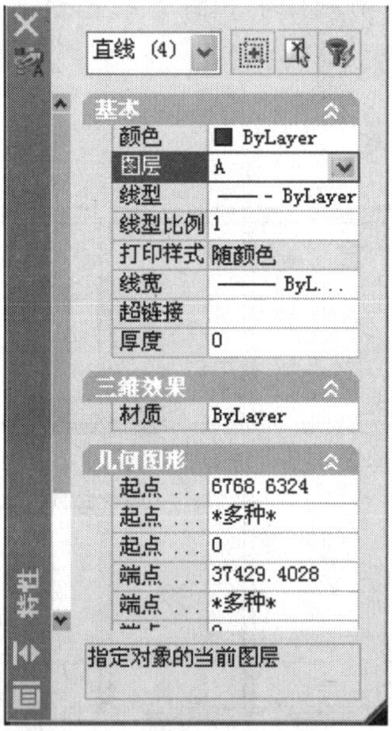

图 3-47 选择图层中的 0 层

③ 选择刚复制出来的 4 条点划线，单击此对话框中的“图层”命令（图 3-47），选择对话框中 0 层后回车，退回到“特性”对话框。

④ 再单击“特性”中的按钮，关闭对话框。这样红色的点划线已变成白色的实线。

⑤ 执行 Zoom 命令的 W 选项，将一个墙角放大后，两条散水线互相修剪。

⑥ 执行 Line 命令，连接 AB，形成散水坡线，如图 3-48 所示。

⑦ 再将其他三个墙角分别放大，执行与上述同样的操作，最后完成散水线的绘制。

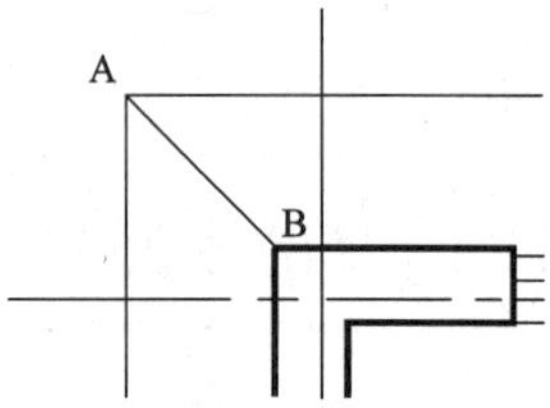

图 3-48 绘制散水

提示：

散水线的绘制方法有多种，例如可以将墙线向外复制，执行编辑多段线命令将其改细，再执行延伸命令，将它们相交等。

3.6.2　绘制标高符号

绘制标高符号的方法有多种，下面只列出其中一种进行练习操作。

操作：

① 执行 Line 命令，绘制一条水平直线 AB。

② 执行 Copy 命令，利用相对坐标@300，−300 将线段 AB 向下、向右复制 300，生成线段 CD。

③ 执行 Line 命令连接点 A、C。

④ 执行 Mirror 命令绘制出 CE，如图 3-49a 所示。

⑤ 删掉线段 CD，最后结果如图 3-49b 所示。

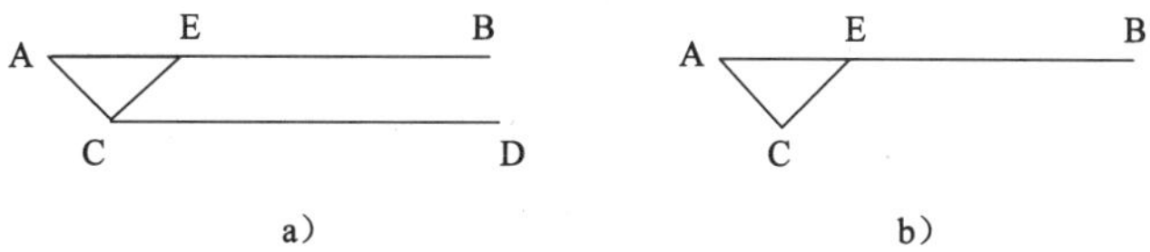

图 3-49　绘制标高符号

3.6.3　绘制一个箭头

我们知道执行 PLine（绘制多段线）命令绘线时，能随时改变线条的宽度，因此我们利用 PLine 命令来绘制箭头。

操作：

① 执行 Zoom 命令的 W 选项，将盥洗间部位局部放大。

② 命令:（输入 PLine 并回车）

③ 指定起点:（单击盥洗间内某一点）

④ 指定下一个点或 [圆弧(A)/半宽(H)/长度(L)/放弃(U)/宽度(W)]:（输入 W 并回车）

⑤ 指定起点宽度<90.0000>:（输入 0 并回车，指定起始宽度）

⑥ 指定端点宽度<0.0000>:（输入 100 并回车，指定终止点宽度）

⑦ 指定下一点或[圆弧(A)/闭合(C)/半宽(H)/长度(L)/放弃(U)/宽度(W)]:（输入 L 设置长度）

⑧ 指定直线的长度:（输入 400 并回车）

⑨ 指定下一点或[圆弧(A)/闭合(C)/半宽(H)/长度(L)/放弃(U)/宽度(W)]:（输入 W 并回车来重新设置宽度）

⑩ 指定起点宽度<100.0000>:（输入 0 并回车）

⑪ 指定端点宽度<0.0000>:（直接回车）

⑫ 指定下一点或[圆弧(A)/闭合(C)/半宽(H)/长度(L)/放弃(U)/宽度(W)]: 切换<F8>后保证线处于垂直或水平状态，拖动鼠标直至细线具有一定长度后，单击结束命令）

图 3-50　绘制一个箭头

结果如图 3-50 所示。

提示：

绘出箭头的三角端后，不能马上拖动鼠标单击，必须重新设定线宽为 0，再拖鼠标单击。否则会出现如图 3-51 所示的情况。

图 3-51　未重新设定线宽的情况

3.6.4　绘制指北针符号

制图标准要求，指北针的外圈直径为 24mm，内接细三角形底边宽度为 3mm。这样，外圈可执行 Circle（绘圆）命令，内接三角形可继续用 PLine 命令来完成。

操作：

① 执行 Zoom 命令的 W 选项将整个图的右下角部分局部放大。

② 执行 Circle 命令，绘一个半径 R=1200 的圆。

③ 命令:（输入 PLine 并回车）

④ 指定起点:（移动鼠标捕捉圆的顶端后单击）

⑤ 指定下一个点或[圆弧(A)/半宽(H)/长度(L)/放弃(U)/宽度(W)]:（输入 W 并回车）

⑥ 指定起点宽度<0.0000>:（输入 0 并回车）

⑦ 指定端点宽度<0.0000>:（输入 300 并回车）

⑧ 指定下一个点或[圆弧(A)/半宽(H)/长度(L)/放弃(U)/宽度(W)]:（垂直向下拖动鼠标捕捉圆的下端后单击，回车结束命令）

⑨ 执行 DText 命令将字母“N”标出。

结果如图 3-52 所示。

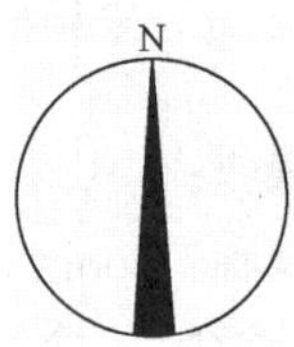

图 3-52　指北针符号

提示：

也可以执行 PLine 命令，直接输入起点宽度=0，终点宽度=300，长度=2400 完成内接三角形。

3.6.5　绘制楼梯间

底层楼梯间的详细尺寸如附图 A-5 所示，踏步是由一组等距离的平行线组成。平行线间距为 300mm。这样可以执行 Offset（偏移复制）命令来完成这组平行线，之后再通过 Trim（修剪）命令完成目标。

1．绘踏步起始线及梯井

操作：

① 执行 Zoom 命令的 W 选项，将楼梯间局部放大。

② 执行 Line 命令，利用端点捕捉，连接 AB（作辅助线）。

③ 执行 Offset 命令，将 AB 线垂直向上复制 500 成为 CD 直线（踏步起点）。

④ 执行 Line 命令，利用中点捕捉，绘出 CD 的中垂线 OE。

⑤ 执行 Move（移动）命令，将 OE 向左移动 80，再执行 Offset 命令将移动后的新线向右偏移 160，形成梯井宽 160，结果如图 3-53 所示。

⑥ 执行 Trim（修剪）命令，将 CO 线段剪掉。

2．绘踏面线

现在只需执行 Offset 命令将 OD 线段平行向上复制，即可形成踏面，但 OG，OD 这两段线是连接在一起的，必须先执行 Break（打断）命令，将其断开，再进行平行复制。

操作：

① 命令:（输入 Break 并回车）

② 选择对象:（单击选择 OD 线段）

③ 指定第二个打断点或[第一点(F)]:（输入 F 并回车）

④ 指定第一个打断点:（捕捉 G 点后单击）

⑤ 指定第二个打断点:（再次捕捉 G 点后单击，这样 OG，GD 已成为独立的两条线段了）

⑥ 执行 Offset 命令，将 GD 线段向上复制 7 次，输入间距为 300。

⑦ 执行 Line 命令绘制一条较长的 45° 斜线，结果如图 3-54 所示。

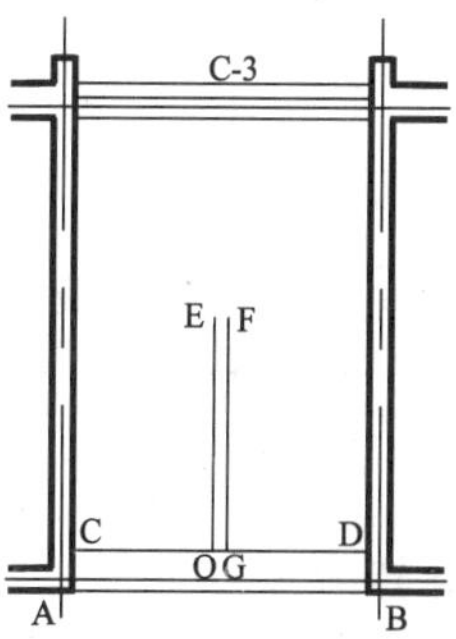

图 3-53　绘踏步起始线及梯井

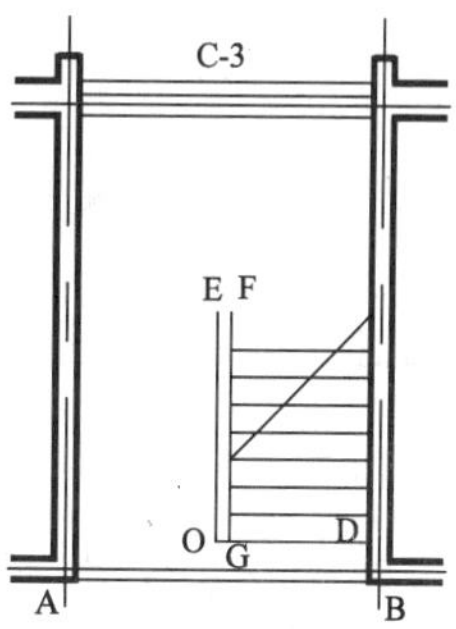

图 3-54　绘踏面线

3．修剪多余线段，完成其他细部

操作：

① 命令:（输入 Trim 并回车）

② 选择对象或<全部选择>:（单击选择 GF 线、45° 斜线的左墙线以及 6 轴的墙线后回车。

③ [栏选(F)/窗交(C)投影(P)边(E)删除(R)放弃(U)]:（单击分别选择长出的线段，将其剪掉）

④ 执行 Line 命令在 45° 斜线上绘折断符号，并将其用 Trim 命令修剪。

⑤ 执行 Copy 命令将盥洗间的箭头复制到楼梯间。

⑥ 命令:（输入 Rotate 命令并回车）

⑦ 选择对象:（选择箭头并回车）

⑧ 指定基点:（移动鼠标捕捉箭头底端）

⑨ 指定旋转角度，或[复制(C)/参照(R)]<90>:（输入−90，逆时针旋转 90°）。

⑩ 调整箭头位置，标注文本。绘制盥洗间及厕所的所有细部，结果如图 3-55 所示。

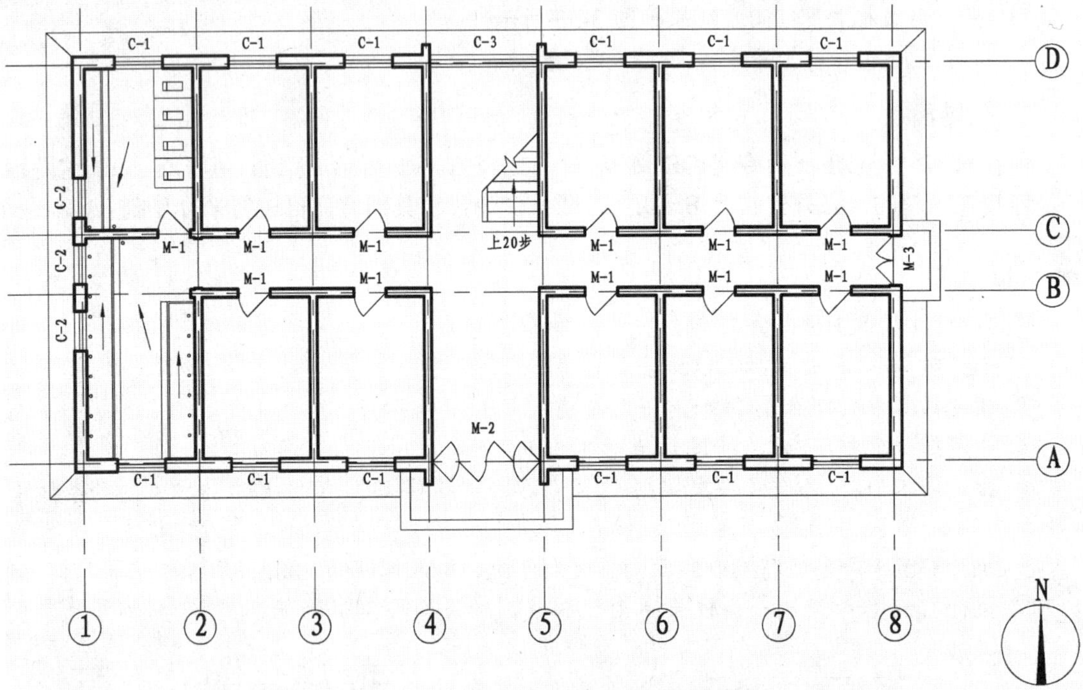

图 3-55　绘制完成楼梯间的底层平面图

说明:

1. 旋转角度有正负之分，顺时针旋转为负，逆时针旋转为正。
2. 旋转角度为 90°、180°、270° 之类的角度时，可切换<F8>，通过移动鼠标完成。

3.7　标注尺寸

本节将就建筑工程平面图尺寸标注参数的设置及操作步骤进行具体的介绍。本节尺寸标注参数是在结合建筑制图标准及实际操作中得到的经验数值，希望大家牢记。

3.7.1　设置尺寸标注样式

在标注尺寸之前，应该首先利用标注样式管理器对话框设置一个尺寸标注样式。这种样式必须满足《建筑制图标准》的要求。设置尺寸标注样式的命令为 DDIM。

操作：

① 命令:（输入 DDIM 并回车，弹出标注样式管理器对话框，如图 3-56 所示）

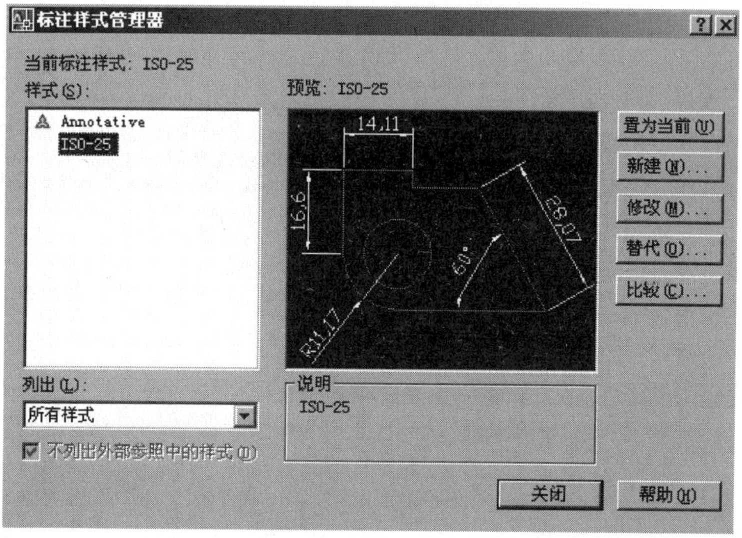

图 3-56 “标注样式管理器”对话框

② 单击新建(N)...按钮，将弹出如图 3-57 所示的创建新标注样式对话框。用该对话框可创建新的尺寸样式。将“新样式名”一栏中的内容改为“建筑制图”，表明该尺寸样式是以“ISO-25”为样板，适用于所有类型的尺寸。

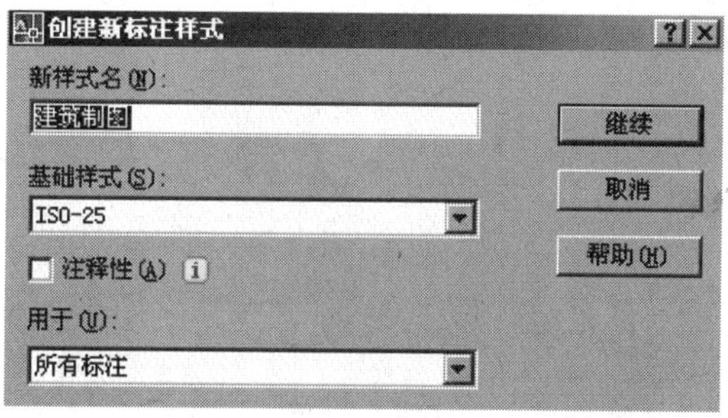

图 3-57 “创建新标注样式”对话框

③ 单击创建新标注样式对话框中的继续按钮，进入新建标注样式：建筑制图对话框，并在当前线选项卡，进行尺寸线、尺寸界线的设置，如图 3-58 所示。

④ 单击符号和箭头选项卡，进行尺寸起止符号等的设置，如图 3-59 所示。

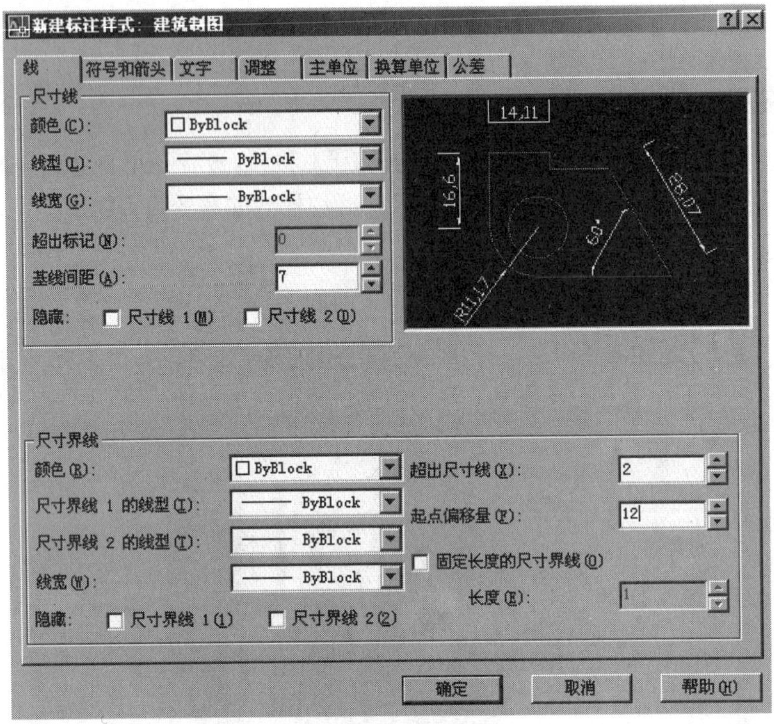

图 3-58 “线”选项卡

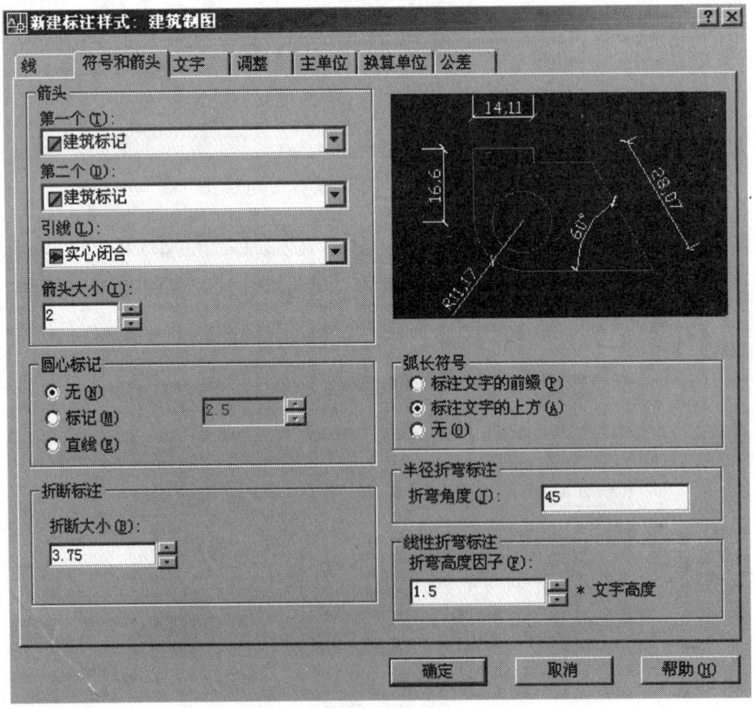

图 3-59 “符号和箭头”选项卡

⑤ 单击 文字 选项卡，设置尺寸数字的字体格式、位置及对齐方式等，如图 3-60 所示。

⑥ 单击“文字样式”右边的 ... 按钮，弹出对话框如图 3-61 所示。

⑦ 创建"仿宋"字体样式。将此对话框中的"高度"设为0，"宽度因子"设为0.7，之后单击 应用(A) 按钮，再单击 关闭 按钮，关闭此对话框，返回 新建标注样式：建筑制图 对话框。

⑧ 单击 调整 选项卡，进行参数设置，如图3-62所示。

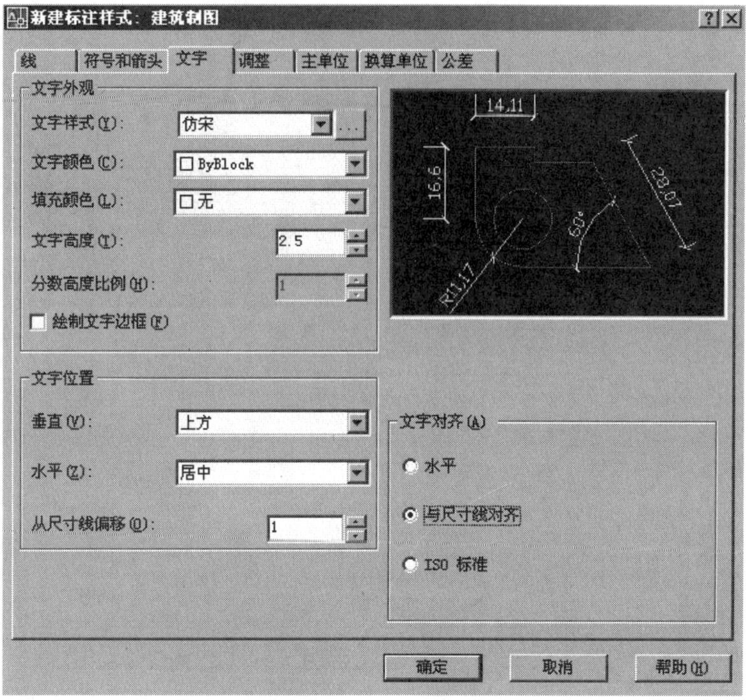

图3-60 "文字"选项卡

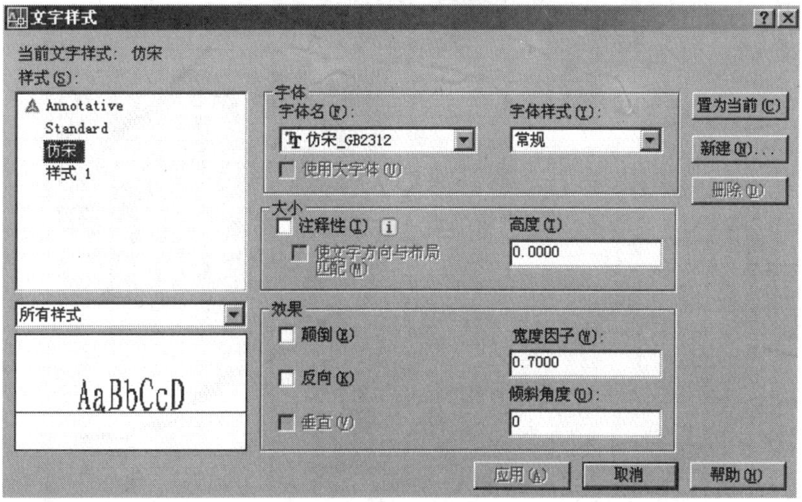

图3-61 "文字样式"对话框

⑨ 单击 主单位 选项卡，设置主要单位的格式及精度，如图3-63所示。

⑩ 绘制建筑图时，我们可以忽略 换算单位 选项卡和 公差 选项卡的设置。每一步设置完成后，单击 确定 按钮，最后返回 标注样式管理器 对话框，单击 置为当前(U) 按钮设"建筑制图"为当前样式。

⑪ 单击 关闭 ，关闭该对话框，完成尺寸标注样式的设置。

这样就完成了一个名为“建筑制图”的尺寸标注样式的设置，下面就可以用这个标注样式进行尺寸标注了。

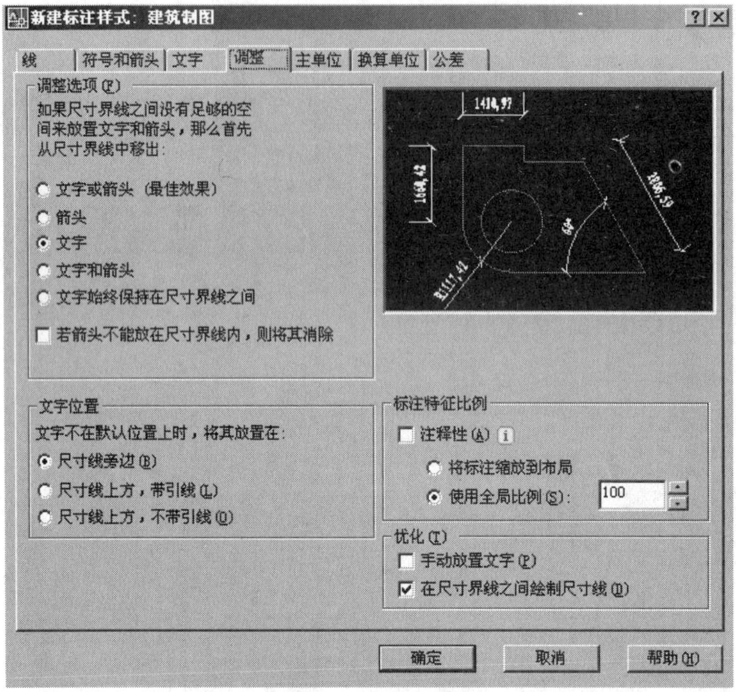

图 3-62 “调整”选项卡

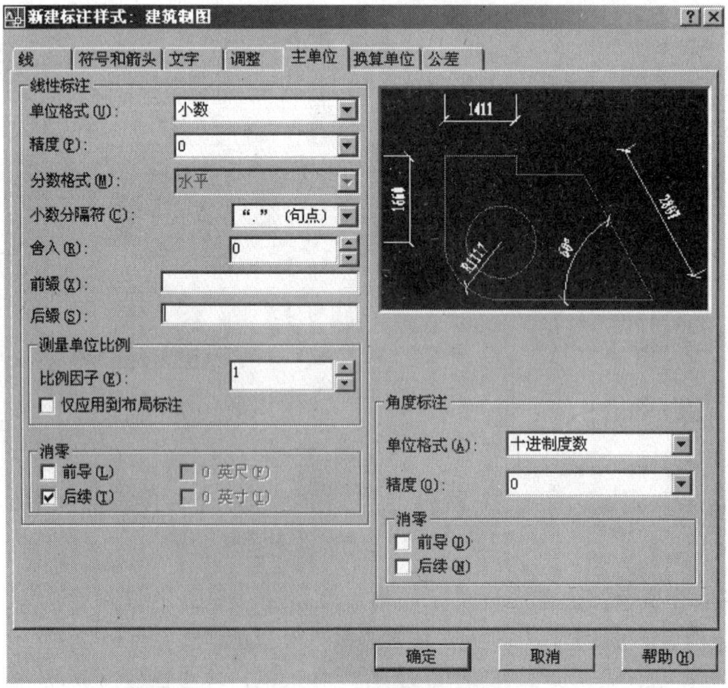

图 3-63 “主单位”选项卡

3.7.2　标注水平尺寸

1．拉伸轴线

前面绘制轴线时并没有考虑尺寸线的位置，而导致轴线圈与墙线距离太近或太远，这时就可以执行拉伸命令将轴线拉长或缩短，将其调整到合适的长度。

操作：

① 命令：（输入 Stretch 并回车）

② 选择对象：（输入 C 并回车）

③ 指定第一个角点：（用鼠标在轴线圈右下方单击，向左上方拖出方框，将所有轴线圈及轴线端头框住之后单击）

结果如图 3-64 所示。

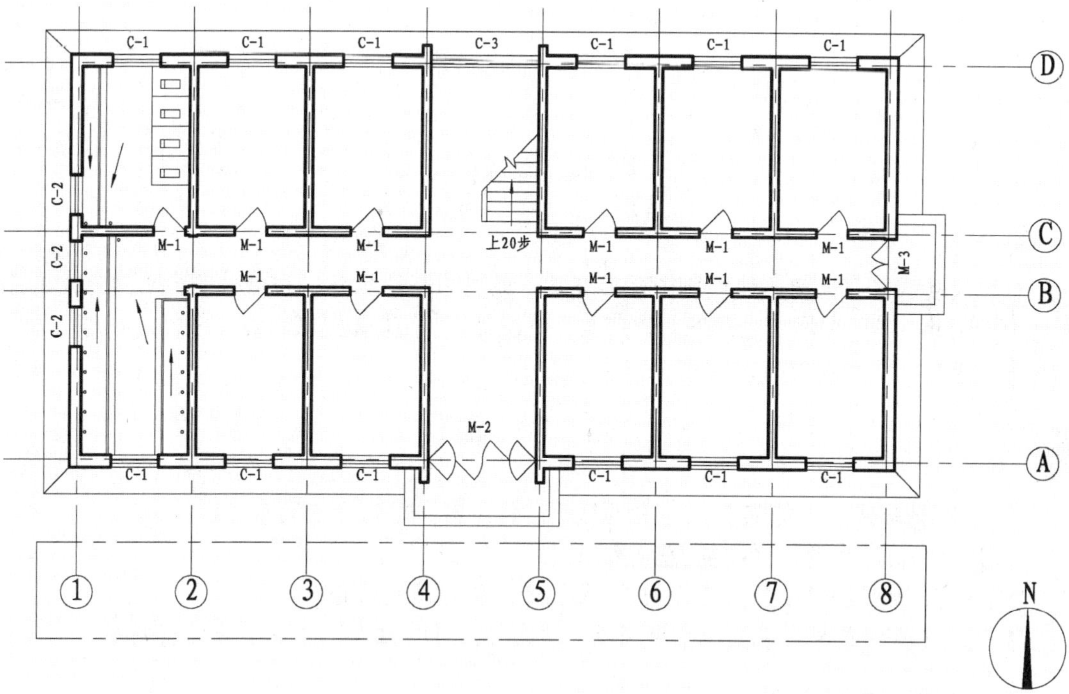

图 3-64　将所有轴线圈及轴线端头框住

④ 选择对象：（直接回车）

⑤ 指定基点或[位移（D)]<位移>：（用鼠标单击）

⑥ 指定第二个点或<使用第一个点作为位移>：（垂直向下拖动鼠标，轴线随之调整到合适的长度后单击）

结果如图 3-65 所示。

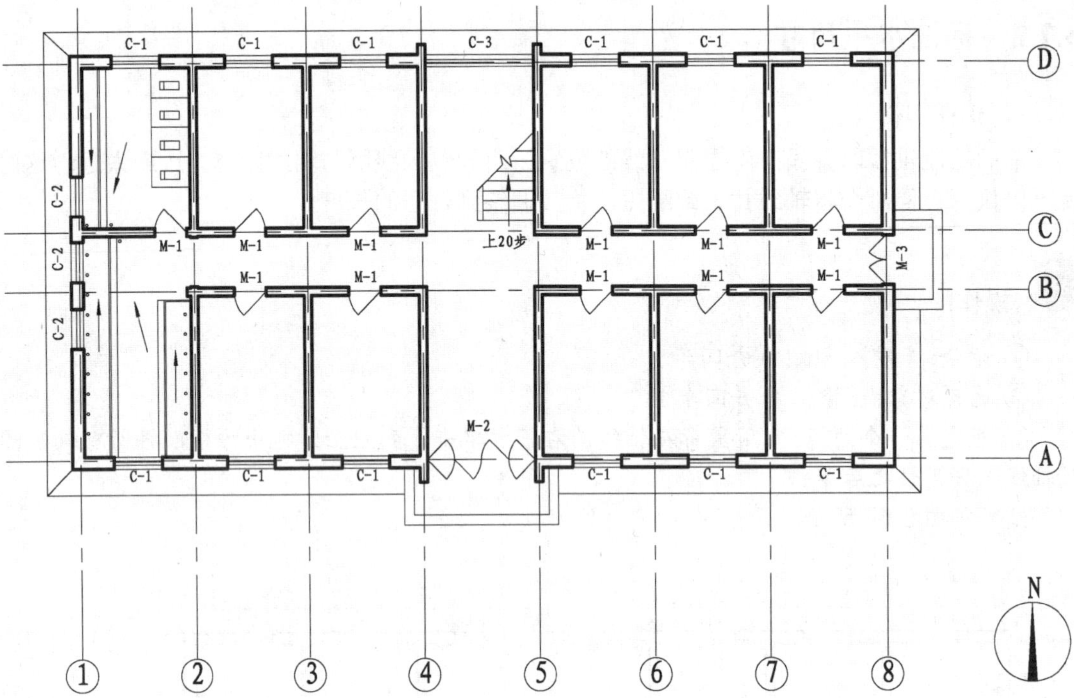

图 3-65　拉伸轴线

2．标注前准备

水平尺寸线共有三道。建筑制图标准规定，最里边一道尺寸线距最外的台阶线之间的距离是 10～15mm，三道尺寸之间的距离应为 7～10mm。为了确保这一点，在标注尺寸之前，应先给三条尺寸线确定参考位置。

操作：

① 将 A 轴轴线向下复制 3000，称为线 E，作为第一道尺寸线的参考位置。

② 执行 Osnap 命令，弹出草图设置对话框。

③ 去掉其他的捕捉选项之后，勾选"交点"，关闭该对话框。

④ 执行 Layer 命令，设置一个新图层，名为"尺寸标注层"并将其设为当前层。

3．标注第一道尺寸

操作：

① 命令:（输入 DIM 回车）

② 标注:（输入 hor 并回车，执行水平标注）

③ 指定第一条尺寸界线原点或<选择对象>:（移动鼠标，捕捉 A 轴轴线与 1 轴外墙线的交点后单击）

④ 指定第二条尺寸界线原点:（移动鼠标，捕捉 A 轴轴线与 1 轴轴线的交点后单击）

⑤ 指定尺寸线位置或[多行文字(M)/文字(T)/角度(A)]:（向下拖动鼠标捕捉 1 轴轴线与辅助线 E 的交点之后单击，确定尺寸线的位置）

⑥ 输入标注文字 <250>:（直接回车）

⑦ 标注:（输入 con 并回车，执行连续标注）

⑧ 指定第二条尺寸界线原点或[选择(S)] <选择>:（移动鼠标，捕捉 A 轴轴线与 1 轴墙体内侧交点，之后单击）

⑨ 输入标注文字<120>:（直接回车）

⑩ 标注:（提示下，直接回车，重复执行 con 命令）

⑪ 指定第二条尺寸界线原点或[选择(S)] <选择>:（移动鼠标，捕捉第一窗洞左侧短线与 A 轴轴线交点，之后单击）

⑫ 输入标注文字<930>:（直接回车）

⑬ 标注:（直接回车，重复执行 con 命令）

⑭ 指定第二条尺寸界线原点或[选择(S)] <选择>:（移动鼠标，捕捉第一窗洞右侧短线与 A 轴轴线交点，之后单击）

⑮ 输入标注文字<1500>:（直接回车）

⑯ 标注：直接回车，重复执行 con 命令。

重复执行以上操作，标完第一道尺寸，最后结果如图 3-66 所示。

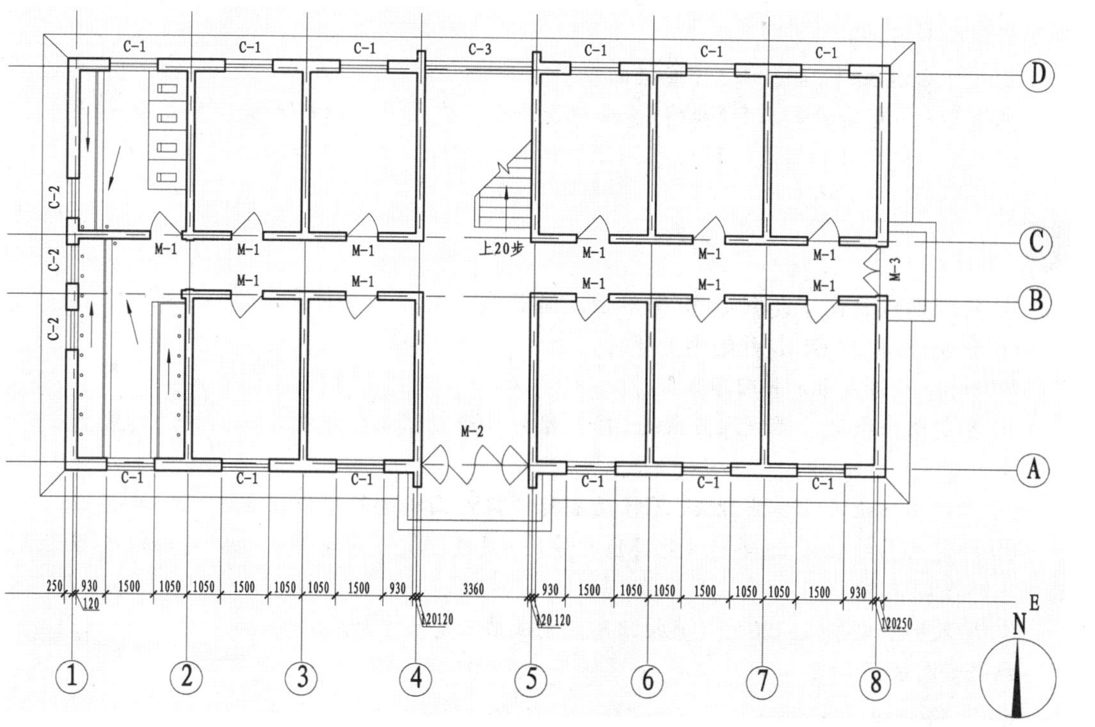

图 3-66　标注第一道尺寸

提示：

如果出现尺寸数字“1050”用引出线标在其他位置时，执行 Style 命令，打开“文字样式”对话框。适当减小“宽度比例”值，直至“1050”回到两尺寸线之间。

4．标注第二、第三道尺寸

对于第二道尺寸的标注，因为在尺寸标注的设置里已经对基线标注的两尺寸线间的距离设置为 7 mm，所以可以采用先进行基线标注，再进行连续标注的方法来完成。

操作：

① 命令：（输入 DIM 并回车）

② 标注：（输入 Base 并回车）

③ 指定第二条尺寸界线原点或[选择(S)] <选择>：（直接回车）

④ 选择基准标注：（选择 1 轴轴线处的尺寸界线，作为基线标注的第一道尺寸界线）

⑤ 指定第二条尺寸界线原点或[选择(S)] <选择>：（移动鼠标，捕捉 2 轴轴线与 A 轴轴线的交点之后单击确定）

⑥ 输入标注文字<3600>：（直接回车）

⑦ 标注：（输入 con 并回车）

⑧ 指定第二条尺寸界线原点或[选择(S)] <选择>：（移动鼠标捕捉 3 轴轴线与 A 轴轴线的交点之后单击确定）

⑨ 输入标注文字 <3600>：（直接回车）

⑩ 标注：（直接回车，重复执行连续标注命令，完成第二道尺寸标注）

对于第三道尺寸的标注，可以参照第二道尺寸的标注方法来完成。

操作：

① 将辅助线 E 向下复制 1400 个单位成为 F 线。

② 命令：（输入 DIM 并回车）

③ 标注：（输入 hor 并回车）

④ 指定第一条尺寸界线原点或<选择对象>：（移动鼠标，捕捉左山墙的外墙线交点，之后单击）

⑤ 指定第二条尺寸界线原点：（移动鼠标捕捉右山墙的外墙线交点，之后单击）

⑥ 指定尺寸线位置或[多行文字(M)/文字(T)/角度(A)]：（移动鼠标捕捉 4 轴轴线与辅助线的交点，之后单击）

⑦ 输入标注文字<25700>：（直接回车，完成第三道尺寸标注）

结果如图 3-67 所示。

5．尺寸修改

观察图 3-67，会发现以下问题：① 尺寸界线的标注线拖得太长，这可以启动“标注样式”

系列对话框进行修改；② 有些尺寸数字是重叠在一起的，需要将它们重新调整位置。但组成尺寸的 4 部分（尺寸线，尺寸界线，起始符及尺寸数字）是一个整体的块，如果移动尺寸数字时，那么整组尺寸都随之移动。所以必须执行 Explode（炸开）命令，先将要作改变的尺寸炸开，然后再作改动。

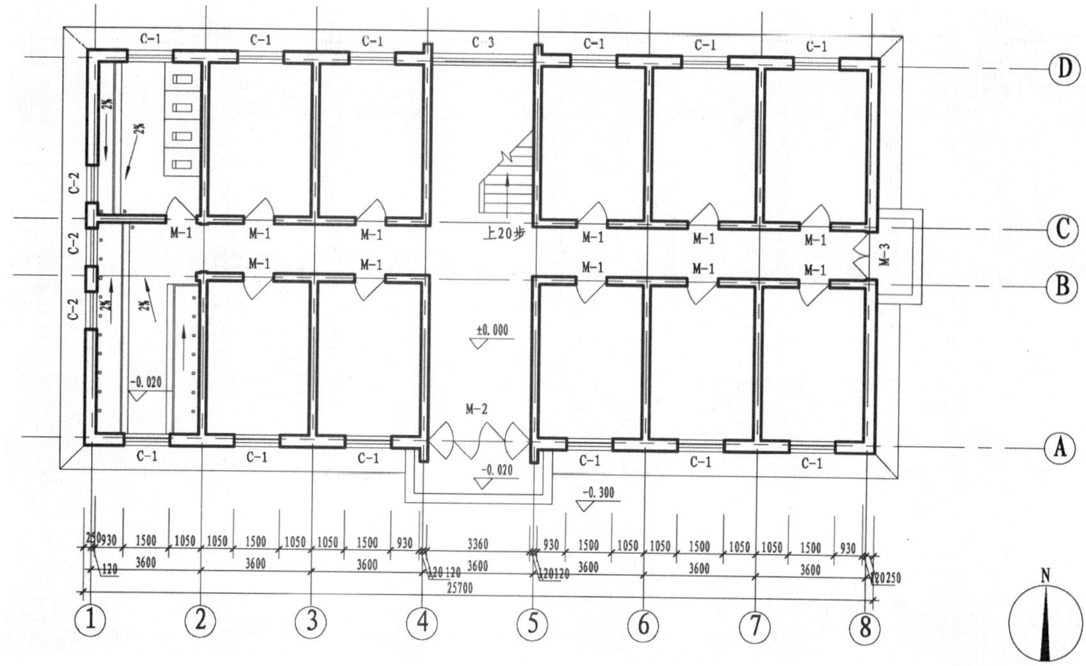

图 3-67　标注第二、第三道尺寸

操作：

① 执行 DDIM 命令打开标注样式管理器对话框，单击修改(M)... 按钮修改“建筑制图”标注式样，在线选项卡中将“尺寸界线”选区中的“起点偏移量”设置为 35，之后单击确定按钮，返回对话框后关闭尺寸标注样式管理器。

② 执行 Zoom 命令的 W 选项，将 1～2 轴线间尺寸局部放大。

③ 命令：（输入 Explode 并回车）

④ 选择对象：（单击数字 120、250 及第一开间的轴距 3600，拖动屏幕下端的滚动条选择图形另一端的尺寸数字 120、250，之后回车）

⑤ 执行 Move 命令将 120、250 移动到合适的位置。

⑥ 执行 Erase 命令将尺寸引出线以及前面用过的 E 线、F 线删除掉。

⑦ 在图形另一端，做与上述同样的操作，完成水平尺寸的标注，结果如图 3-68 所示。

提示：

执行标注样式管理器对话框修改尺寸时，对已炸开的尺寸不起作用。

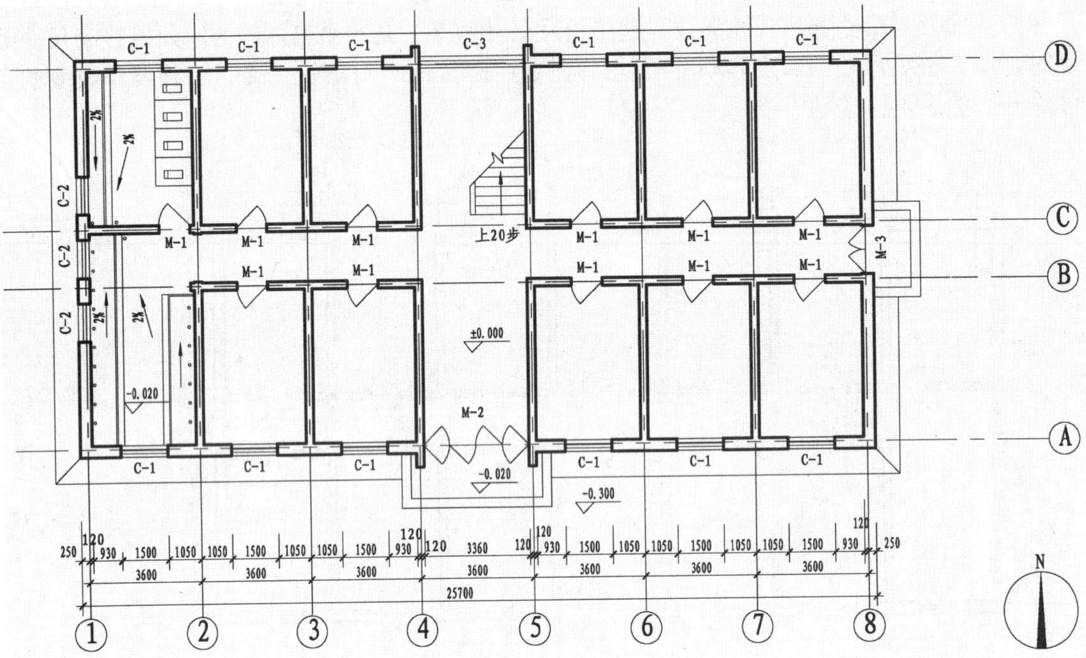

图 3-68 水平尺寸标注完成后的平面图

3.7.3 标注垂直尺寸

垂直尺寸的标注与水平尺寸的标注方法一样，只不过水平标注命令为 HOR，而垂直标注输入命令为 VER。

操作：

① 执行 Zoom 命令的 W 选项，将图形右边，即标注垂直尺寸部位局部放大。

② 将 8 轴轴线向外复制 3000，称为 E 线，再将 E 线向右复制两次，间距均为 700，分别称为 F 线、G 线。E、F、G 三条作为三条尺寸线的参考位置。

③ 命令：（输入 DIM 并回车）

④ 标注：（输入 ver 并回车）

⑤ 指定第一条尺寸界线原点或<选择对象>：（移动鼠标，捕捉外墙角交点后单击）

⑥ 指定第二条尺寸界线原点：（移动鼠标，捕捉外墙线与 A 轴的交点后单击）

⑦ 指定尺寸线位置或[多行文字(M)/文字(T)/角度(A)]：（移动鼠标捕捉 A 轴轴线与 E 线的交点后单击）

⑧ 输入标注文字<250>：（直接回车）

⑨ 标注：（输入 con，进行连续标注，并回车）

⑩ 指定第二条尺寸界线原点或[选择(S)]<选择>：（移动鼠标，捕捉墙角内交点后单击）

⑪ 输入标注文字<120>：（直接回车）

⑫ 重复执行连续标注命令，这样通过连续标注及交点捕捉完成第一道尺寸标注。第二、

第三道尺寸的标注方法与水平尺寸标注方法基本相同，在此从略。

垂直尺寸标注完成之后，也需要重新调整尺寸文本位置，删除多余的线条等，最后结果如图 3-69 所示。

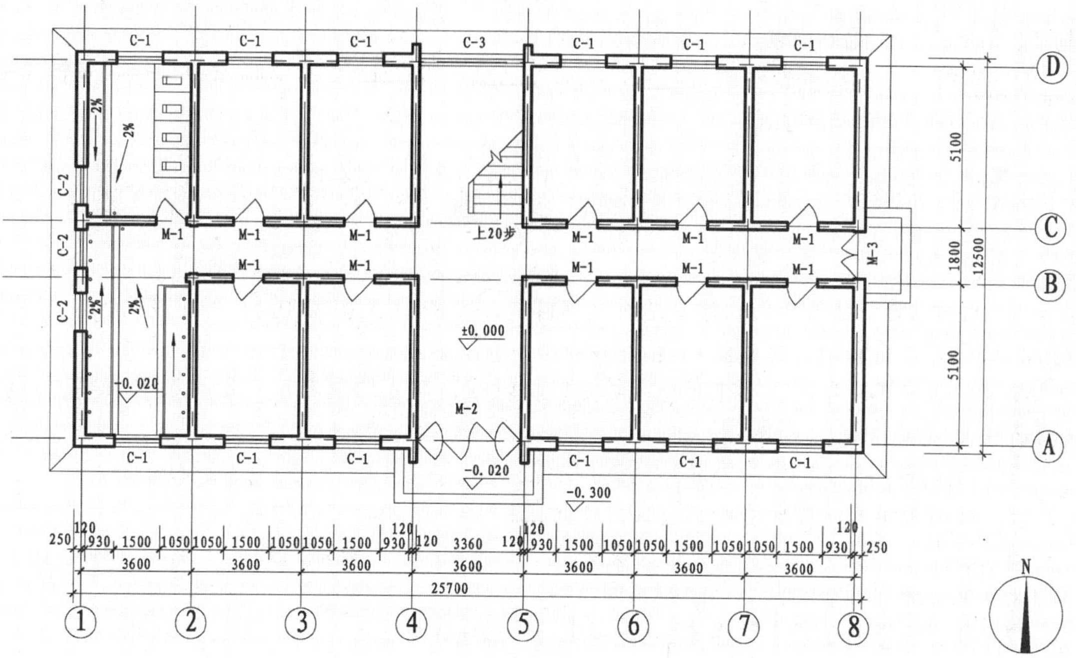

图 3-69 垂直尺寸标注完成后的平面图

小 结

本章通过同学们最熟悉的手工绘图过程把一个个 AutoCAD 绘图命令连接在一起，旨在实现建筑施工图从手工绘制到计算机绘制的过渡，达到从已知领域到未知领域的拓展。通过一套建筑施工图中“底层平面图”的绘制过程，来掌握 AutoCAD 常用绘图命令和编辑命令的用法。学习中不仅要学会每个 AutoCAD 命令的功能、格式和操作步骤，而且更重要的是知道该命令在建筑绘图中的用途和用法。本章内容以多练为主，只有经过反复多次的练习，才能达到熟练掌握的目的，也才能逐步体验到计算机绘图给我们带来的意想不到的便捷。譬如图层的设置给我们带来了与手工绘图不一样的感觉。其他的感受让我们自己去体会和总结吧。

思 考 题

1．执行以下命令是否能完成绘制图幅、图框的操作？

PLine 命令绘制矩形框→Offset 命令将矩形框向外复制→Stretch 命令将外框拉伸一定距离→Explode 命令将外框线炸成细线。

2．执行 Rectangle 命令、Offset 命令等能否完成绘制图幅、图框、图标内容？还有其他什么方法吗？

3．垂直轴线通过 Array（阵列）命令能完成吗？比较 Array 命令和 Offset 命令的区别。

4．利用 Mline（多线）能完成 3.3 节的内容吗？试比较用 Mline（多线）绘制的双墙线与 3.3 节所讲述的绘制方法，各有哪些优缺点？

5．绘好一个轴线圈及轴线编号后，能通过 Array（阵列）完成其他水平轴线圈及轴线编号吗？比较各种方法的特点。

练 习 题

1．根据 3.2 节所学内容，定义两种文字样式，一种字高为 1000，一种字高为 500，不执行 Scale 命令，重新填写标题栏内容。

2．根据图样尺寸，直接在 0 层上绘制定位轴线，然后通过 Properties（特性管理器）将所有轴线改为红色的点划线。

3．将附图 A-1 中的盥洗室及厕所的门洞根据尺寸“打开”，并将门复制过去。

4．利用所学方法绘制附图 A-1 门厅部位的门。

5．用 3.5 节所学的方法（即将轴线复制，再改变图层）绘制附图 A-1 室外台阶。

6．利用捕捉圆的四分点，绘制索引符号。

7．利用所学命令及方法将图 3-69 内部尺寸标注完毕。

8．完成其他标注：如图名，比例等，完成附图 A-1 所示“底层平面图”。

9．根据附图 A-1“底层平面图”完成附图 A-2 所示“标准层平面图”。（提示：可以将整张“底层平面图”复制，在此基础上局部修改完成。

10．绘制附录 A 中的标准层平面图和顶层平面图。

第 4 章　绘制建筑立面图

学习内容与目标

本章将以附录 A 图 A-4 “①～⑧立面图” 为例，详细讲解建筑立面图的绘制过程和步骤。通过本章的学习要理解和掌握块的制作与插入，熟悉和学会绘制建筑立面图的方法和步骤，以及对常用编辑命令的综合应用。

4.1　绘图前的准备

绘图时，为方便看图，通常将平、立、剖面图按照“长对正，高平齐，宽相等”的原则，放在同一张图纸上。在学习阶段，我们将分别单独绘制。立面施工图也将采用 A3 标准格式图纸，但不需要重新绘制，只要将平面施工图的 A3 格式图纸制作成块，将其存盘，再插入立面图即可。

1．将 A3 格式图纸制作成块

操作：

① 执行 Open 命令将“底层平面图”打开。

② 命令行中输入 Block 并回车，弹出块定义对话框，如图 4-1 所示。

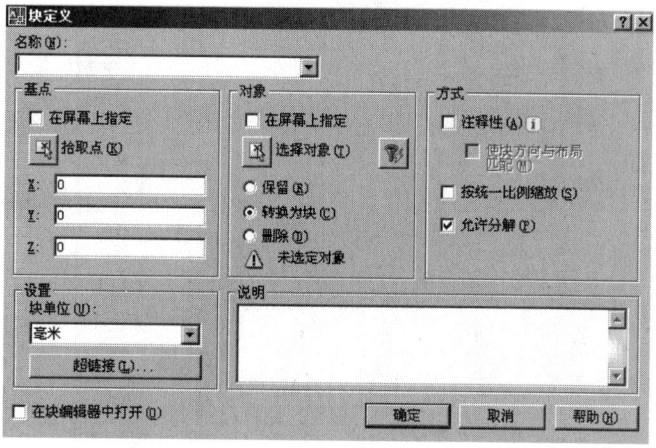

图 4-1　“块定义”对话框

③ 在此对话框的“名称”空白栏内输入“A3”（给块起名）。

④ 单击“拾取点”左边的按钮，返回绘图屏幕。

⑤ 指定插入基点：（移动鼠标，单击捕捉图幅右下角点，又返回块定义对话框，完成选

择插入基点）

⑥ 在块定义对话框中，单击“选择对象”左边的按钮，返回绘图屏幕。

⑦ 选择对象：（单击或用 C 窗口，将 A3 格式图纸的所有内容以及标高符号、箭头、轴线、轴线圈全部选上，之后回车，返回块定义对话框）

⑧ 单击 确定 按钮，关闭此对话框，完成块的制作。

说明：

1. 确定插入基点时，原则上是随意选一点，但为了绘图方便，一般选择一些特征点，如中心点，角点等。

2. 虽然立面图上不需要箭头，但考虑到其他图，如剖面图、墙身节点图都有箭头，所以在此制作块时，也将箭头选上。

提示：

也可以在绘底层平面图的过程中，将标高符号先用 Block 制成块，以便在后面的作图过程中使用。

2．将制成的块 A3 存盘

我们已用 Block（块制作）命令，将 A3 标准格式图纸制成图块，但此图块只能在当前图形文件即“底层平面图”中使用，不能被其他图调用。为了使图块成为公共图块（可供其他图形文件插入和引用），可以用 WBlock（块存盘）命令，将 A3 格式图纸单独以图形文件的形式存盘。

操作：

① 命令行中输入 WBlock 并回车，弹出“写块”对话框，如图 4-2 所示。

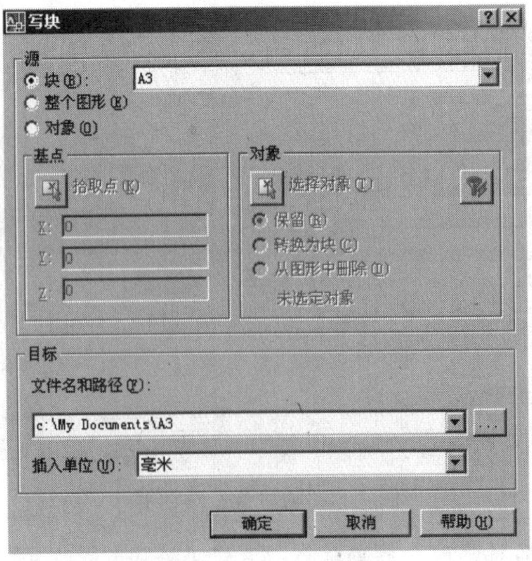

图 4-2 “写块”对话框

② 在“源”区域里，点选“块”选项。

③ 单击右上角的▼按钮，找出并选择 A3。
④ 单击 确定 按钮，关闭此对话框。

提示：

如果此时用 Save 命令打开文件保存对话框，会发现 A3 与其他文件并排出现在对话框里，事实上，用 WBlock 定义的图形文件和其他图形文件无任何区别。

3．插入块

我们已经将 A3 格式图纸制作成图块 A3，并将其存盘。下面将 A3 图块调入新建图形文件中，即开始绘制的建筑立面图中。

操作：

① 命令行中输入 New 并回车，弹出 选择样板 对话框，如图 4-3 所示，单击 打开(O) 按钮，新建图形文件。

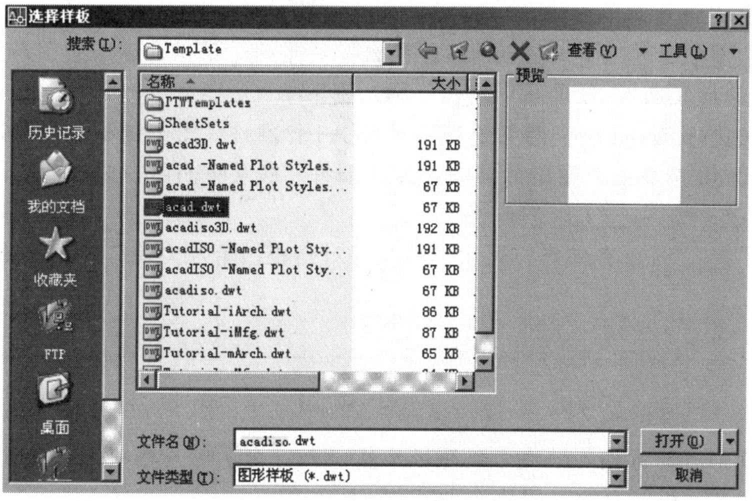

图 4-3 “选择样板”对话框

② 命令行中输入 Insert 并回车，弹出 插入 对话框，如图 4-4 所示。

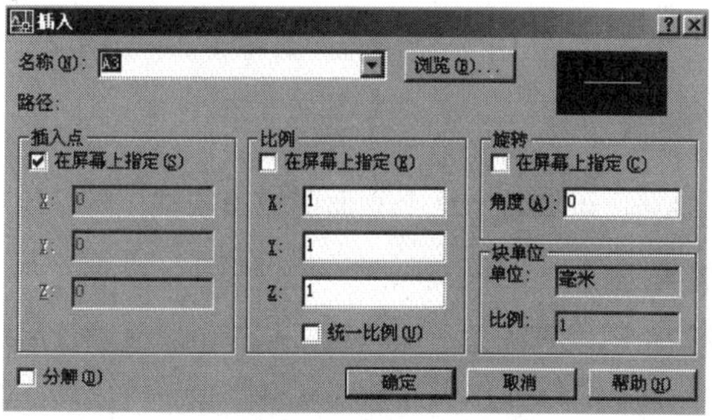

图 4-4 “插入”对话框

③ 单击 浏览(B)... 按钮，弹出 选择图形文件 对话框，如图 4-5 所示。

图 4-5 “选择图形文件”对话框

④ 选择 A3 文件后，单击 打开(O) 按钮，返回 插入 对话框。

⑤ 勾选 ☑ 分解(D) 选项后，单击 确定 按钮，关闭此对话框，返回绘图屏幕。

⑥ 指定块的插入点:（在屏幕中单击，插入图形）

⑦ 命令:（执行 Zoom 命令的 E 选项，这样 A3 标准格式图纸就出现在屏幕上了）

⑧ 执行 Ddedit 命令改变图标的相关内容，如将“底层平面图”改为“立面图”、将图号“01”改为“02”等。

⑨ 命令:（输入 Save 并回车，弹出保存文件对话框，输入文件名“立面图”后，单击保存按钮）

说明：

1. 如果我们对准备插入的块名记得很清楚，则在 插入 对话框中不必点选 浏览(B)... 按钮，直接在“名称框”中输入图块名即可。

2. 因为要对插入的块进行局部修改，所以必须勾选 Explode 选项，将整个块炸开。

4.2 绘制立面图

观察附录 A 中的图 A-4，可以看到这个立面图较为规整，所以绘制起来相对简单。

1．绘制立面图的轮廓

图 A-4 所示立面图的轮廓线有 4 条：地坪线、左右山墙线以及屋顶线。建筑制图标准规定，地坪线为特粗线，其他 3 条线为粗线，在此可以先不考虑线宽，图形完成后，再统一设定线宽。

绘制立面图轮廓线有多种方法，此处采用先绘矩形，再延伸地坪线来完成。

操作：

① 命令：（输入 Rectangle 并回车）

② 指定第一个角点或 [倒角(C)/标高(E)/圆角(F)/厚度(T)/宽度(W)]：（单击图框内左下方一点，确定矩形左下角点）

③ 指定另一个角点或 [面积(A)/尺寸(D)/旋转(R)]：（输入@25700,12700 并回车，确定矩形右角点）。详细参看图 A-1、A-2 的尺寸。

④ 执行 Explode 命令将矩形打散。

⑤ 在矩形左、右下角分别用 Line 命令绘制两条短的辅助线，结果如图 4-6 所示。

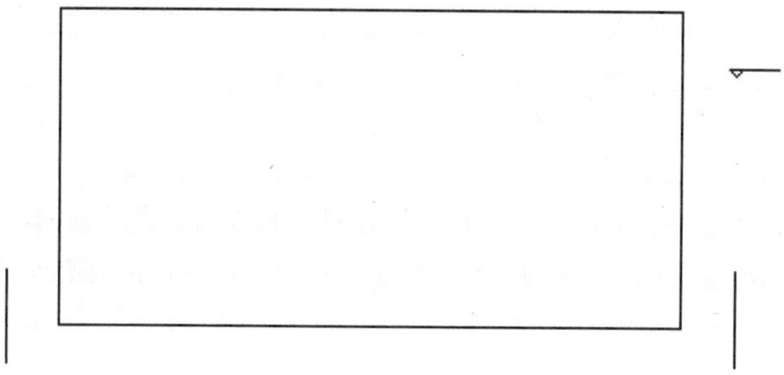

图 4-6　在矩形左、右下角绘制两条短辅助线

⑥ 命令：（输入 Extend 并回车）

⑦ 选择对象或<全部选择>：（选择两条短辅助线后回车）

⑧ [栏选(F)/窗交(C)/投影(P)/边(E)/放弃(U)]：（分别单击矩形下边的两端之后，回车，形成立面图的室外地坪线）

⑨ 执行 Erase 命令删除两条辅助线；再执行 Offset、Trim 等命令绘制完成 ± 0.000 线。结果如图 4-7 所示。

图 4-7　绘制立面图轮廓线

2．绘制立面图的窗户

从附录 A 平面图、立面图中可以观察到，每个开间的窗户都居中，并且每层的层高都相等。这样，就可以先绘好左下角的一个窗户，然后执行阵列命令来完成全部窗的绘制。

操作：

① 命令：（输入 Line 并回车）

② 指定第一点:（捕捉 A 点）

③ 指定下一点或 [放弃（U）]:（输入@1300,1200 并回车，绘出 AB 线，如图 4-8 所示）

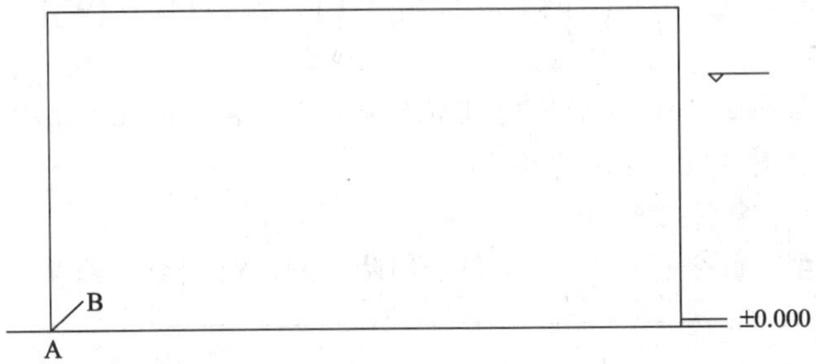

图 4-8　绘制辅助线

④ 命令:（输入 Rectangle 并回车）

⑤ 指定第一个角点或 [倒角(C)/标高(E)/圆角(F)/厚度(T)/宽度(W)]:（单击 B 点）

⑥ 指定另一个角点或 [面积(A)/尺寸(D)/旋转(R)]:（输入@1500，1800 并回车）；删除 AB 线，如图 4-9 所示。

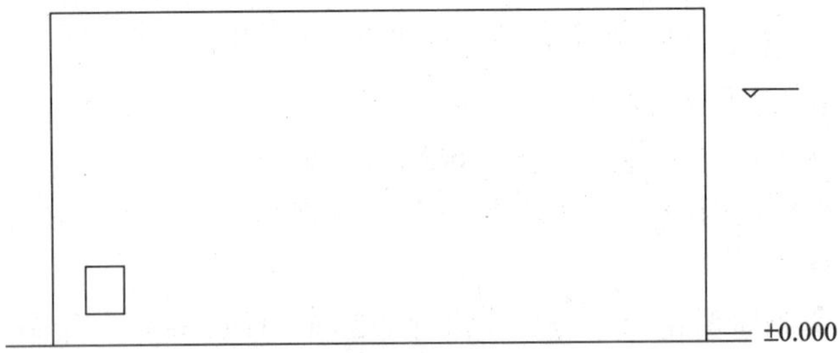

图 4-9　绘制立面图的窗户（一）

⑦ 执行 Zoom 命令的 W 选项将窗洞局部放大（或利用鼠标滑轮）。

⑧ 执行 Line、Offset、Trim 命令完成此窗的细部。

⑨ 执行 PEdit 命令将窗洞 4 条线加粗，结果如图 4-10 所示。

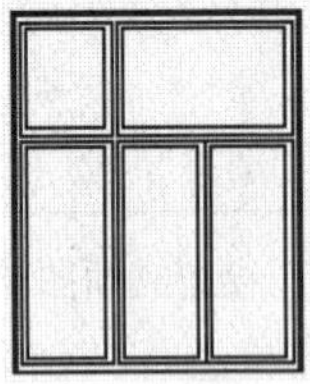

图 4-10　绘制立面图的窗户（二）

⑩ 执行 Array 命令将整个窗洞向上、向右阵列，行数为 4，列数为 7，行间距为 3000（层高），列间距为 3600（开间），结果如图 4-11 所示。

将图 4-11 与图 A-4 比较，可以发现门厅部位及其以上的窗户与其他部位不一样。因此，需要将图 4-11 作些改动。

⑪ 执行 Erase 命令将门厅部位的窗全部删掉。

⑫ 参看图 A-1 底层平面图的尺寸，将左、右山墙线分别向里复制 10930，再将新复制的两条线向里复制 240，形成立面图上中间的两根壁柱。

⑬ 再将左、右山墙分别向里复制 370，形成山墙壁柱，结果如图 4-12 所示。

图 4-11　绘制立面图的窗户（三）

图 4-12　绘制立面图的窗户（四）

3．绘制窗台、窗眉及挑檐等线

操作：

① 执行 Offset 命令，将立面图的上轮廓线向下复制 400，形成檐口。

② 命令:（输入 Extend 并回车）

③ 选择对象或<全部选择>:（选择线 A 及线 B 后回车，如图 4-13 所示）

④ [栏选(F)/窗交(C)/投影(P)/边(E)/放弃(U)]:（选择左上角的窗户上窗洞线的左右两边，再选择下窗洞线的左右两边，然后回车。此时，两条窗洞线被延长了）

⑤ 将两条延长的窗洞线分别向外复制 120，形成一个窗台和一个窗眉。

⑥ 执行 Copy 命令将绘好的窗台、窗楣 4 条线向下复制 3 次，距离分别为 3000、6000 和 9000，结果如图 4-13。

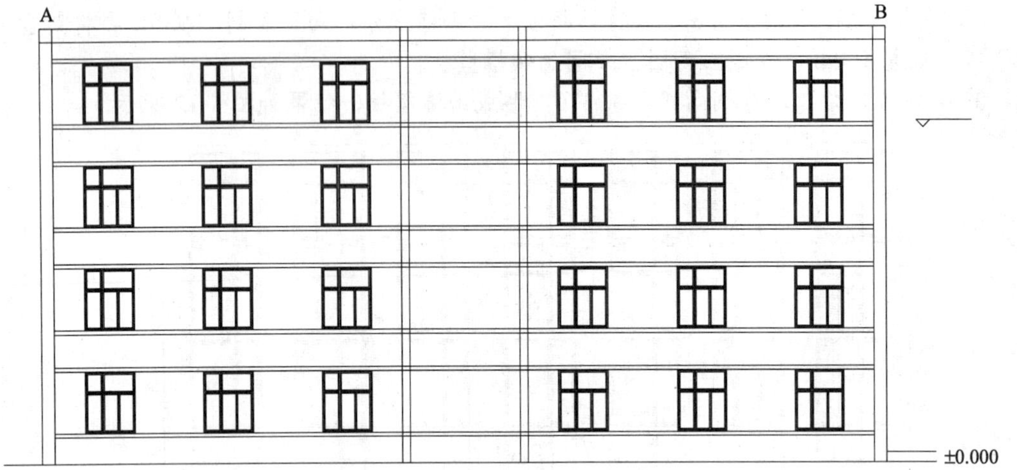

图 4-13　绘制窗台、窗楣

4．绘制门厅及其上部小窗户等

（1）查询小窗户的宽度　通过 Divide（等分）、Dist（查距离）命令来查出小窗户的宽度。

操作：

① 执行 Break 命令将直线 AB 在 A、B 处分别打断，形成线段 AB。

② 在草图设置对话框中，勾选节点命令。

③ 命令:（输入 Divide 命令并回车）

④ 选择要定数等分的对象:（选择线段 AB）

⑤ 输入线段数目或 [块(B)]:（输入 5 并回车）

⑥ 命令:（输入 Dist 并回车）

⑦ 指定第一点:（捕捉点 A）

⑧ 指定第二点:（沿着线段 AB 移动捕捉第一个节点 ⊠，如图 4-14 所示）

⑨ 在命令窗口中，会有"Delta X=672.0000，Delta X=0.0000，Delta Z=0.0000"出现，即所要查的水平距离为 672。

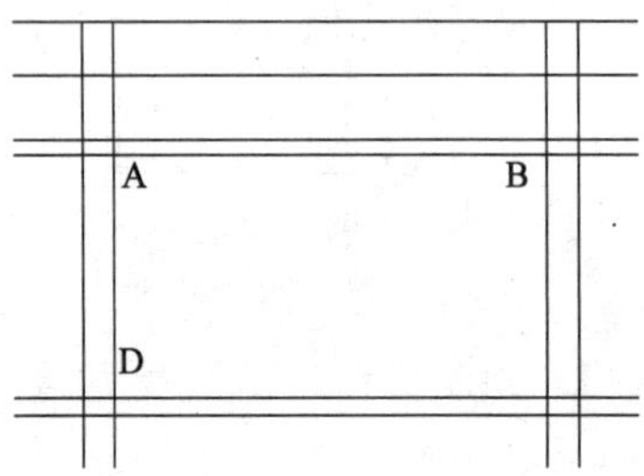

图 4-14　等分线段 AB

（2）完成小窗户的绘制　查出小窗户的宽度后，通过作辅助线，执行 Rectangle 命令来完成一个小窗户的绘制，执行 Array 命令来完成其他所有小窗户的绘制。

操作：

① 执行 Copy 命令，将图 4-14 中的线段 AB 向下复制 600，将线段 AD 向右复制 672。

② 执行 Rectangle 命令，通过交点、端点的捕捉，完成矩形 1、2 的绘制；及时删掉辅助线，如图 4-15 所示。

③ 通过 Offset 命令，将矩形分别向里复制 40，完成一个小窗户的绘制，结果如图 4-16 所示。

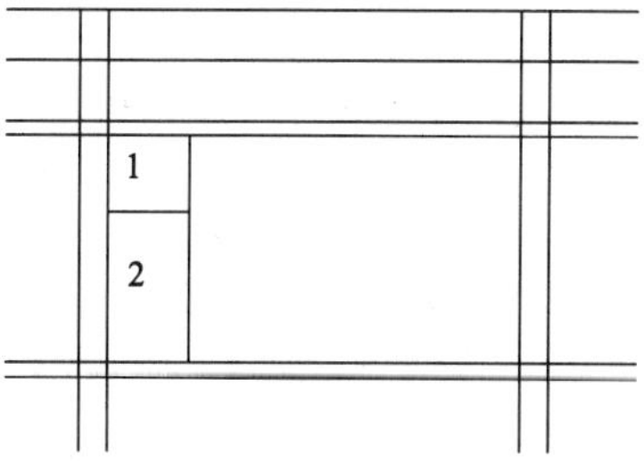

图 4-15　矩形 1、2 的绘制

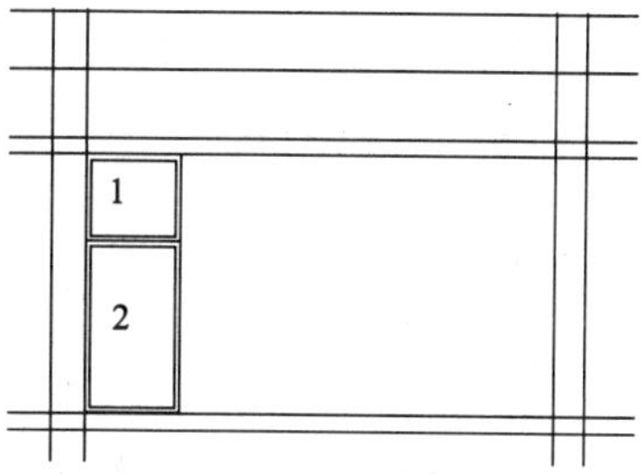

图 4-16　完成一个小窗户的绘制

④ 执行 Array 命令，将绘好的小窗户进行阵列，共有 3 行 5 列，行间距为 3000，列间距为 672，结果如图 4-17 所示。

⑤ 小窗户的绘制已经完成，可以执行同样的命令来完成门厅，结果如图 4-18 所示。

图 4-17　完成小窗户的绘制

图 4-18　绘制其余细部

5．标注

立面图上的标注有文本标注以及标高标注，文本标注可以采用 DText 完成，下面进行标高标注。

操作：

① 执行 Move 命令，将标高符号移动到 ± 0.000 线的合适位置，并对标高符号、± 0.000 线（作为引出线）、数字 ± 0.000 进行适当调整，结果如图 4-19 所示。

② 命令:（输入 Copy 并回车）

③ 选择对象:（选择标高符号、引出线及数字 ± 0.000）

④ 指定基点或 [位移(D)] <位移>:（移动鼠标在标高符号的附近单击）

⑤ 指定第二点或 <使用第一个点作为位移>:（进行多重复制，复制距离分别为 900、3900、6900、9900、12400，复制时正交处于开启状态，结果如图 4-20 所示）

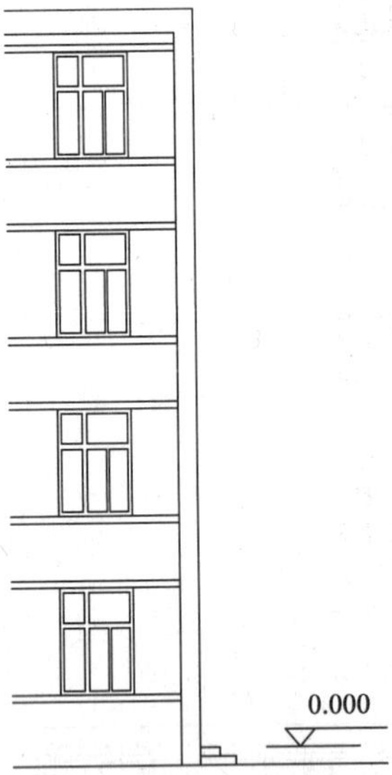

图 4-19　标注标高（一）

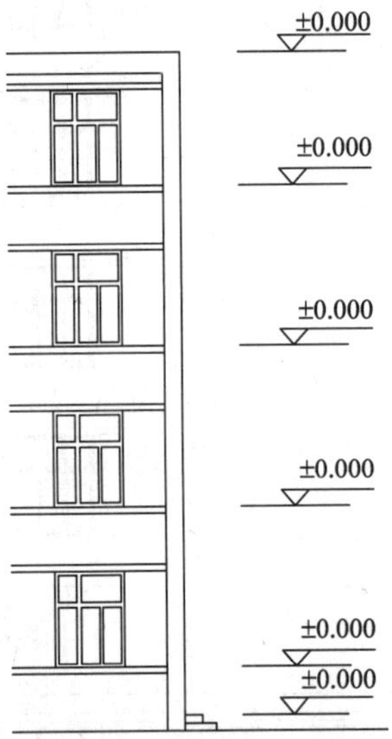

图 4-20　标注标高（二）

⑥ 执行 Ddedit 命令将不正确的标高数字改正，结果如图 4-21 所示。

提示：

1. 为方便操作，可以提前将标高符号制作成块。
2. ±号的输入为%%P。

将图 4-21 与图 A-4 对照，可以看到所有角点朝下的标高符号以及标高数字已经标好，而角点朝上的标高符号以及标高数字还未标注。在标注时，可以先把原始的标高符号镜像，并将标高数字移到下边，再用与上述同样的方法，把标高标注全部完成，结果如图 4-22 所示。

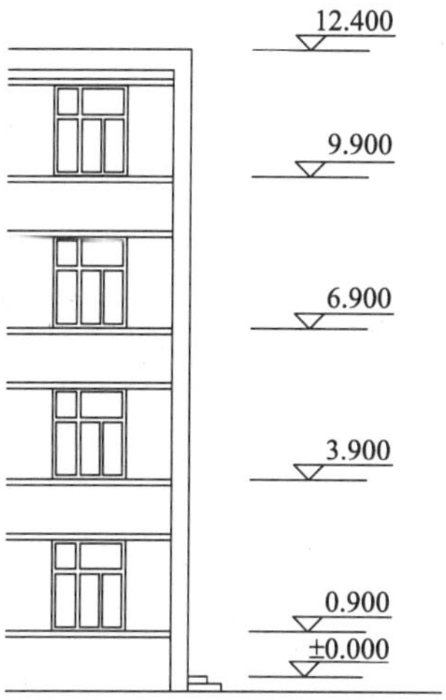

图 4-21　标注标高（三）

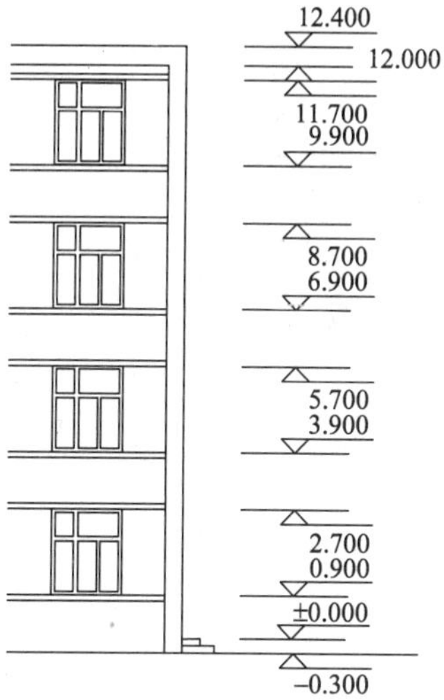

图 4-22　标注标高（四）

6．完成其他细部

操作：

① 执行 PEdit 命令将地坪线的宽度设置为 180，将其他 3 条立面轮廓线的宽度设置为 90。

② 执行 DText 命令标注立面图的文字说明以及图名、比例等完成本章内容，结果如图 A-4 所示。

小　　结

用 AutoCAD 这一全新的绘图软件绘制建筑施工图，表面上看只是操作平台的变化，其实某些手工绘图时的思维模式也需要改变一下。本章通过“建筑立面图”的绘制过程，利用平、立面图密切相关的内在联系，将相同的图形，如门窗等制作成块，使用时随时调用，并利用 AutoCAD 中的复制、阵列等功能，迅速生成立面图，大大提高了绘图效率，充分显示了计算机绘图的便捷。其实在建筑施工图中常见的图例符号、卫生洁具、室内家具、建筑构件等需要多次重复使用的图形都可以将它们制作成块，这样大家就会发现绘制建筑施工图的过程原来变得这样简单。

思　考　题

1．怎样利用 PLine 命令，通过相对坐标来绘制立面图外轮廓线？

2．如果将平面图和立面图放在同一张图纸内，怎样利用 Extend、Trim 等命令通过平面图绘出立面图？

练 习 题

1．执行 AutoCAD 相关命令，将①～⑧立面图（正立面）修改为⑧～①立面图（背立面），如附录 A 图 A-5 所示。

2．绘制附录 A 图 A-6 中Ⓐ～Ⓓ立面图。

3．绘制附录 A 图 A-6 中Ⓓ～Ⓐ立面图。

第 5 章　绘制外墙身详图

学习内容与目标

本章以附录 A 图 A-8“外墙身详图”为例详细讲解了墙身详图的绘制过程和步骤。通过本章的学习要理解和掌握图案填充的一般方法，熟悉和学会绘制墙身节点图的方法和步骤，以及对 AutoCAD 命令的综合运用。

5.1　绘图前的准备工作

1．调入 A3 格式图纸

前面已制作成块的 A3 文件，是横式的 A3 格式图纸。观察图 A-8 所示图样的形状较为细长，所以宜采用立式的 A3 格式图纸。另外，已往的图（平面、立面图），都是在 1:100 的比例下绘制的，而外墙身详图准备采用 1:20 的比例。因此，我们在调入 A3 块时需要作些改动。

操作:

① 执行 New 命令建立一张新图。

② 命令:（输入 Insert 并回车，弹出**插入**对话框）

③ 单击 浏览(B)... 按钮，在弹出的**选择图形文件**对话框（图 5-1）中选择 A3，单击 打开(O) 按钮，关闭该对话框，返回**插入**对话框。

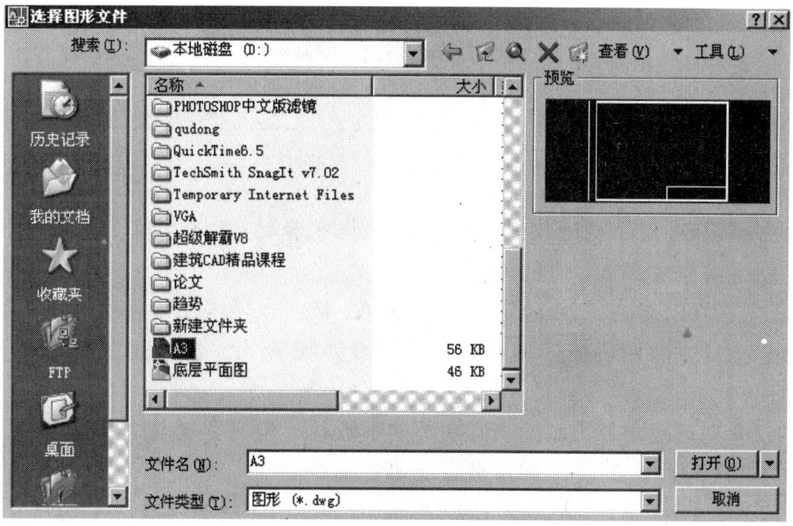

图 5-1　在“选择图形文件”对话框中选择 A3.dwg

④ 将插入对话框中的内容设置为如图 5-2 所示后，单击 确定 按钮，关闭对话框。

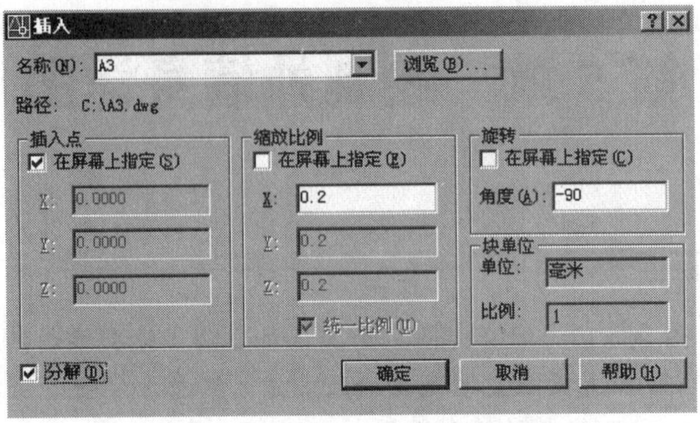

图 5-2 在“插入”对话框中进行设置

⑤ 再在屏幕上某一点单击，这样立式的 A3 图纸就出现在屏幕上。

⑥ 执行 Zoom 命令的 E 选项，将 A3 图纸就全屏显现，如图 5-3 所示。

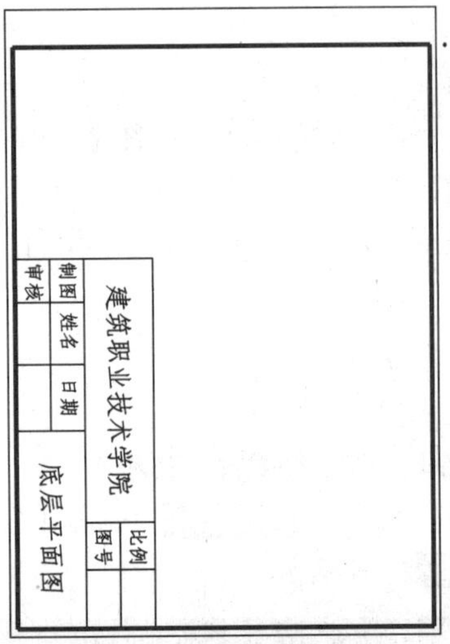

图 5-3 A3 格式全屏显示

说明：

1. A3 格式上所有尺寸均为制图尺寸。在 3.1 节中绘制 A3 格式时，采用的比例为 1:100，所以当初将制图尺寸都扩大了 100 倍。

2. 假设现在我们要在 1:20 的比例下重绘 A3 格式，那么就需将所有的制图尺寸扩大 20 倍，例如：在 1:100 的比例下，粗线宽度为 $0.9\times100=90$；在 1:20 的比例下，粗线宽度为 $0.9\times20=18$。

这样可以看到只要将 1:100 的 A3 格式缩小 5 倍，即可成为 1:20 比例下的 A3 格式。因此，插入 A3 块时，我们将比例系数设为 0.2。

3. 为了方便记忆，以后在输入制图尺寸时，只需将制图标准规定的尺寸×图形比例即可。

2．调整 A3 格式

观察调入的 A3 格式，发现有几处并不满足要求：① 标题栏位置不对；② 标题栏长度偏大。下面我们将它们一一调整合适。

操作：

① 执行 Rotate 命令，将标题栏旋转 90°。
② 将线 1 向上复制 800，作为图标上线的参考位置，如图 5-4 所示。
③ 命令：（输入 Move 并回车）
④ 选择对象：（输入 W 并回车）
⑤ 指定第一个角点：（单击鼠标左键）
⑥ 指定对角点：（W 窗选标题栏全部内容后回车）
⑦ 指定基点或 [位移(D)] <位移>：（捕捉 A 点后单击）
⑧ 指定第二个点或 <使用第一个点作为位移>：（捕捉 B 点后单击）
⑨ 执行 Erase 命令，将辅助线删除，结果如图 5-5 所示。

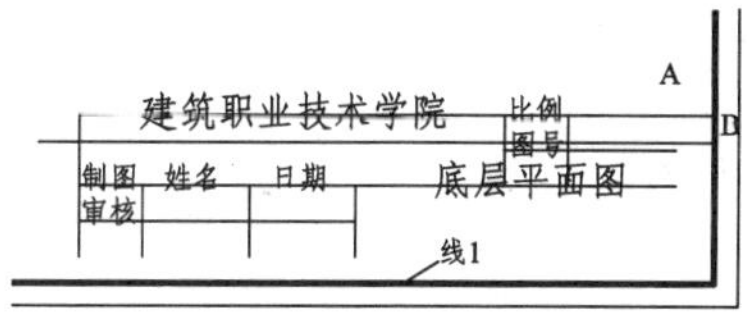

图 5-4　调整 A3 格式（一）

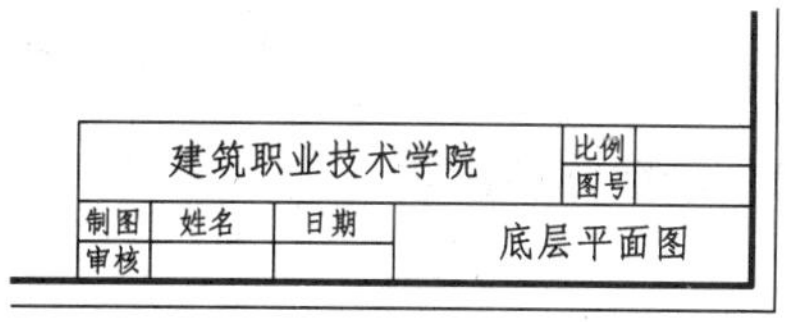

图 5-5　调整 A3 格式（二）

提示：

1. 选择图标内容时，宜用 W 窗选。
2. 如果图标中文字没有出现，而是“？”时，执行 Style（字体设置）命令，重新设置字体。

5.2　绘制外墙身详图

外墙身详图是由 3 个节点图即屋面节点图、楼面节点图及地面节点图组合在一起的，在此只挑选楼面节点作为绘制学习对象，其他两个节点的绘制方法及步骤与此节点相同。

1．绘制辅助线

操作：

① 执行 Layer 命令建立名为“辅助线层”的新图层，设置线型为红色实线，并将其设置为当前层。

② 根据图样上的窗台挑出宽度（120），墙体宽度（370），绘出 3 条垂直辅助线，再绘 1 条水平线作为楼面线，如图 5-6 所示。

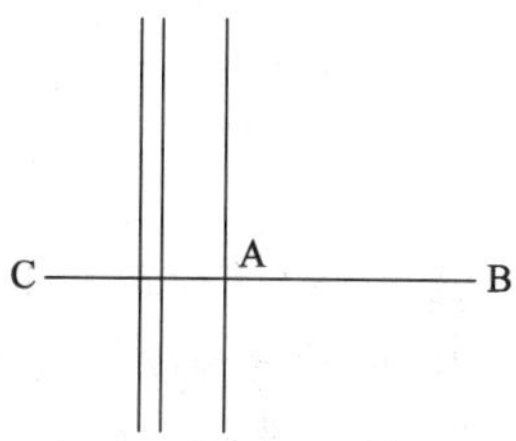

图 5-6　绘制辅助线

③ 执行 Break 命令将楼面线在 A 点处打断成 CA 及 AB 两

部分。

④ 根据图样上的尺寸，将 CA 及 AB 分别复制几次，形成辅助线网格，结果如图 5-7 所示。

提示：

绘线时，最好将辅助线绘得稍长些，以便以后操作。

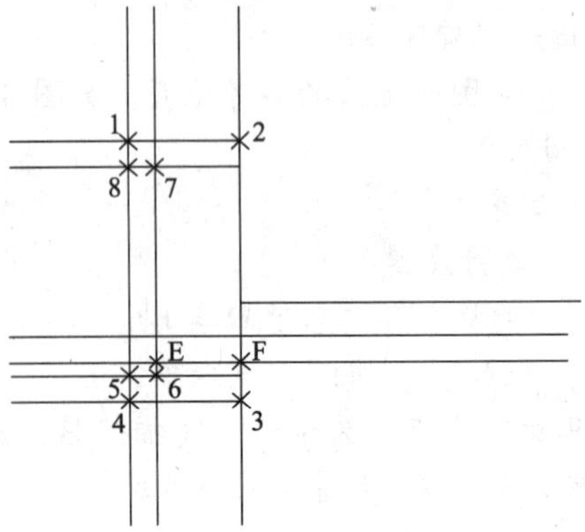

图 5-7　形成辅助线网格

2．绘墙体轮廓线

操作：

① 执行 Layer 命令，将 0 层变为当前层。

② 执行 PLine 命令绘线，设置线宽为 18，依次连接 1、2、3、4、5、6、7、8、1 点将多段线封闭，形成墙体外轮廓线。

③ 执行 PLine 命令绘线，连接 EF 线段，形成过梁上线，结果如图 5-8 所示。

④ 执行 Layer 命令关闭辅助线层，并将捕捉关掉（切换<F3>键）。

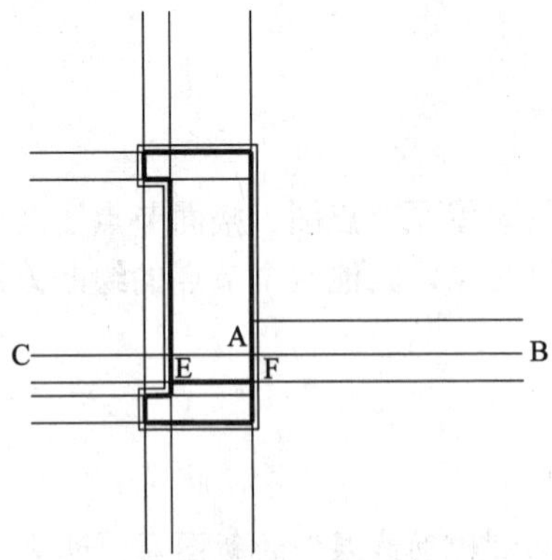

图 5-8　绘制墙体轮廓线（一）

⑤ 命令:（输入 Offset 并回车）

⑥ 指定偏移距离或 [通过(T)/删除(E)/图层(L)] <通过>:（输入 25 并回车）

⑦ 选择要偏移的对象，或 [退出(E)/放弃(U)] <退出>:（单击选择墙体外轮廓线）

⑧ 指定通过点或 [退出(E)/多个(M)/放弃(U)] <退出>:（在墙线外围单击后回车，结果如图 5-9 所示）

⑨ 命令:（输入 Explode 并回车）

⑩ 选择对象:（单击轮廓线之后回车。这样粗线变成了细线，形成抹灰线，结果如图 5-10 所示）

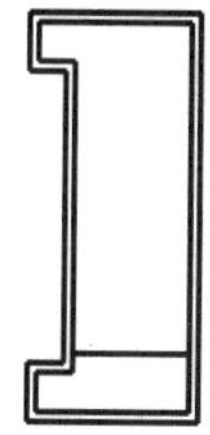

图 5-9　绘制墙体轮廓线（二）

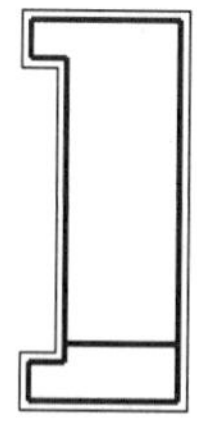

图 5-10　绘制墙体轮廓线（三）

提示:

1. 墙体外轮廓线必须封闭。

2. 先绘粗线，再将其向外或向内偏移复制之后打散成细线，这种方法也可用在图纸幅面的绘制中。

3. 绘制预制空心板

在图 A-8 上，可以看到预制空心板的数目较多，但不必一一绘制。只要绘好一个，将其利用 Block 制作成块，再多次插入即可。图 A-8 中预制板的高度为 110mm，宽度为 600mm。

操作:

① 执行 PLine 命令，设置线宽为 10，绘出预制板的外围封闭轮廓，如图 5-11 所示。

② 命令:（输入 Donut 命令并回车）

③ 指定圆环的内径 <0.5000>:（输入 75 并回车，确定内径）

④ 指定圆环的外径 <1.0000>:（输入 85 并回车，确定外径）

⑤ 指定圆环的中心点或<退出>:（在预制板的轮廓线内单击 3 点，绘出 3 个实心圆环，结果如图 5-12 所示）

图 5-11　绘制预制板的外围封闭轮廓线

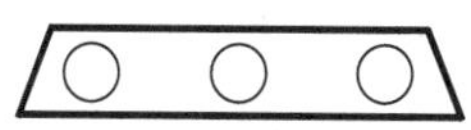

图 5-12　绘制预制板内的空心圆

下面，执行填充命令，将预制板内的材料图例绘上。预制板的材料为钢筋混凝土材料，但 AutoCAD 图例库里并没有这一图例，所以必须填充两次，先填充素混凝土图例，再填斜线。

操作:

① 命令:（输入 BHatch 并回车，弹出图案填充和渐变色对话框，如图 5-13 所示）

② 单击对话框里“样例”右边的图案，弹出填充图案选项板对话框，如图 5-14 所示。

③ 在此对话框里，单击选择 AR-CONC 图案后，单击 确定 按钮，关闭此对话框返回到图案填充和渐变色对话框。

④ 在图案填充和渐变色对话框里，单击“添加：拾取点”左边的按钮，返回绘图屏幕。

⑤ 拾取内部点或 [选择对象(S)/删除边界(B)]:（单击圆环与外轮廓之间的某一点，此时外轮廓与所有圆环都变虚，之后回车，返回图案填充和渐变色对话框）

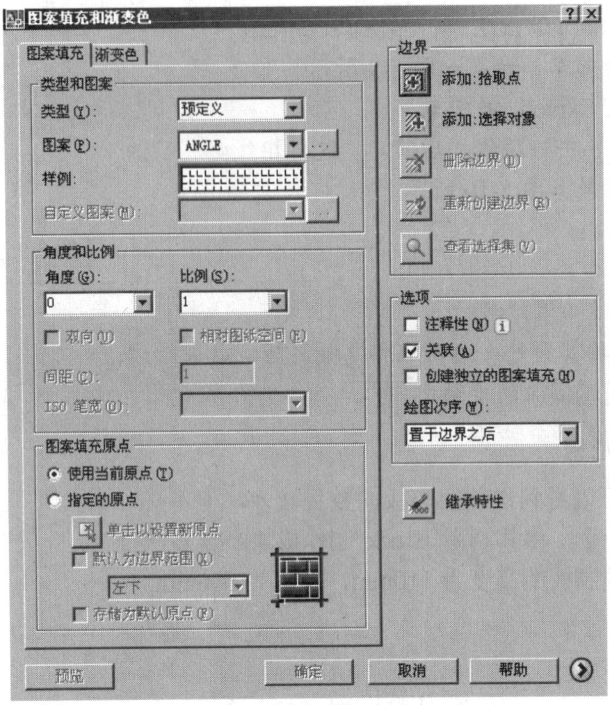

图 5-13 “图案填充和渐变色”对话框

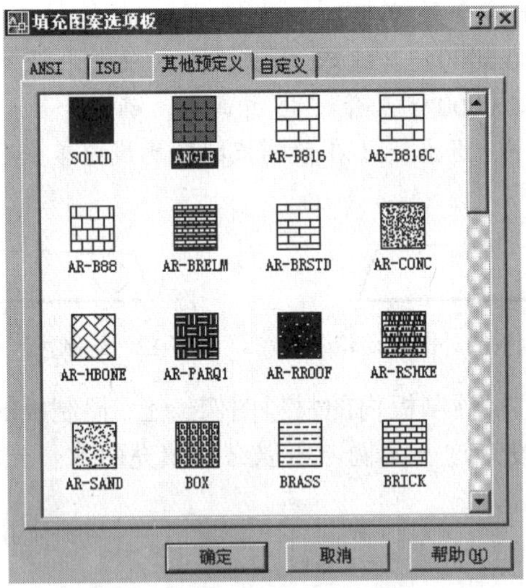

图 5-14 “填充图案选项板”对话框

⑥ 在图案填充和渐变色对话框里，单击左下角的预览按钮，又返回到绘图屏幕，此时，外轮廓与圆环之间已填充了素混凝土材料，回车返回到图案填充和渐变色对话框，如果对刚才预览过的填充满意的话，则在此对话框里单击确定按钮，完成填充。结果如图 5-15 所示。

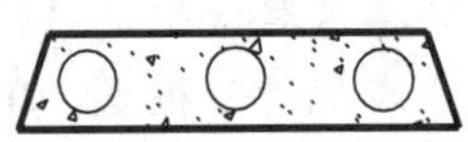

图 5-15 填充空心预制板中的素混凝土图例

提示：

1. 如果预览填充时图案特别稀疏，则将对话框中的比例一项数值调小，反之则调大。

2. 调整各项参数必须在单击 确定 之前，即在 预览 中调整，否则无效。

3. 用对话框中的“拾取点”选择填充区域时，必须保证所选取区域为封闭区域，否则利用对话框中的“选择对象”左侧的按钮来选择围成区域的每个实体。

素混凝土图例已填上了，下面用同样的方法将斜线填充上。

操作：

① 执行 BHatch 命令打开图案填充和渐变色对话框。

② 单击“样例”右边的图案，弹出填充图案选项板对话框。

③ 在此对话框里单击上排按钮中的 ANSI，使其置于弹起状态。

④ 单击选择ANSI选项卡后，选择 ANSI31 图案，单击 确定 按钮，关闭此对话框，返回图案填充和渐变色对话框。

⑤ 在对话框中，单击“选择对象”左侧按钮，返回绘图屏幕。

⑥ 分别单击选择预制板外轮廓及内部三个圆环之后回车，返回图案填充和渐变色对话框。

⑦ 在此对话框里，单击 预览 按钮，返回绘图屏幕，查看预览结果，结果如图 5-16 所示。

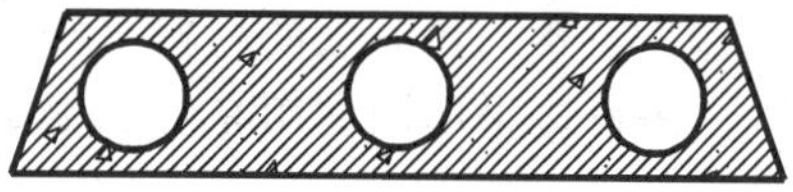

图 5-16　填充斜线的预览结果

此时，我们发现斜线比较密，需要调整填充比例一项。

⑧ 直接回车，返回图案填充和渐变色对话框。在“比例”右边的空白框里输入 25 之后，再次单击 预览 按钮，查看预览结果。

⑨ 如果对预览结果表示满意，则回车返回对话框，单击 确定 按钮，将图案真正填充上去。结果如图 5-17 所示。

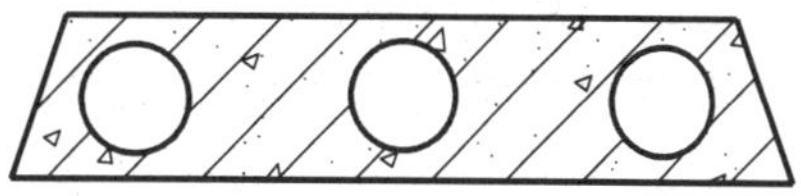

图 5-17　绘制预制空心板的最后结果

⑩ 执行 Block 将图 5-17 制成块，名为“YKB-60”（注：利用交点捕捉将左下角点作为插入基点）。

4．插入预制板

刚才已绘制了一块预制板，其他的板直接用 Insert 命令插入或 Copy 命令复制即可完成。

操作：

① 执行 Layer 命令，将“辅助线层”打开。

② 执行 Insert 命令，通过交点捕捉，将空心板插入 3 块，执行 Line 命令，在第三块板的合适位置绘一条直线，为折断线位置，结果如图 5-18 所示。

③ 执行 Explode 命令，将第三块板炸开，素混凝土和斜线填充也炸开。

④ 执行 Trim 命令，将第三块板多余线段剪切掉。

⑤ 执行 Erase 命令，将多余实体删掉，结果如图 5-19 所示。

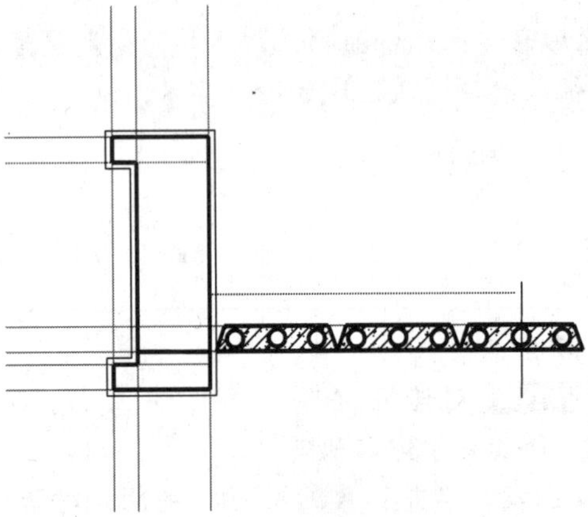

图5-18　绘制折断线（一）

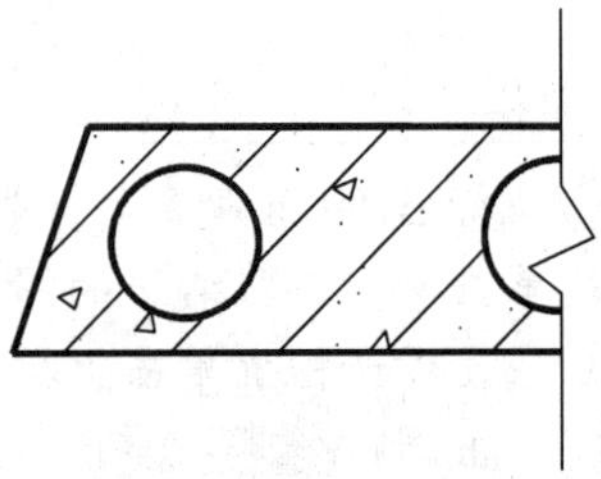

图5-19　绘制折断线（二）

5．填充过梁及墙体、抹灰材料图例

因为过梁与预制板的材料一样，均为钢筋混凝土，所以过梁填充时可不必来回调整填充参数，而直接采用图案填充中的继承特性（Inherit Properties）。

操作：

① 执行Layer命令，将“辅助线层”再次关闭。

② 将过梁部分局部放大。

③ 命令:（输入BHatch并回车，弹出图案填充和渐变色对话框）

④ 在此对话框中，单击右下角“继承特性”按钮，返回绘图屏幕。

⑤ 选择图案填充对象:（选择预制板内的素混凝土填充图案）

⑥ 拾取内部点或［选择对象(S)/删除边界(B)］:（单击过梁内的某一点后回车，返回图案填充和渐变色对话框）

⑦ 单击 预览 ，查看预览效果。

⑧ 执行同样的操作，将斜线也填充上去，结果如图5-20所示。

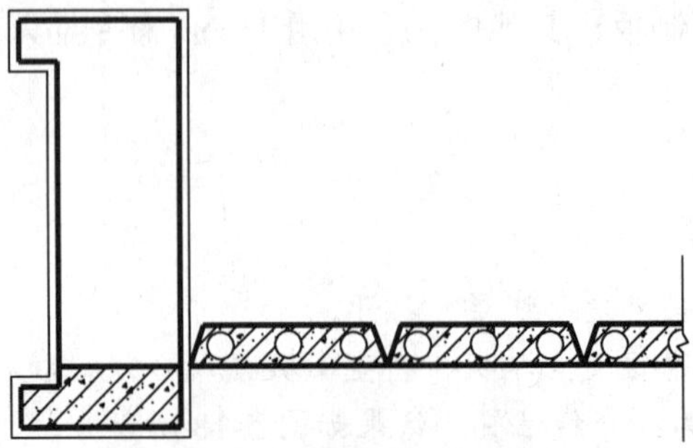

图5-20　填充过梁图例

⑨ 重复执行BHatch命令，填充墙体及抹灰层材料图案。

⑩ 执行Layer命令，将“辅助线层”打开，完成节点细部操作，结果如图5-21所示。

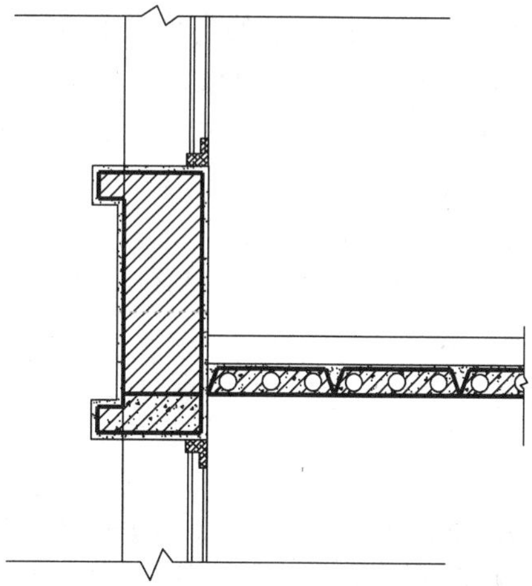

图 5-21 填充过梁及墙体、抹灰材料图例后的结果

提示：

1. 填充抹灰层时，宜使用“选择对象”选择区域方式。

2. 填充墙体材料，不可用“继承特性”使用过梁或预制板内的斜线，因为墙体斜线的间隔近些，填充比例可采用 15 左右。

3. 不同的图样比例采用的填充比例也不一样，没有定值，需要视实际的情况来定。

6．完成其他节点的绘制

挑檐及地面部位的节点的绘制方法，基本与楼面一致，即先绘辅助线网络，再通过交点捕捉，直接用 PLine 命令绘出轮廓线之后，再填充材料图例，最后完成细部等操作。但因为 3 个节点是竖排在一起的。因此，绘制另外两个节点时，可以采用一些技巧。

提示：

1. 可以将楼面节点垂直向下复制一定距离，形成地面节点的初形之后，将其修改，成为地面节点。

2. 在适当位置先绘一条地面线，将楼面线的垂直辅助线延伸（Extend）形成地面节点的垂直辅助线。

3. 地面节点中的“素土夯实”图案填充时，可先用 Line 命令绘出几条辅助直线，作为填充区域（必须封闭），填充完材料图例之后再删掉这些辅助线。

7．标注

标注文字、标高以及尺寸这些内容的具体操作，在前面已讲过，这里不再赘述。但因为外墙身详图的比例为 1:20，所以在此仅作几点说明：

- 文字标注：因为绘图比例为 1:20，如果希望打印出图后的文字为 5 号字体，即高度为 5mm，则字体高度应设置为 5×20=100。
- 标高标注：因为当初插入 A3 块时，将标高符号已随块调入，所以可不必考虑它的尺寸，直接调用。但如果要在当前图下重新绘制一个标高符号时，就需要考虑比例与制图尺寸的问题了。这时标高符号的高度不是 300，而是 3×20=60。

◇ 尺寸标注：尺寸标注时，它的一些参数值，例如箭头大小，尺寸数字高度等都得打开对话框重新设置。参考平面图尺寸标注的设置，原则是将平面图（即 1:100 下的图）的参数扩大 0.2 倍。

◇ 观察图 A-8，可以发现窗高标注为 1800，但它的尺寸与 1800 并不一致，因为中间已折断。所以在标注尺寸的过程中，必须将尺寸数字通过键盘输入，直接改为 1800。

小　结

本章通过对外墙身详图的绘制过程，详细讲述了绘制外墙身详图中经常用到的局部比例缩放，图形整体旋转、图案材料图例填充等实际绘图技巧，这些操作过程都是对前面介绍的命令的综合应用，也是作者长期绘图实践的经验总结。使用计算机绘图，同样一个目标，使用的方法可能不同，实现的路径也大相径庭，但深入地理解并掌握其中的方法技巧，多次思考、多加联想、对比与总结，对我们今后的作图将带来很多的益处。

思 考 题

1．图块调入时需要注意什么问题？
2．绘制好外墙身详图后，文字标注和尺寸标注样式设置时需要考虑哪些问题？

练 习 题

1．参考楼面节点的方法，绘制图 A-8 中地面及挑檐部位节点。
2．将图 A-8 所有垂直尺寸、标高以及文字标注完成。
3．绘制完成剖面图，如图 A-7 所示。

第 6 章　绘制楼梯详图

学习内容与目标

本章以附录 A 图 A-9“楼梯详图”为例，详细讲解了楼梯详图的绘制过程和步骤。通过本章的学习，要理解和掌握楼梯平面图、楼梯剖面图及节点详图的一般绘制过程，熟悉和学会将绘制好的图形以不同比例插入到同一张图纸中的方法。

6.1　绘制楼梯平面图

楼梯平面图有 3 个（底层楼梯平面图、标准层楼梯平面图及顶层楼梯平面图），三者之间有许多部分都相同。因此我们只选其中的“标准层平面图”作为重点学习对象。其余两个平面图通过复制，再局部修改完成。在第 3 章绘制建筑平面图时，曾经绘制过楼梯间，现在可以把建筑平面图的楼梯间部分剪切下来，直接调用即可。

操作：

① 执行 Open 命令，将“标准层建筑平面图”打开，并将楼梯间部分局部放大。

② 执行 PLine 命令，绘出多段线线框，结果如图 6-1 所示。

提示：

此处多段线线框可以不必专门设置线宽。

③ 执行 Trim 命令，将多段线线框外的线条全部剪掉，结果如图 6-2 所示。

④ 命令：（输入 WBlock 并回车，弹出写块对话框，如图 6-3 所示）

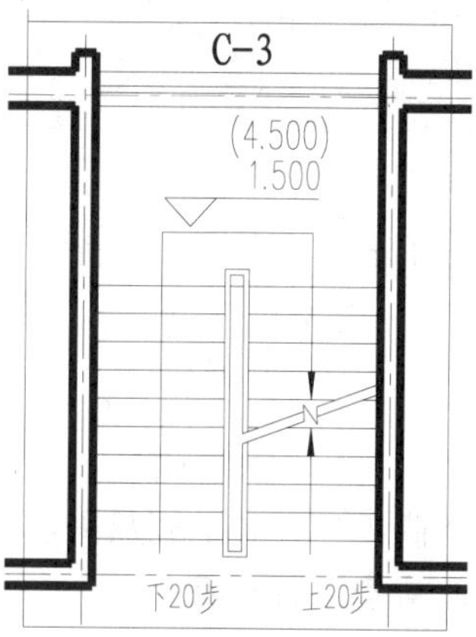

图 6-1　绘多段线线框

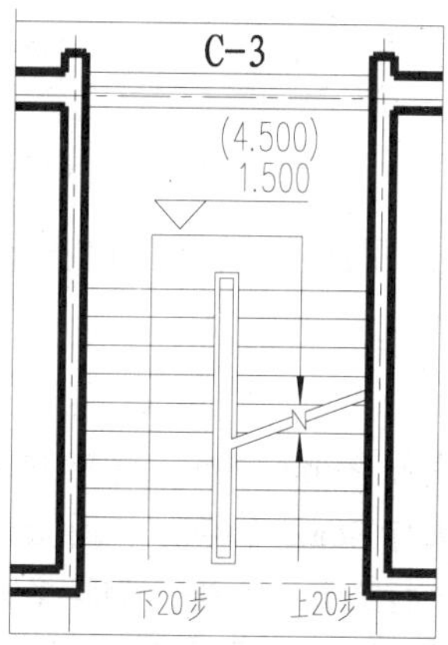

图 6-2　剪掉多段线线框外的全部线条

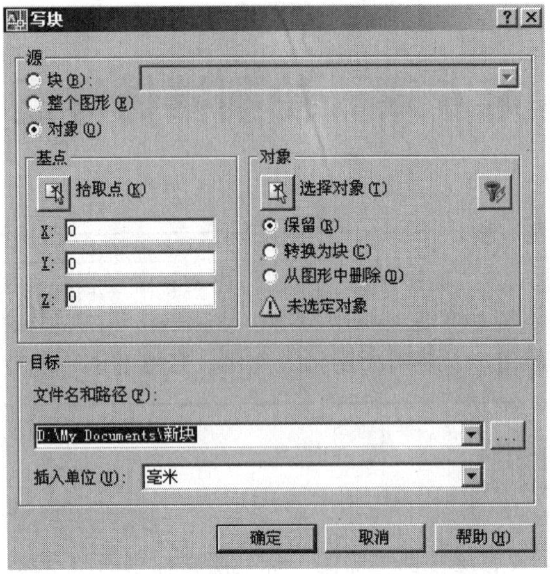

图 6-3 “写块”对话框

⑤ 在此对话框里单击“选择对象”左侧按钮，返回绘图屏幕。

⑥ 选择对象:（用 C 选将多段线线框内全部实体选中，之后回车返回写块对话框）

⑦ 在“文件名和路径”区域里输入文字“楼梯平面图”，单击 确定 退出该对话框。

⑧ 执行 Open 命令，看到“选择文件”框里已有“楼梯平面图”，单击选择它，并将其打开。这样，楼梯平面图的雏形已出现在新图里。

提示：

如果在关闭原图（标准层平面图）的过程中，屏幕出现如图 6-4 提示，则单击“否”，这样，标准层建筑平面图还是完整无缺。

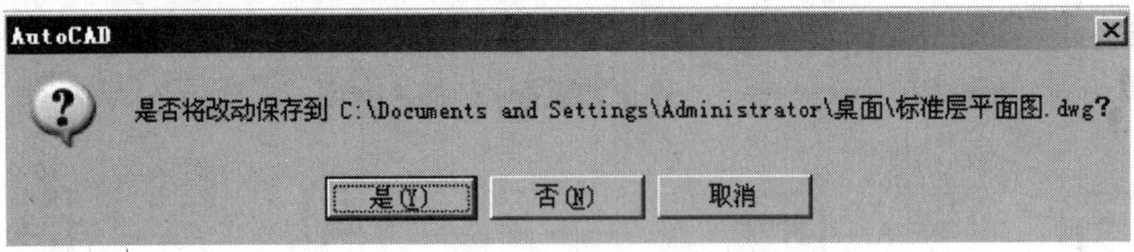

图 6-4 关闭原图过程中的屏幕提示

楼梯间平面图的比例为 1:50，所以在此处需要作些尺寸上的调整。

操作：

① 执行 PEdit 命令，将所有墙线的宽度改为 45。

② 执行 Scale 命令，将图上的“数字”、“标高符号”、“箭头”都缩小到原来的 0.5 倍。

③ 执行 Erase 命令，删掉多段线线框，并在各墙体断开处绘上折断符号。

④ 标注尺寸、图名、比例、及轴线圈编号，结果如图 6-5 所示。

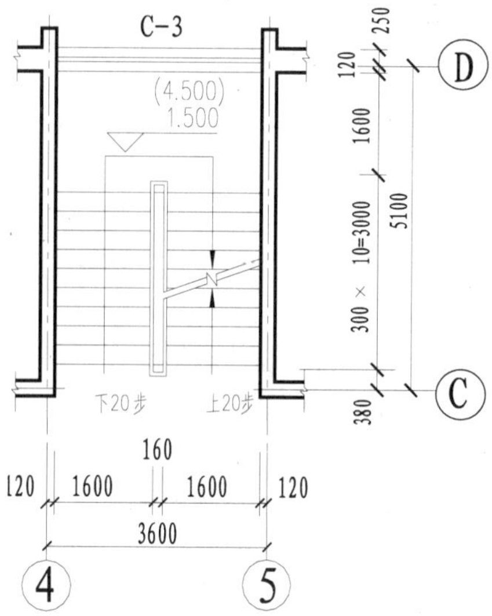

图 6-5　标准层楼梯平面图

提示：

1．标注尺寸时，必须事先调整尺寸设置对话框里的各参数值，它们的大小应分别是平面图参数的 0.5 倍。

2．轴线圈的直径大小应为 50×10=500，其他数字及图名必须作相应的设置。

3．标注垂直尺寸的“10×300=3000”时，可在命令行“输入标注文字<3000>:”提示下直接输入“10×300=3000”即可。

绘好一个楼梯平面图以后，将它分别向左、右方向各复制一个，即可形成“底层楼梯平面图”、“顶层楼梯平面图”的雏形，再将其局部修改，最后结果如附录中图 A-9 所示。

6.2　绘制楼梯剖面图及节点详图

该学生宿舍楼为四层建筑物，一层至四层楼梯段大致相同，在此只详细绘制一层楼梯梯段，其余复制即可。

6.2.1　绘制楼梯剖面图

楼梯剖面图的绘制仍然要借助辅助线条。

1．绘辅助线

操作：

① 建立一个新图层，设置成红色点划线，并将其设为当前层。

② 根据图上的标高尺寸，执行 Line 及 Offset 命令，绘出地面线 1、平台线 2 以及楼面线

3，再根据水平方向的尺寸，绘出 C、D 轴线，台阶起步线 4、平台宽度线 5 和 D 轴墙体轮廓线，结果如图 6-6 所示。

③ 执行 Layer 命令，将 0 层转换为当前层。

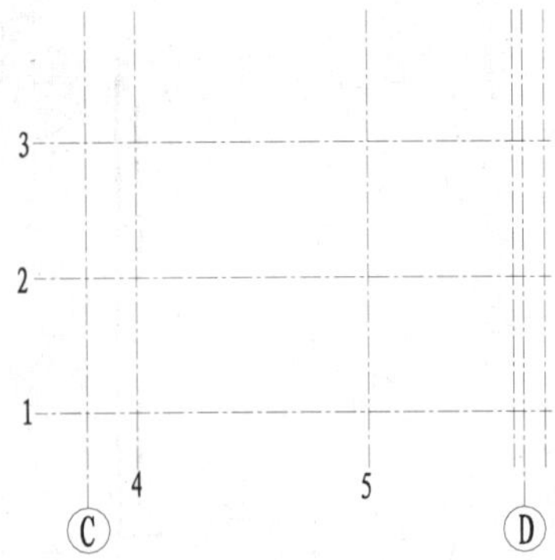

图 6-6　绘制楼梯剖面图辅助线

2．绘踏步

操作：

① 根据踏步高为 150，踏面宽为 300，执行 PLine 命令，通过相对坐标，绘制一个踏步（设置线宽 W 为 30），结果如图 6-7 所示。

② 执行 Copy 命令，通过端点捕捉，将一组踏步一一复制上去。

③ 执行 Extend 命令，将最上一级踏面延伸到墙边，形成 1600mm 平台，再执行 PLine 命令绘出地面线，结果如图 6-8 所示。

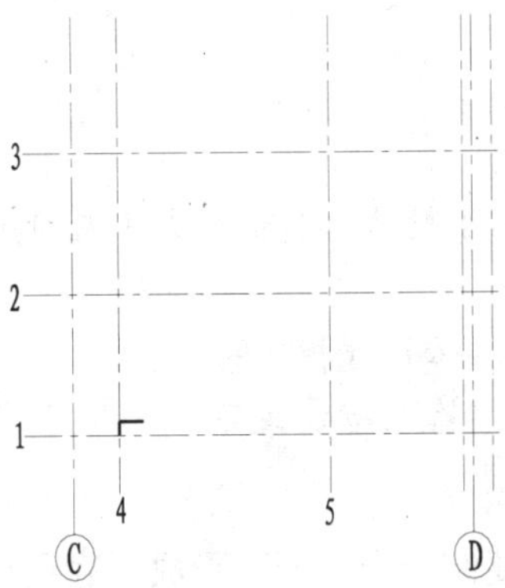

图 6-7　绘楼梯踏步（一）

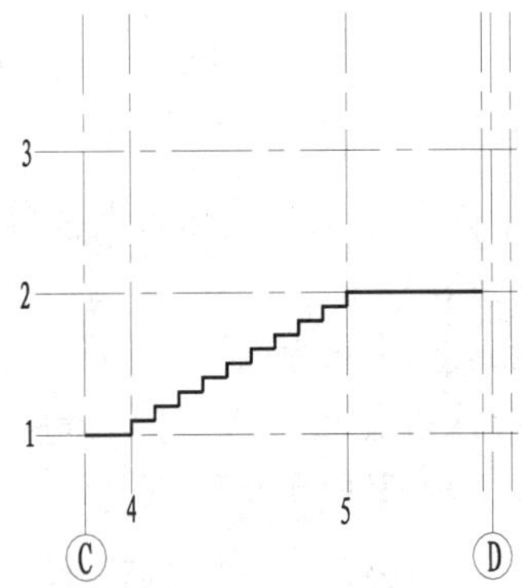

图 6-8　绘楼梯踏步（二）

④ 执行 PEdit 命令的 J 选项，将所有踏步连成一体。

⑤ 执行 Mirror 命令，将所有踏步及地面线镜像（镜像线为线 2），结果如图 6-9 所示。

⑥ 执行 PEdit 命令的 W 选项，将第二梯段线的宽度改为 0，结果如图 6-10 所示。

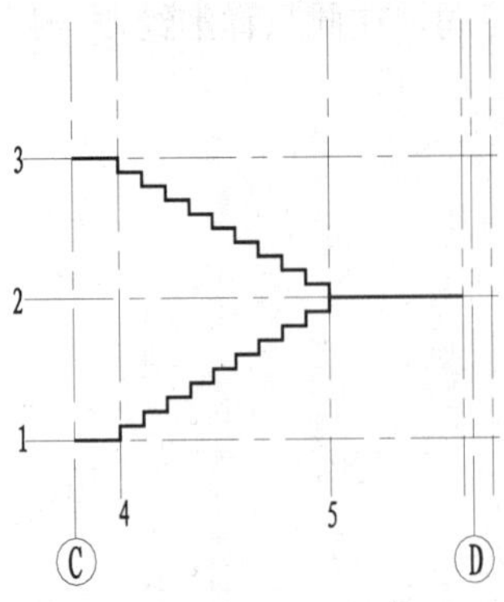

图 6-9　绘楼梯踏步（三）

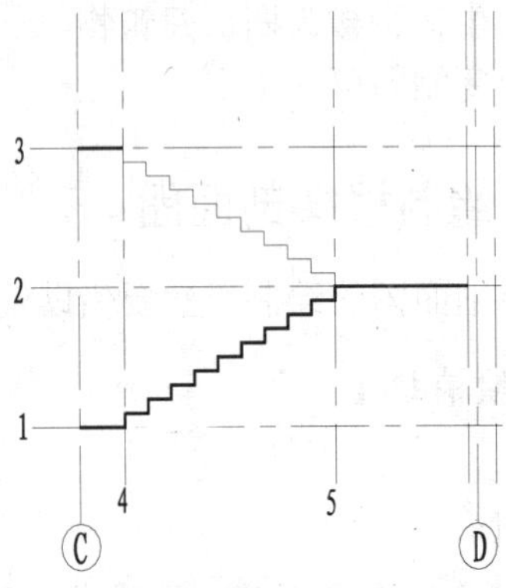

图 6-10　绘楼梯踏步（四）

3. 他轮廓线

操作：

① 执行 Line 命令，绘一条斜线，结果如图 6-11 所示。

② 执行 Move 命令，将斜线向右下移动 100。

③ 执行 Copy 命令，将 1 线向下复制两次，距离分别为 100 及 250，形成地面厚度及地梁高度。

④ 执行 Copy 命令，将 2 线向下复制两次，距离分别为 100 及 350，形成平台板厚度及平台梁高度。

⑤ 执行 Offset 命令，将线 5 向右复制 200，将线 4、线 6 分别向左偏移 200，将线 7 向右偏移 120，形成地梁、平台梁的宽度以及窗台突出线，结果如图 6-12 所示。

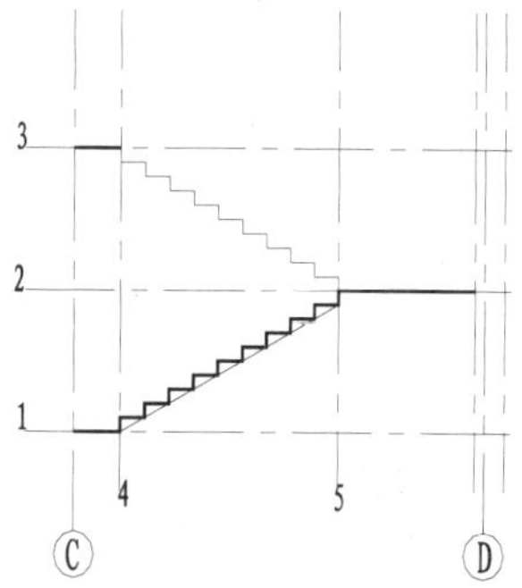

图 6-11　绘制楼梯其他轮廓线（一）

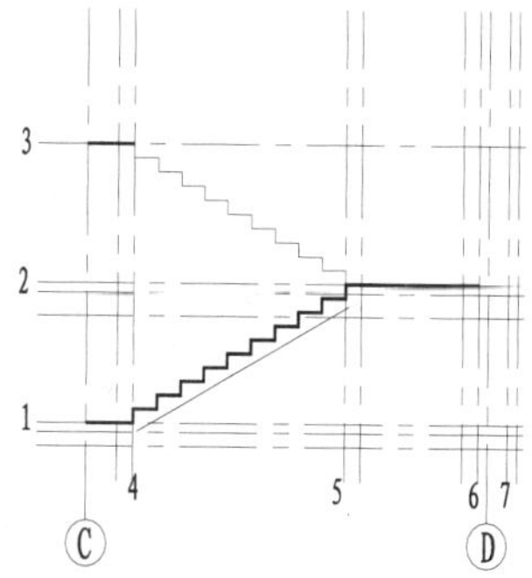

图 6-12　绘制楼梯其他轮廓线（二）

⑥ 在草图设置对话框中，去掉其他选择，只勾选交点选项。

⑦ 执行 PLine 命令，依次连接各交点，结果如图 6-13 所示。

⑧ 执行 Erase 命令，将多余辅助线及时删掉。

⑨ 执行 Offset 命令，将第一梯段（包括地面线，踏步线及平台线）向左上复制 20。

⑩ 执行 Explode 命令，将新复制过来的线炸成细线，形成抹灰线，结果如图 6-14 所示。

⑪ 执行 Line 命令，绘制斜线，完成第二梯段的踏板底线，执行 PLine 命令，绘出楼面及楼梯梁轮廓，结果如图 6-15 所示。

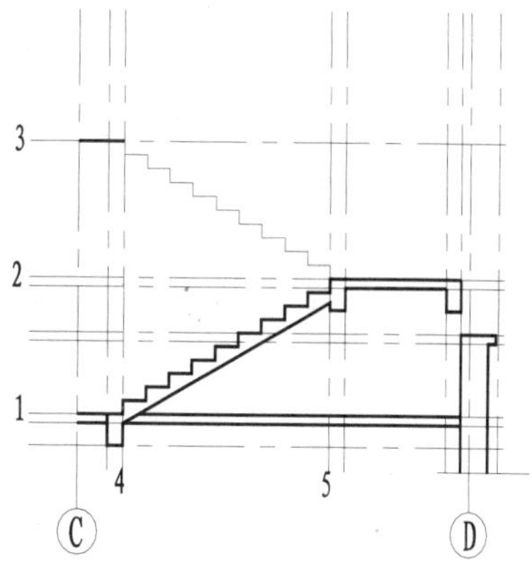

图 6-13　绘制楼梯其他轮廓线（三）

4. 填充材料图例、完成楼梯剖面图

① 执行 BHatch 命令，填充材料图例，完成一到二层楼梯，如图 6-16 所示。

② 执行 Offset 命令，将 C 轴向左复制一定距离，作为折断线位置。

③ 执行 Extend 命令，将楼板及地面延伸过去。

④ 执行 Copy 命令，将第一、二梯段，平台，二层楼面，向上复制 3000，并作局部的修

改，结果如图 6-17 所示。

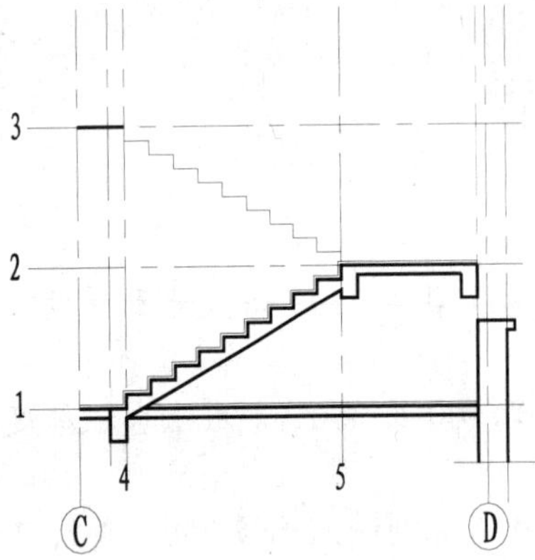

图 6-14　绘制楼梯其他轮廓线（四）

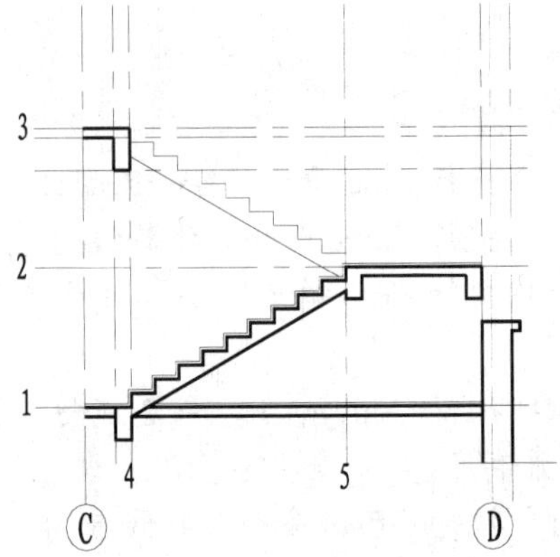

图 6-15　绘制楼梯其他轮廓线（五）

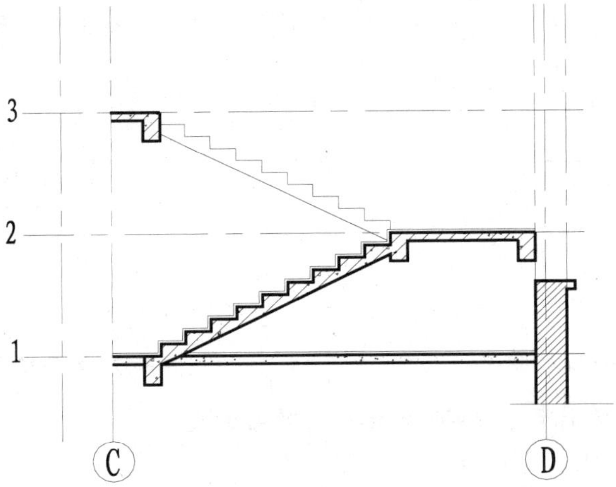

图 6-16　填充材料图例

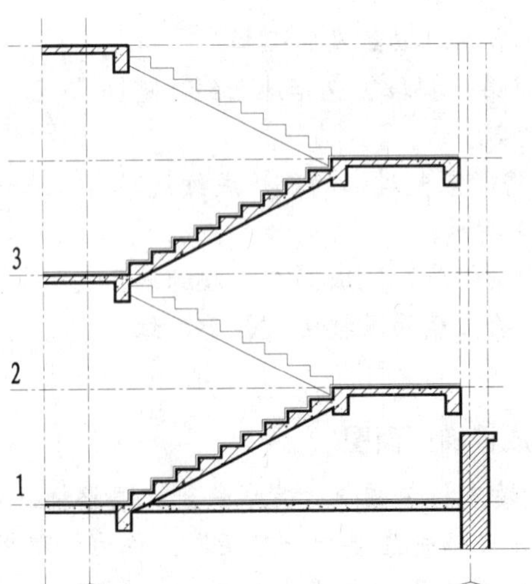

图 6-17　绘制梯段、平台、二层楼面并作局部修改

⑤ 执行 Line 命令，绘出所有折断线。

⑥ 最后标注尺寸、标高、文字等内容，结果如图 6-18 所示。

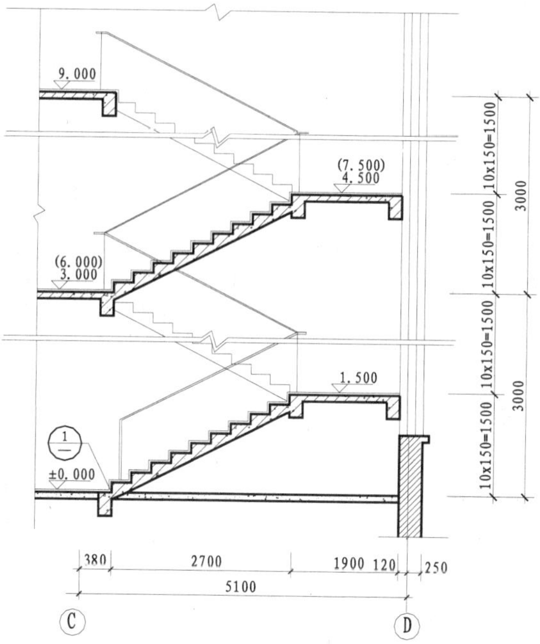

图 6-18　完成楼梯剖面图

提示：

同绘制楼梯平面图一样，标注尺寸时，必须事先调整尺寸设置对话框里的各参数值，它们的小大应分别是平面图参数的 0.3 倍。

6.2.2　绘制节点详图

楼梯节点详图是楼梯剖面图的局部放大图，不必专门绘制，只需将剖面图的局部剪下来，按一定的比例放大，再进行一些必要的修改即可。

1．剪切楼梯剖面图局部，并插入当前图中

操作：

① 将楼梯剖面图中的第一梯段位置局部放大。

② 执行 PLine 命令，绘制一个多段线线框，结果如图 6-19 所示。

③ 执行 Explode 命令，将线框内的材料图例炸开。

④ 执行 Trim 命令，将多段线线框外的线条剪掉，结果如图 6-20 所示。

⑤ 执行 WBlock 命令，将线框内的实体以块的方式保存起来，起名为“楼梯节点”。

⑥ 多次执行 Undo 命令，直至退回到绘多段线线框前的状态，即图 6-13 所示的状态。

⑦ 执行 Insert 命令，将文件“楼梯节点”，插入当前图中，插入比例为 1，结果如图 6-21 所示。

⑧ 执行 PEdit 命令，将节点图的粗线宽度改为 9，结果如图 6-22 所示。

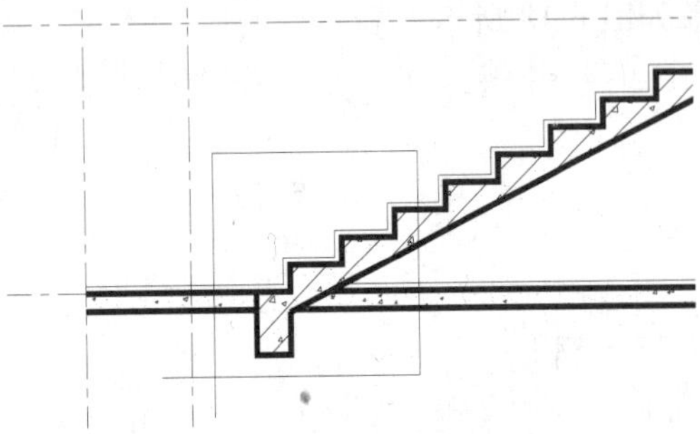

图 6-19　绘制一个多段线线框

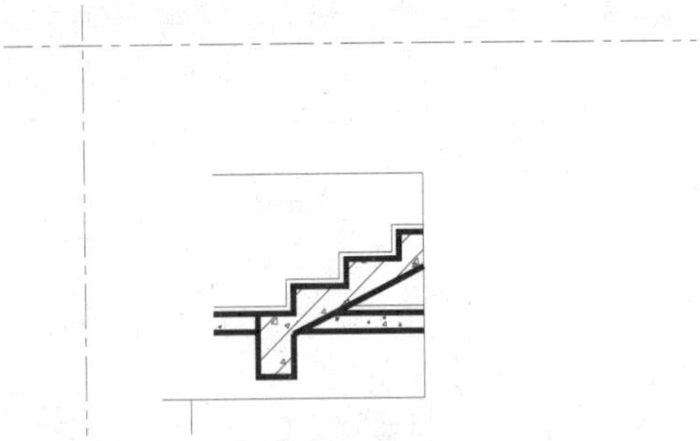

图 6-20　剪掉多段线线框外的全部线条

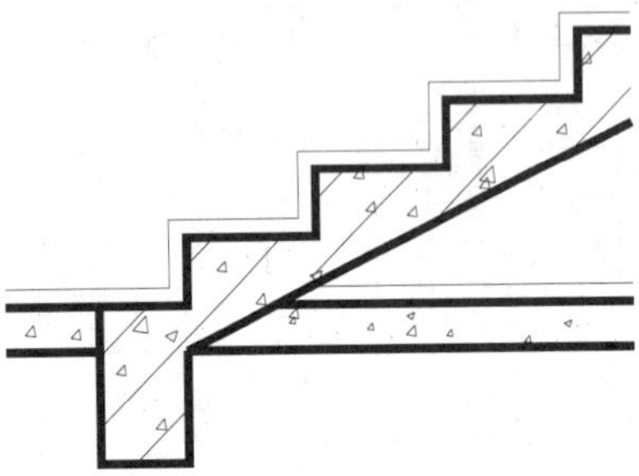

图 6-21　插入文件“节点详图”

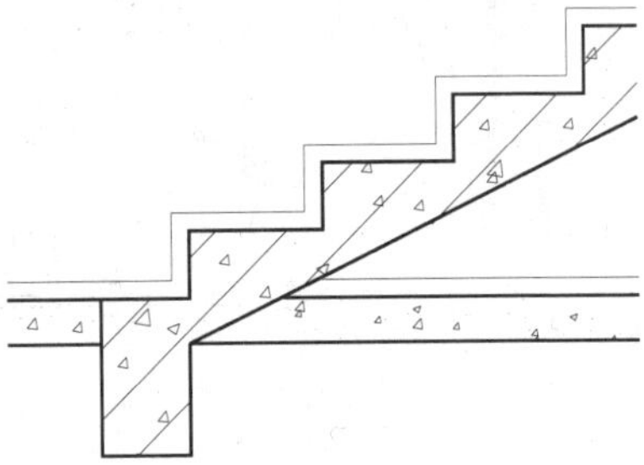

图 6-22　修改节点图的粗线宽度

2．绘制其他细部

楼梯其他细部的绘制比较简单，下面重点学习利用绘制多线命令绘楼梯栏杆扶手。

操作：

① 命令:（输入 Mlstyle 命令并回车，打开多线样式对话框，如图 6-23 所示）

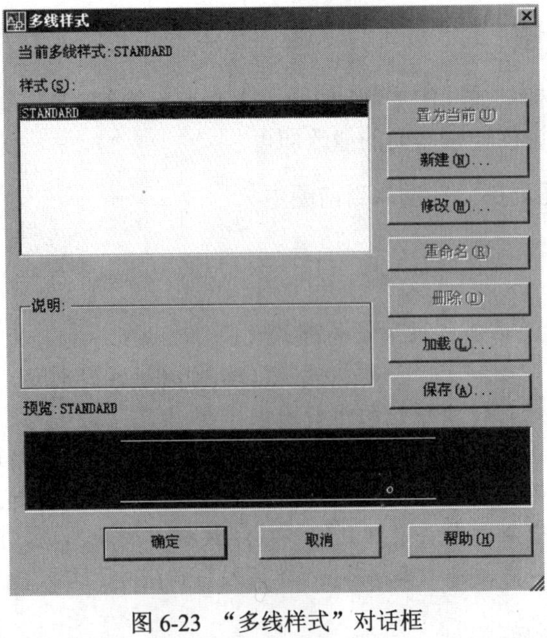

图 6-23　“多线样式”对话框

② 单击 新建(N)... 按钮，弹出如图 6-24 所示的对话框 创建新的多线样式，在“新样式名”栏中输入 1。

③ 单击 创建新的多线样式 对话框中的 继续 按钮，进入 新建多线样式:1 对话框，如图 6-25 所示，并在当前“图元”选项卡中，进行偏移距离、颜色、线型的设置。

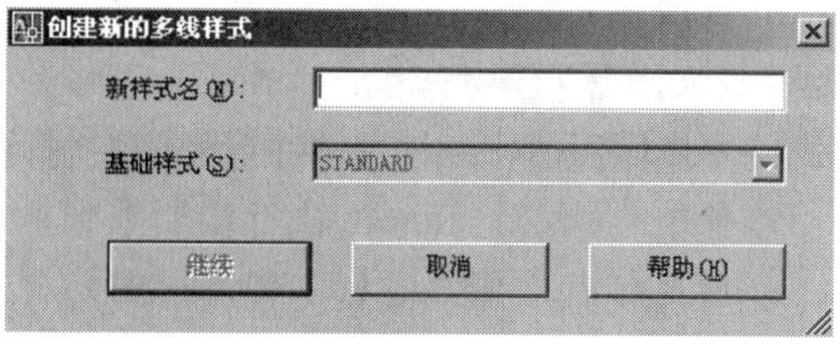

图 6-24 “创建新的多线样式”对话框

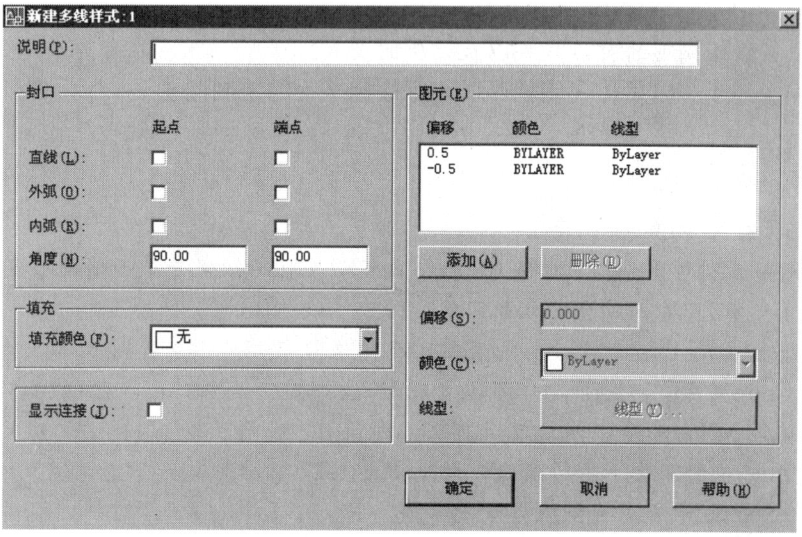

图 6-25 “新建多线样式”对话框（一）

④ 点取“图元”列表框中的第一条线，在“偏移”编辑框中输入 25，用相同的方法设置第二条线的偏移距离为–25，再单击 添加(A) 按钮，这时“图元”列表框中出现了三条线，如图 6-26 所示。

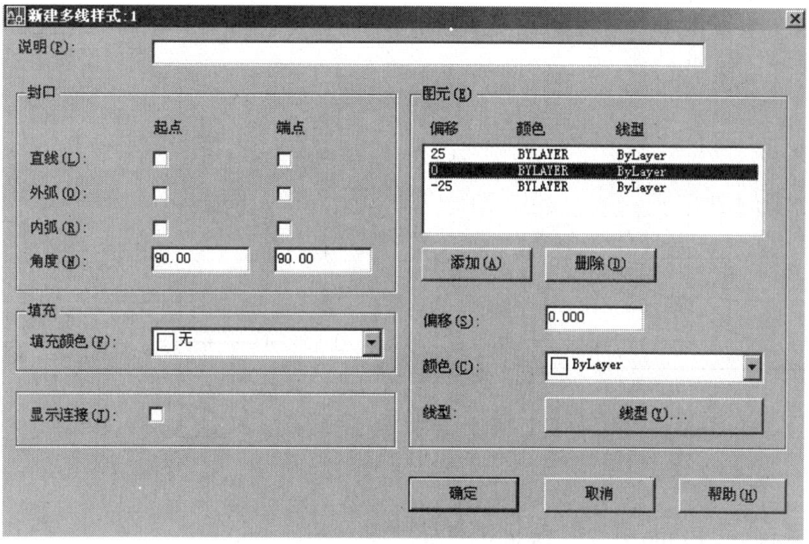

图 6-26 “新建多线样式”对话框（二）

⑤ 点取“图元”列表框中的第二条线，点选 线型(Y)... 后选择中心点划线 Center，单击 确定 按钮，返回多线样式对话框。

⑥ 在多线样式对话框中单击 确定 按钮，完成多线的设置。

⑦ 命令:（输入 Mline，执行绘制多线命令）

⑧ 指定起点或 [对正（J）/比例（S）/样式（ST）]:（输入 J 并回车，确定对正方式设置）

⑨ 输入对正类型 [上（T）/无（Z）/下（B）] <上>:（输入 Z 并回车，确定零线对齐）

⑩ 指定起点或 [对正（J）/比例（S）/样式（ST）]:（输入 S 并回车，设置多线比例）

⑪ 输入多线比例 <20.00>:（输入 1，回车两次）

由此完成多线绘制前的对正方式以及比例的设置。

在执行完上述步骤以后，我们就可以进行楼梯扶手的绘制。

操作:

① 命令:（输入 Mline 并回车）

② 指定起点或 [对正（J）/比例（S）/样式（ST）]:（捕捉并单击踏面中点 B）

③ 指定下一点:（输入@ 0, 900 并回车，绘出多线 AB）

④ 指定下一点或 [放弃（U）]:（直接回车结束命令）

⑤ 执行 Copy 命令，将线段 AB 多次复制形成栏杆。

⑥ 再次执行 Mline 命令，通过端点捕捉，连接 A、C 两点。

⑦ 执行 Line 命令，绘一条折断线，结果如图 6-27 所示。

⑧ 执行 Explode 命令，将多线炸开成单线。

⑨ 执行 Trim、Extend 以及 Fillet 命令完成栏杆的绘制。

结果如图 6-28 所示。

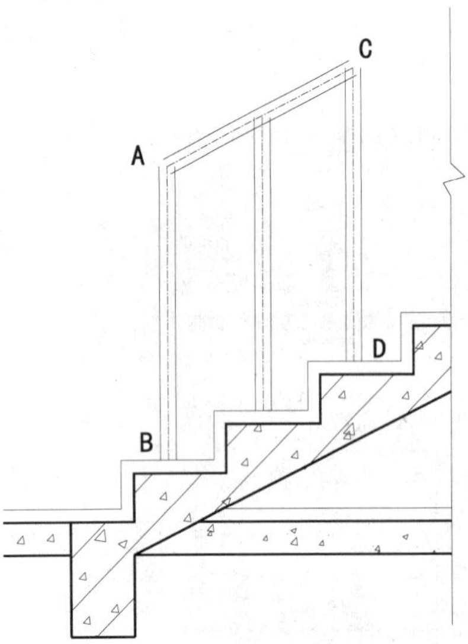

图 6-27　绘制楼梯栏杆扶手（一）

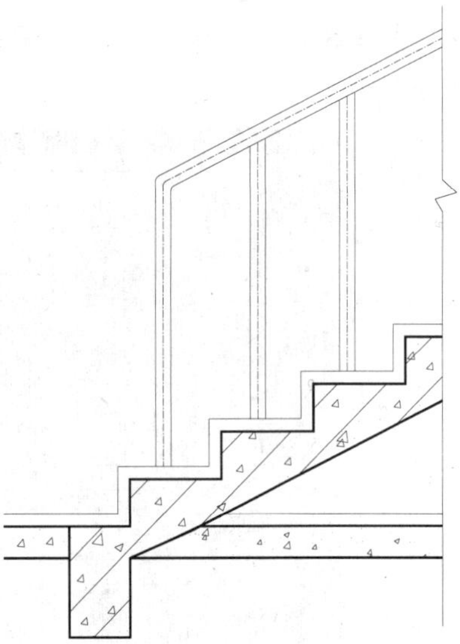
图 6-28　绘制楼梯栏杆扶手（二）

⑩ 执行 Line 或 PLine 命令，绘出花栏杆。

⑪ 最后标注尺寸、标高、文字等内容，结果如图 6-29 所示。

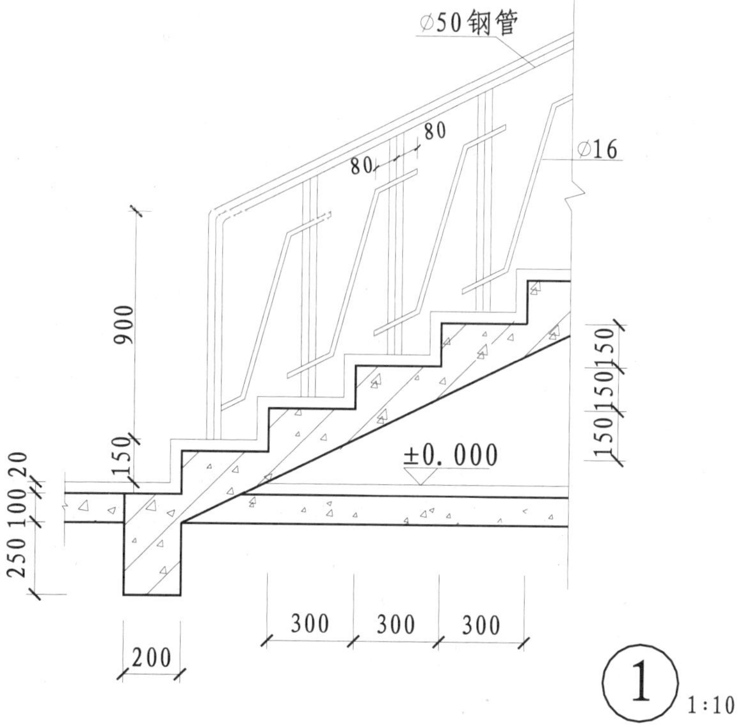

图 6-29　绘制完成楼梯栏杆扶手

6.3　将绘制好的图形插入到同一张图纸中

建筑制图标准规定，同一张图纸中，无论图样大小，它们的线宽应保持一致。如果将来的出图比例以楼梯平面图的比例 1:50 为基准，那么楼梯剖面图及节点详图的线宽必须与主图（楼梯平面图）保持一致，均为 45mm。

在前面，我们已经将楼梯平面图（比例 1:50）、楼梯剖面图（比例 1:30）及节点详图（比例 1:10）绘制完成，下面就将绘制好的 3 种不同比例的图形放置到同一张图纸中。

首先将绘制好的楼梯剖面图及节点详图分别以图块的形式存盘，并且将它们插入到主图（楼梯平面图）中去，注意不要将图块分解（炸开）；然后再插入到主图（楼梯平面图）中。图块分别放大相应的倍数，使楼梯剖面图及节点详图中的粗线线宽与主图（楼梯平面图）保持一致。最后再根据主图（楼梯平面图）绘制比例为 1:50 的 A2 图纸格式，从而完成本章内容，如附录 A 图 A-9 所示。

提示：

1. 如果将插入到主图中的图块分解（炸开），那么对图形进行缩放时，相应的尺寸标注将会改变。

2. 可将绘制好的 3 种不同比例的图形中的任意图形作为主图，将另外两幅图形以图块存盘的形式保存后插入到主图中，然后进行缩放，只要保证在同一张图纸中线宽一致即可。

3. 把不同比例的图样放在同一张图纸中的方法还有许多，这里只介绍了一种。

小　结

本章以楼梯详图绘制为例，再一次体现了 AutoCAD 绘图的优越性。通过块的操作，利用已有图形方便快捷地生成新图；把楼梯平面图、楼梯剖面图及楼梯详图按不同比例组合在一张图中也变得那么轻而易举。本章的学习同样注重绘图命令的综合应用和绘图时技能技巧的思考和总结。

思 考 题

1．绘制楼梯剖面图还可以用什么方法？
2．回顾所学内容，想想把不同比例图样放在同一张图纸中还有什么方法？

练 习 题

1．用本章所学的绘图方法和技巧，把图 A-1（底层平面图）的楼梯间部分剪切到新图中来。

2．完成图 A-9 中所示其余两个楼梯间平面图。

第 7 章　简单三维建模

● 学习内容与目标 ●

本章简单介绍了三维绘图的辅助知识，通过凉亭的绘制和某四层宿舍楼（附录 A）的建模过程为例，详细讲解了三维建模命令和绘制六角凉亭与四层宿舍楼的操作步骤。通过本章学习，要理解和掌握三维绘图必要的环境设置方法，初步学会和掌握三维建模和编辑命令的操作过程，以及应用 AutoCAD 制作简单建筑室外模型的一般步骤和方法。

三维建模常用的软件有 AutoCAD、3DSMAX 等，其中 AutoCAD 以其简易、精确和便于二次开发而占据建模的主流。目前，大多数建筑设计的施工图都是在 AutoCAD（或基于其开发的软件，如 ABD、天正 CAD）平台上绘制的，如果我们对 AutoCAD 已经十分熟悉，那么利用它进行建模顺理成章，难度也较小。由于 AutoCAD 与 3DSMAX 同为 AutoDesk 公司的产品，在文件的传递方面也非常方便，3DSMAX 可直接导入 AutoCAD 的 DWG 格式的文件。利用 AutoCAD 建模，尤其是制作建筑室外效果图时，具有很大的优越性。例如根据分层，可以单独改变物体某一部分的属性，还具有捕捉功能，使建模更精确，另外操作界面也较为宽敞。

7.1　三维绘图辅助知识

要快速而准确地建立三维模型，只在以前所讲的绘制二维图形的平面空间操作是无法实现的，还需要进行一些辅助设置。下面就对三维绘图必要的环境设置方法加以介绍。

7.1.1　WCS 与 UCS

在二维绘图中，我们一直使用的是世界坐标系（Word Coordinate System，简称 WCS）。世界坐标系是固定的，不能在 AutoCAD 中加以改变。这个系统中的点由唯一的（X，Y，Z）坐标确定，这对于二维绘图已经是足够的了。

在绘三维立体图时，实体上的各个点都可能有互相不同的（X，Y，Z）坐标值，此时仍使用 WCS 或某一固定的坐标系会给实体图形带来极大的不便。例如，要在如图 7-1 所示的房顶上加上一个天窗，使用 WCS 描述起来就比较困难。但如果我们在屋顶上定义一个坐标系，则一个三维问题就变成了一个较为简单的二维问题了，在实际绘制立体图形时，类似的问题是常见的。

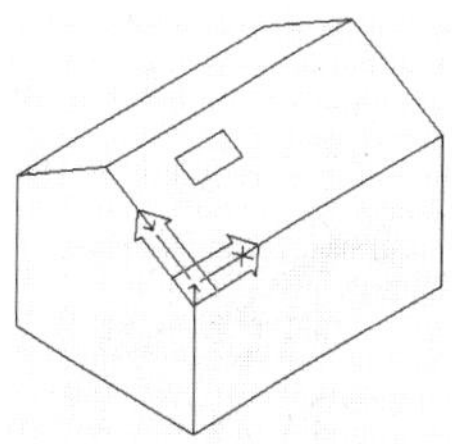

图 7-1　某建筑屋顶

因此，为使用户方便地在三维空间中绘图，AutoCAD 允许用户建立自己专用的坐标系，即用户坐标系（User Coordinate System，简称 UCS)，如图 7-2a 所示。

利用 AutoCAD 的 UCS 功能，用户就可以很容易地绘制出三维立体图。WCS 与 UCS 的工作方法是一样的，所不同的是，当坐标系改变后，其中的“口”字符会消失，如图 7-2b 所示。所以绘图时，可以通过观察坐标图中有无“口”字符来判别当前工作的坐标系是 WCS 还是 UCS。

a)　　　　b)

图 7-2　UCS 与 WCS

7.1.2　用户坐标系 UCS 的设置

1．建立用户坐标系（UCS）

用户坐标系的建立是通过执行 UCS 命令来完成的，执行过程如下：

命令行下输入 UCS 并回车，出现如下的提示信息：

指定 UCS 的原点或 [面(F)/命名(NA)/对象(OB)/上一个(P)/视图(V)/世界(W)/X/Y/Z/Z 轴(ZA)] <世界>:

这时要求用户输入选项，各选项的含义详细介绍如下：

- ◇ 指定 UCS 的原点。使用一点、两点或三点定义一个新的 UCS。如果指定单个点，当前 UCS 的原点将会移动而不会更改 X、Y 和 Z 轴的方向。

  如果指定第二点，UCS 将绕先前指定的原点旋转，以使 UCS 的 X 轴正半轴通过该点。

  如果指定第三点，UCS 将绕 X 轴旋转，以使 UCS 的 XY 平面的 Y 轴正半轴包含该点。

- ◇ 面（F）。将 UCS 与三维实体的选定面对齐。要选择一个面，请在此面的边界内或面的边上单击，被选中的面将亮显，UCS 的 X 轴将与找到的第一个面上的最近的边对齐。

选择该选项，命令行提示：

选择实体对象的面:

输入选项 [下一个(N)/X 轴反向(X)/Y 轴反向(Y)] <接受>:

下面分别介绍各个选项。

[下一个(N)]: 将 UCS 定位于邻接的面或选定边的后向面。

[X 轴反向(X)]: 将 UCS 绕 X 轴旋转 180°。

[Y 轴反向(Y)]: 将 UCS 绕 Y 轴旋转 180°。

<接受>: 如果按回车键，则接受该位置。否则将重复出现提示，直到接受位置为止。

- ◇ 命名（NA)。按名称保存并恢复通常使用的 UCS 方向。选择该选项，则命令行中将出现如下的提示:

输入选项 [恢复(R)/保存(S)/删除(D)/?]:

下面分别介绍各个选项。

[恢复(R)]: 恢复已保存的 UCS，使它成为当前 UCS。此时命令行提示，

输入要恢复的 UCS 名称或 [?]:（输入名称或输入“?”）

[名称]: 指定一个已命名的 UCS。

[?]: 列出当前已定义的 UCS 的名称，此时命令行将提示，

输入要列出的 UCS 名称 <*>:（输入名称列表或按回车键列出所有 UCS）

[保存(S)]: 把当前 UCS 按指定名称保存。名称最多可以包含 255 个字符，包括字母、数字、空格和 Microsoft® Windows® 和本程序未作他用的特殊字符。此时命令行提示，

输入保存当前 UCS 的名称或 [?]:（输入名称或输入“?”）

[删除(D)]: 从已保存的用户坐标系列表中删除指定的 UCS。此时命令行提示，

输入要删除的 UCS 名称 <无>:（输入名称列表）

[?]: 列出用户定义坐标系的名称，并列出每个保存的 UCS 相对于当前 UCS 的原点以及 X、Y 和 Z 轴。如果当前 UCS 尚未命名，它将列为 WORLD 或 UNNAMED，这取决于它是否与 WCS 相同。命令行提示，

输入要列出的 UCS 名称 <*>:（输入一个名称列表）

◇ 对象（OB）。根据选定三维对象定义新的坐标系。新建 UCS 的拉伸方向（Z 轴正方向）与选定对象的拉伸方向相同。选择该选项，命令行提示:

选择对齐 UCS 的对象:

◇ 上一个（P）。恢复上一个 UCS。

◇ 视图（V）。以垂直于观察方向（平行于屏幕）的平面为 XY 平面，建立新的坐标系。UCS 原点保持不变。

◇ 世界（W）。将当前用户坐标系设置为世界坐标系。WCS 是所有用户坐标系的基准，不能被重新定义。

◇ X/Y/Z。绕指定轴旋转当前 UCS。选择该选项，命令行提示:

指定绕 n 轴的旋转角度 <0>:（指定角度）

在提示中，n 代表 X、Y 或 Z。输入正角度或负角度以旋转 UCS。

◇ Z 轴（ZA）。用指定的 Z 轴正半轴定义 UCS。选择该选项，命令行提示:

指定新原点或 [对象(O)] <0, 0, 0>:（指定点或输入 O）

在正 Z 轴范围上指定点 <当前>:（指定点）

通过以上操作指定新原点和位于新建 Z 轴正半轴上的点。“Z 轴”选项使 XY 平面倾斜。

输入“O”选项将 Z 轴与离选定对象最近的端点的切线方向对齐。Z 轴正半轴指向背离对象的方向。命令行提示:

选择对象:（选择一端开口的对象）

2．用内设的 UCS

除了用户定义 UCS 以外，AutoCAD 2008 也内设了几种常用的 UCS，供用户方便调用。调用可通过工具条来实现，如图 7-3 所示。

7.1.3 视点的设置

在前面的章节中，所进行的绘图工作都是在 XY 平面中进行的，绘图的视点不需要改变。但在绘制三维立体图形时，一个视点往往不能满足观察图形各个部位的需要，用户需要经常变化视点，从不同的角度来观察三维物体。AutoCAD 2008 提供了灵活的选择视点的功能，下面分别进行介绍。

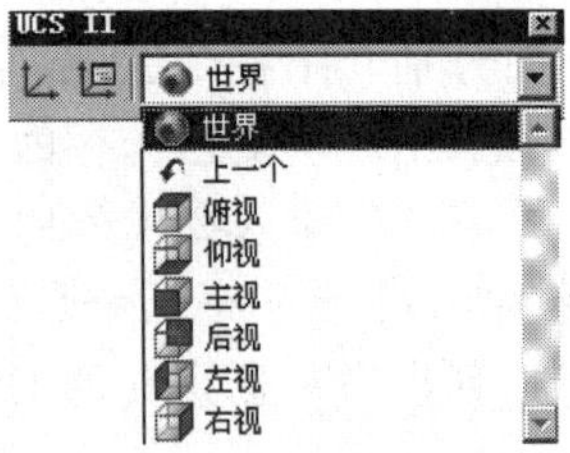

图 7-3 内设的 UCS 的工具栏

1. 用 Vpoint 命令选择视点

Vpoint 该命令为用户提供了通过命令行操作选择视点的方式。

在命令行下输入 Vpoint 并回车即可启动该命令。启动 Vpoint 命令后，命令行出现如下提示：

当前视图方向：VIEWDIR=0.0000, 0.0000, 1.0000

指定视点或 [旋转(R)] <显示坐标球和三轴架>:

上面选项含义如下：

- 旋转（R）：根据角度确定视点，执行该选项命令行提示：
  输入 XY 平面中与 X 轴的夹角<默认值>:（输入新视点在 XY 平面内的投影与 X 轴正方向的夹角，如 α）
  输入与 XY 平面的夹角<默认值>:（要求输入所选择视点的方向与 XY 平面的夹角，如β）
  用户输入的这两个角度的示意图如图 7-4 所示。

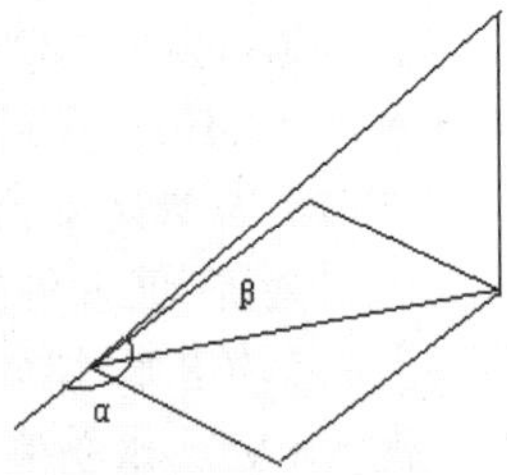

图 7-4 根据角度确定视点

- 指定视点：通过直接输入视点的绝对坐标值（X, Y, Z）来确定视点的位置。

说明：

1. Vpoint 命令所设视点为轴测投影，而不是透视图，其投影方向是视点与坐标原点的连线方向。

2. 视点只指明方向，不指定距离。也就是说，在视点与原点连线及其延长线上选任意一点作为视点，其观察效果是一样的。

3. 一旦用 Vpoint 命令选择一个视点后，这个位置一直会保持到重新用 VPoint 命令改变它为止，但也可以使用 View 命令的 Restore 选项或 Zoom 命令的“P”选项恢复到前一个视点。

4. 当新的视点使坐标系的 XY 平面与屏幕相垂直时，坐标成为断笔状，如图 7-5 所示。

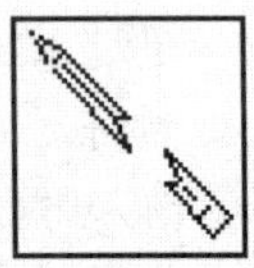
图 7-5 断笔状

2. 罗盘确定视点

如果执行 Vpoint 命令后，在“指定视点或 [旋转(R)] <显示坐标球和三轴架>:”提示下不输入任何选项而直接回车，则在屏幕上会出现如图 7-6 所示的罗盘图形，同时在罗盘的旁边还有一个可拖动的坐标轴，利用它可以直观地设置新的视点。

在图 7-6 中，罗盘相当于一个球体的俯视图，其中的小十字光标便代表视点的位置，光标在小圆环内表示视点位于 Z 轴正方向一侧，当光标落在内外圆环之间时，说明视点位于 Z 轴的负方向一侧，点取光标便可设置视点。

3．对话框选择视点

除使用命令 Vpoint 和罗盘设置视点外，AutoCAD 2008 还为用户提供了更为直观的方式——对话框设置方式，使用 Ddvpoint 命令，用户可以通过对话框来选择设置新的视点。

在命令行下输入 Ddvpoint（简捷命令 VP）并回车。

启动该命令后，屏幕上弹出如图 7-7 所示的对话框：

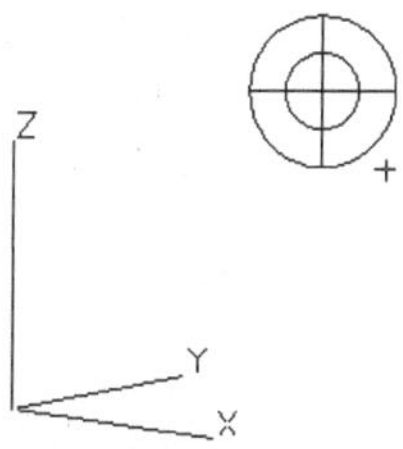

图 7-6 罗盘确定视点

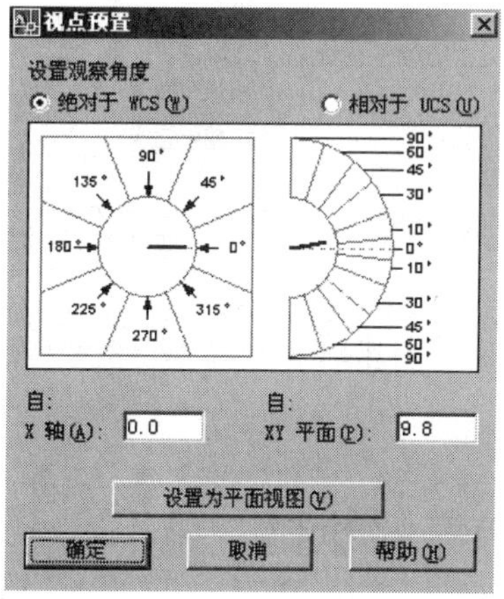

图 7-7 “视点预置”对话框

利用该对话框可以方便地进行视点选择，对话框中各部分的含义如下：

- 绝对于 WCS（W）单选按钮：确定是否使用绝对世界坐标系。
- 相对于 UCS（U）单选按钮：确定是否使用用户坐标系。
- 自 X 轴（A）文本框：在该文本框中可以确定新的视点方向在 XY 平面内的投影与 X 正方向的夹角。
- 自 XY 平面（P）文本框：在该文本框中用户可以输入新视点方向与 XY 平面的夹角。
- “设置为平面视图”按钮：单击该按钮，可以返回到 AutoCAD 初始视点状态，即俯视图状态。

4．利用工具条或下拉菜单设置新视点

设置新的视点，除了利用上述 3 种方法之外，用户还可以直接调用工具栏或使用下拉菜单快速选择一些特殊的视点。

工具条调用视点，如图 7-8 所示。

图 7-8 工具条调用视点

下拉菜单调用视点，如图 7-9 所示。

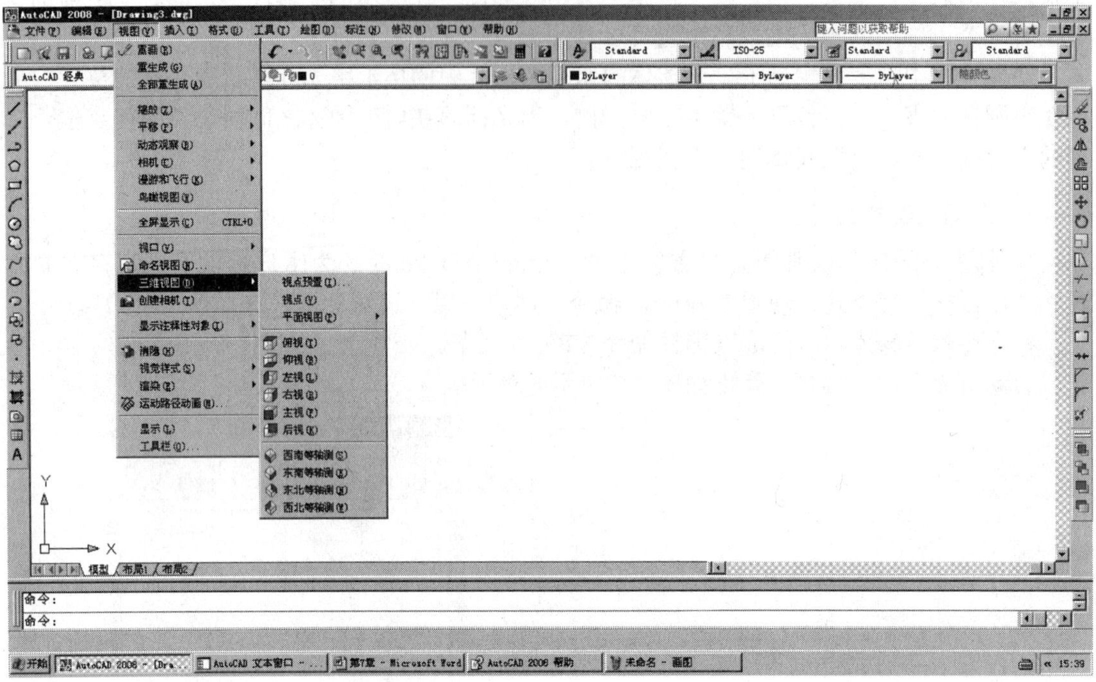

图 7-9　下拉菜单调用视点

7.2　凉亭的绘制

为了快速而准确地建立三维模型，这里首先以凉亭的绘制为例，巩固学习三维模型的构造及具体操作，为建立较为复杂的建筑模型作准备。

7.2.1　绘制亭顶

这里将以一个亭顶线框为例，学习 UCS 的具体操作以及调用不同的视点来观察三维视图。

操作：

① 打开一张新图，执行 Polygon（正多边形）命令，绘制一个正六边形，边长为 4000。

② 执行 Offset（偏移复制）命令，再向里复制一小六边形，复制距离为 2500，结果如图 7-10 所示。

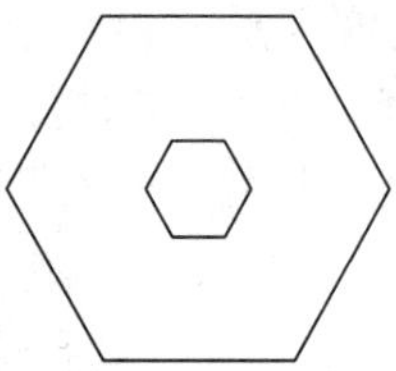

图 7-10　绘制正六边形

③ 命令行下输入 Vpoint 并回车两次，利用罗盘观察，选择观察点如图 7-11 所示。

这时两个正六边形线框已经变为如图 7-12 所示。

④ 执行 Move（移动）命令，输入相对坐标@0，0，1000 将小正六边形沿 Z 轴向上移动 1000。

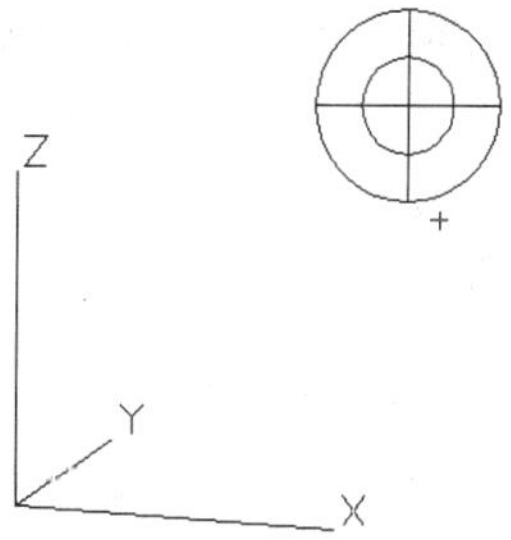

图 7-11　选择观察点

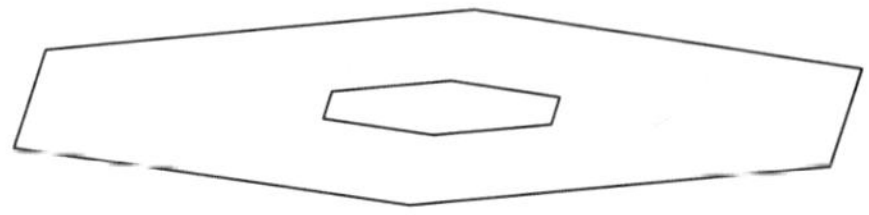

图 7-12　利用罗盘观察正六边形线框

⑤ 执行 Line（绘线）命令连接大、小正六边形的一条对角线，结果如图 7-13 所示。

⑥ 命令行下输入 UCS 并回车，启动 UCS 命令。

⑦ 指定 UCS 的原点或 [面(F)/命名(NA)/对象(OB)/上一个(P)/视图(V)/世界(W)/X/Y/Z/Z 轴(ZA)] <世界>:（单击大正六边形对角线的中点，确定新的 UCS 的原点）

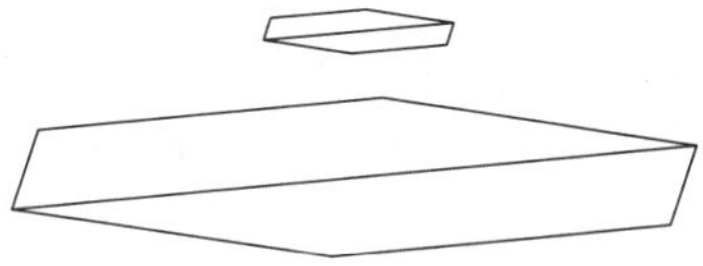

图 7-13　连接大、小六边形的一条线

⑧ 指定 X 轴上的点或 <接受>:（单击大正六边形的角点 A 点，确定 X 轴方向）

⑨ 指定 XY 平面上的点或 <接受>:（单击小正六边形对角线的中点，确定 Y 轴方向）

这样利用“三点”完成了一个 UCS 的设置，如图 7-14 所示。

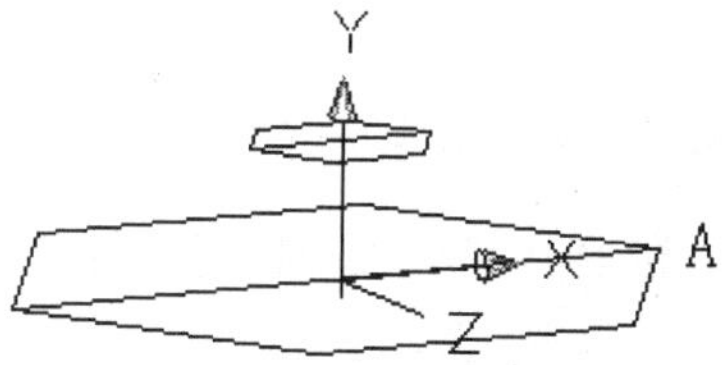

图 7-14　利用“三点”完成一个 UCS 的设置

⑩ 命令行下输入 Arc 并回车。

⑪ 指定圆弧的起点或 [圆心(C)]:（捕捉小正六边形角点 B 并单击）

⑫ 指定圆弧的第二个点或 [圆心(C)/端点(E)]:（输入 E 并回车）

⑬ 指定圆弧的端点:（捕捉大正六边形的 A 点并回车）

⑭ 指定圆弧的圆心或 [角度(A)/方向(D)/半径(R)]:（输入 A 并回车）

⑮ 指定包含角:（输入 60 并回车，确定圆弧角度）

结果如图 7-15 所示。

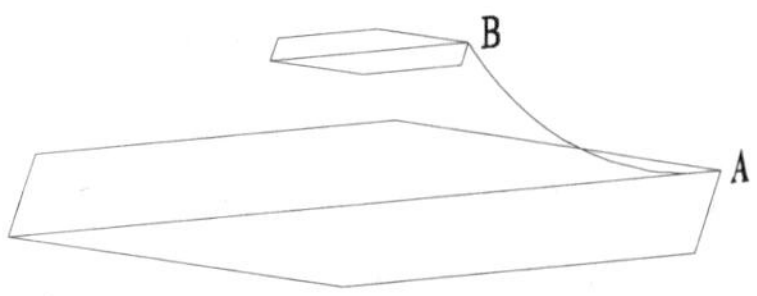

图 7-15　绘制一条亭顶弧线

⑯ 命令行下输入 UCS 并回车。

⑰ 指定 UCS 的原点或 [面(F)/命名(NA)/对象(OB)/上一个(P)/视图(V)/世界(W)/X/Y/Z/Z 轴(ZA)] <世界>: 直接回车，返回世界坐标系）

⑱ 命令行下输入 Vpoint 并回车。

⑲ 指定视点或 [旋转(R)]，<显示坐标球和三轴架>:（提示下输入 0, 0, 1 并回车，这样通过输入特殊点坐标返回平面视图）

删除辅助线，结果如图 7-16 所示。

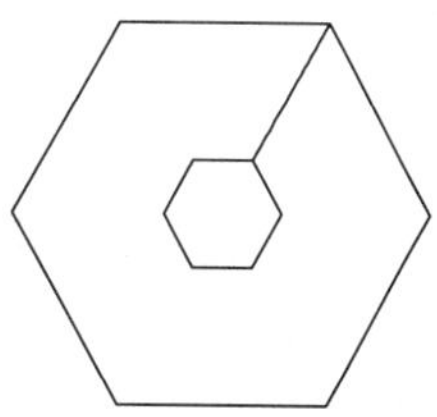

图 7-16　亭顶平面视图

⑳ 执行 Array（阵列）命令，完成另外五条弧线，结果如图 7-17 所示。

㉑ 命令行下输入 Vpoint 并回车。

㉒ 指定视点或 [旋转(R)] <显示坐标球和三轴架>:（输入 10，–26，10 并回车，通过输入坐标调整视点位置）

结果如图 7-18 所示。

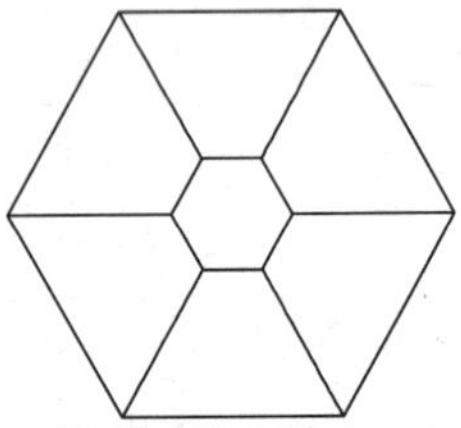

图 7-17　在平面视图中完成另 3 条亭顶弧线

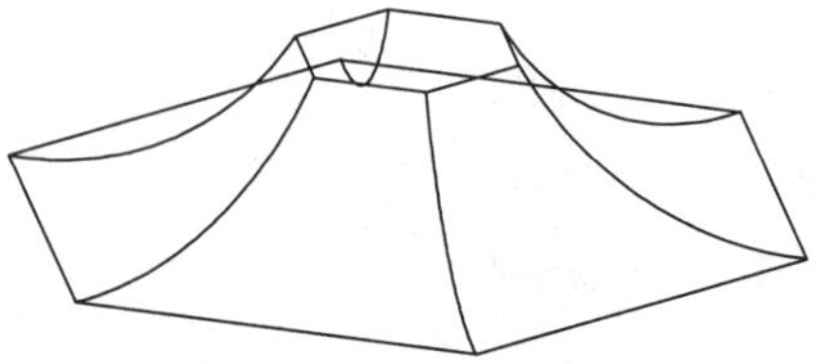

图 7-18　亭顶线框绘制完成

㉓ 执行 Edgesurf（定边界曲面）命令，将亭顶线框变为六个曲面。结果如图 7-19 所示。

这样亭顶就绘制完成，此时我们可以执行 WBlock（块存盘）命令，以“亭顶”为图块名称将亭顶保存起来，以备后用。在执行 WBlock（块存盘）命令时需要注意，为了便于以后操作，必须将插入的基点选在大正方形的对角线中点。

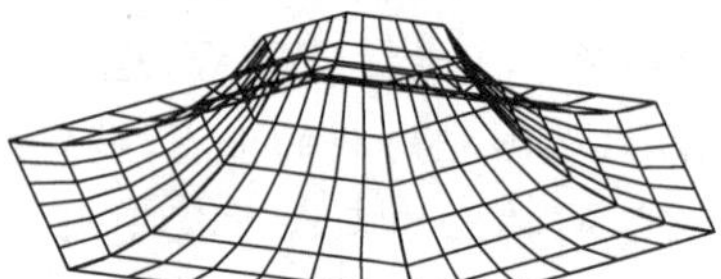

图 7-19　亭顶曲面完成

7.2.2　绘制凉亭台基

凉亭台基的绘制我们执行 Box 命令来完成。

1．绘制台基

操作:

① 打开一张新图，设置合适的绘图范围。

② 在命令行下输入 Box 并回车，启动盒子命令。

③ 指定第一个角点或[中心(C)]:（单击屏幕上一点）

④ 指定其他角点或[立方体(C)/长度(L)]:（输入@3600，3600 并回车，确定台阶尺寸）

⑤ 指定高度或 [两点(2P)]:（输入 450 并回车，确定台基高度）

⑥ 执行 Zoom 命令的 E 选项，将 Box 充满全屏。

2．改变观察点

操作:

① 命令行下输入 Vpoint 并回车。

② 指定视点或[旋转(R)] <显示坐标和三轴架>:（直接回车，屏幕上出现罗盘及三角架，确定视点如图 7-20 所示）

这样就绘制完成一个 Box 作为台基，如图 7-21 所示。

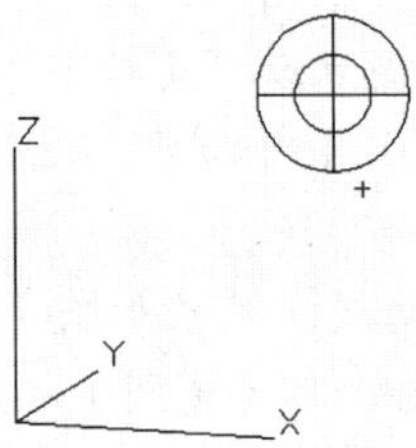

图 7-20　确定凉亭台基视点

7.2.3 绘制台阶

绘制台阶可以通过将二维图形拉伸形成。下面分几个步骤来完成台阶以及挡墙的绘制。

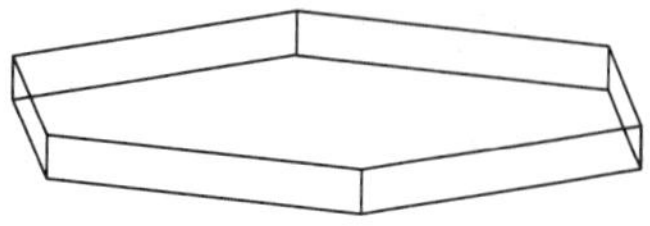
图 7-21 绘制凉亭台基视点

1．建立 UCS 坐标系

操作：

① 命令行下输入 UCS 并回车。

② 指定 UCS 的原点或 [面(F)/命名(NA)/对象(OB)/上一个(P)/视图(V)/世界(W)/X/Y/Z/Z 轴(ZA)] <世界>:（单击 A 点并回车，确定用户坐标系原点）

③ 指定 X 轴上的点或 <接受>:（单击 B 点并回车，确定 X 轴方向）

④ 指定 XY 平面上的点或 <接受>:（单击 C 点并回车，确定 Y 轴方向）

结果如图 7-22 所示。

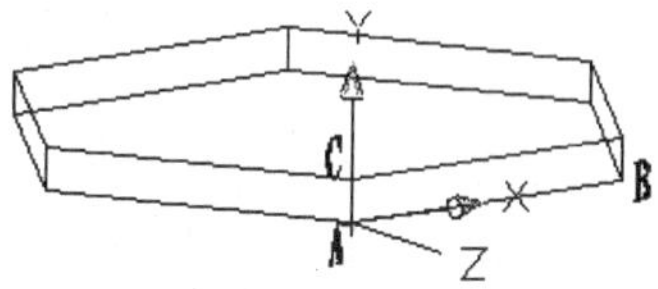

图 7-22 建立 UCS 坐标系

2．旋转 UCS 坐标系

操作：

① 命令行下直接回车（重新启动 UCS 命令）。

② 指定 UCS 的原点或 [面(F)/命名(NA)/对象(OB)/上一个(P)/视图(V)/世界(W)/X/Y/Z/Z 轴(ZA)] <世界>:（输入 Y 并回车，指定 UCS 坐标绕 Y 轴旋转）

③ 指定绕 Y 轴的旋转角度 <90>:（–90）

结果如图 7-23 所示。

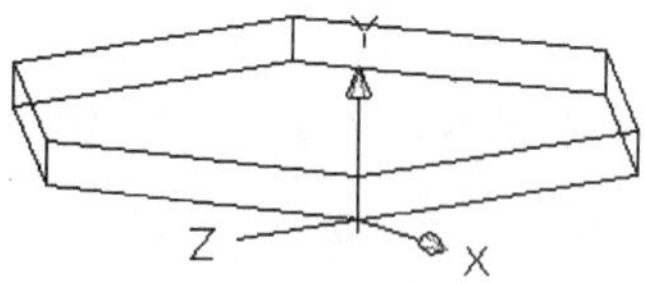

图 7-23 旋转 UCS 坐标系

3．绘制二维图形

操作：

执行 PLine 命令，在屏幕任意位置，绘制一个封闭的台阶线框，每一踏步高为 150，宽为 300，结果如图 7-24 所示。

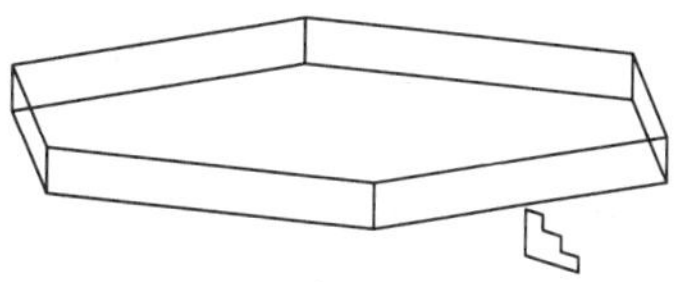
图 7-24 绘制封闭的台基线框

4．拉伸二维图形

操作：

① 命令行下输入 Extrude 并回车（启动拉伸命令）。

② 选择要拉伸的对象:（单击选择台阶截面二维线框后回车）

③ 指定拉伸的高度或 [方向(D)/路径(P)/倾斜角(T)]:（输入台阶长度并回车）

结果如图 7-25 所示。

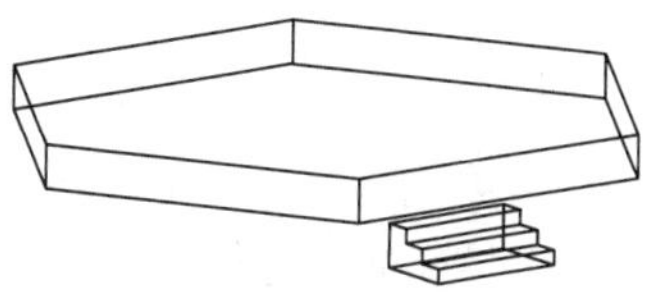
图 7-25 二维台阶拉伸成三维台阶

5．绘制挡墙

操作：

① 执行 PLine 命令，连接图 7-26 中所示点 1、2、3、4 和 5，绘制一个封闭的二维线框。

② 执行 Extrude（拉伸）命令，将二维线框拉成长度为 300 的挡墙，结果如图 7-26 所示。

6．复制挡墙

操作：

执行 Copy 命令，通过端点捕捉将挡墙复制到台阶的另外一侧，结果如图 7-27 所示。

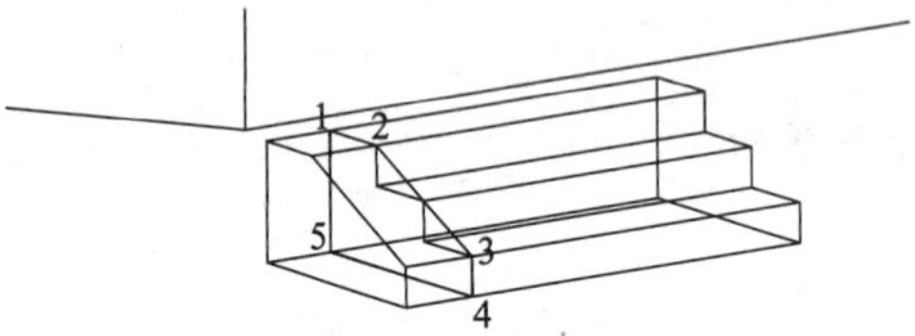

图 7-26　绘制挡墙

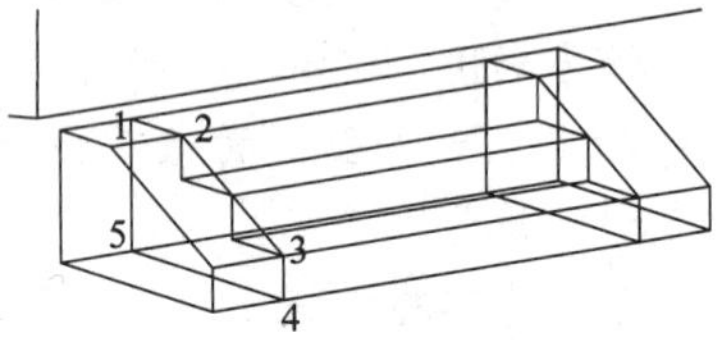

图 7-27　复制挡墙

7．布尔运算

操作：

① 命令行下输入 Union 并回车（启动布尔运算的并运算）。

② 选择对象:（分别选择两个挡墙以及台阶，这样三个物体就合并为一体）

8．移动台阶

操作：

① 命令行下输入 Move 并回车。

② 选择对象:（单击选择台阶后回车）

③ 指定基点或 [位移(D)] <位移>:（捕捉台阶后侧中点后单击）

④ 指定第二个点或 <使用第一个点作为位移>:（捕捉台基侧面中点后单击）

结果如图 7-28 所示。

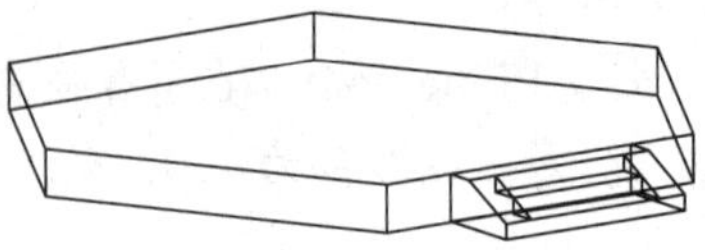

图 7-28　移动台阶

9．转换 UCS 为世界坐标系

操作：

① 命令行下输入 UCS 并回车。

② 指定 UCS 的原点或 [面(F)/命名(NA)/对象(OB)/上一个(P)/视图(V)/世界(W)/X/Y/Z/Z 轴(ZA)] <世界>:（直接回车，回到世界坐标系）

10．环形阵列台阶

操作：

① 执行 Line 命令，连接台基上表面的对角线作为辅助线。

② 执行 Array 命令，以对角线的中点为中心，将绘制好的台阶进行矩形阵列，完成其余 5 个台阶，删掉多余线，结果如图 7-29 所示。

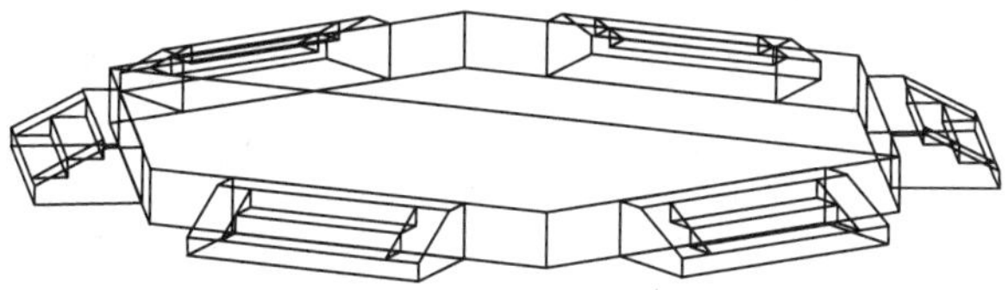

图 7-29　环行阵列台阶

7.2.4　绘制柱子

1．改变观察点

操作：

① 命令行输入 Vpoint 并回车。

② 指定视点或 [旋转(R)] <显示坐标球和三轴架>:（输入 0，0，1 并回车）

这样视图转换成为我们熟悉的平面视图，结果如图 7-30 所示。

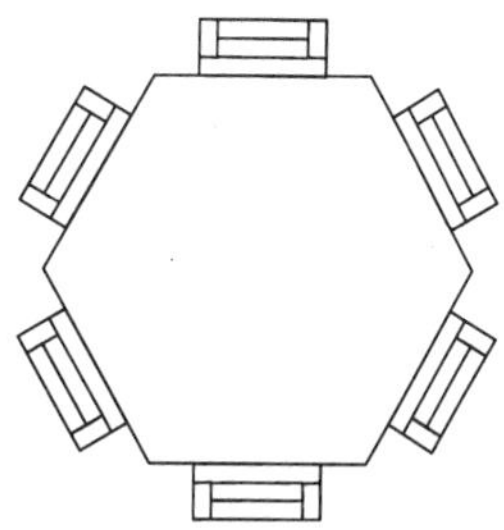

图 7-30　凉亭台基的平面视图

2．绘制辅助线

操作：

① 执行 PLine 命令，通过端点捕捉围绕台基顶面角点绘一线框。

② 执行 Offset 命令，将多段线线框向里复制 300，作为绘柱子时的参考位置。

③ 执行 Erase 命令，将第一个多段线线框删掉，结果如图 7-31 所示。

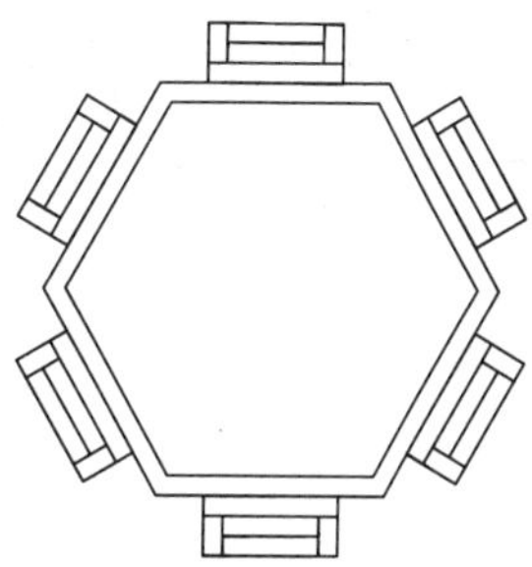

图 7-31　绘制辅助线

3．绘制柱子

操作：

① 命令行下输入 Cylinder 并回车，启动圆柱命令。

② 指定底面的中心点或 [三点(3P)/两点(2P)/相切、相切、半径(T)/椭圆(E)]:（捕捉多段线线框的角点后单击，以选择圆柱底面中心点）

③ 指定底面半径或 [直径(D)]:（输入 150 并回车，确定圆柱底面半径）

④ 指定高度或 [两点(2P)/轴端点(A)]:（输入 3600 并回车，确定圆柱高度）

结果如图 7-32 所示。

⑤ 执行 Copy 命令，将圆柱复制到其他角点上。

⑥ 执行 Union（布尔运算）命令，将六根圆柱与台基合在一起。

⑦ 执行 Vpoint（视点）命令，利用罗盘观察立体图。

结果如图 7-33 所示。

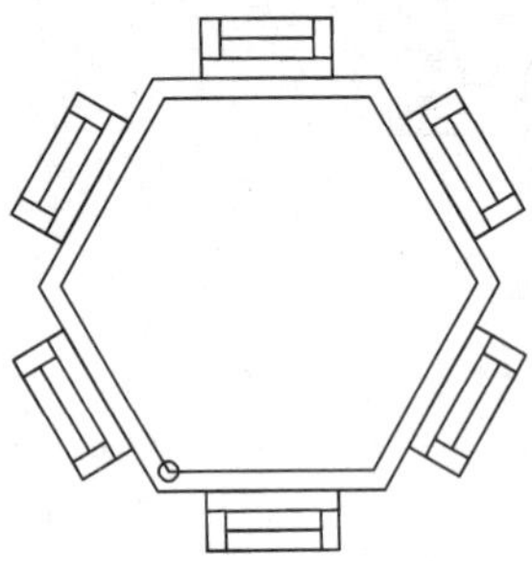

图 7-32　绘制柱子（一）

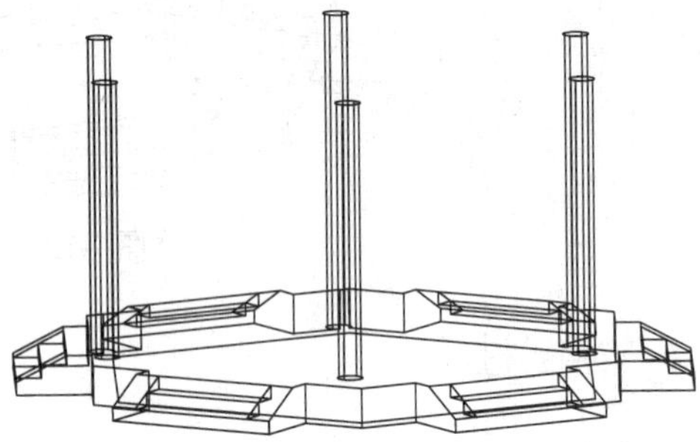

图 7-33　绘制柱子（二）

7.2.5　完成细部

在前面已经绘好一个亭顶，现在将它插入到当前图形中。

1．插入亭顶

操作：

① 执行 Line 命令，连接柱子顶端对角圆柱顶面圆心中点，作辅助线。

② 以辅助线的中点为插入点，将前面所绘制的亭顶插入到当前图形，结果如图 7-34 所示。

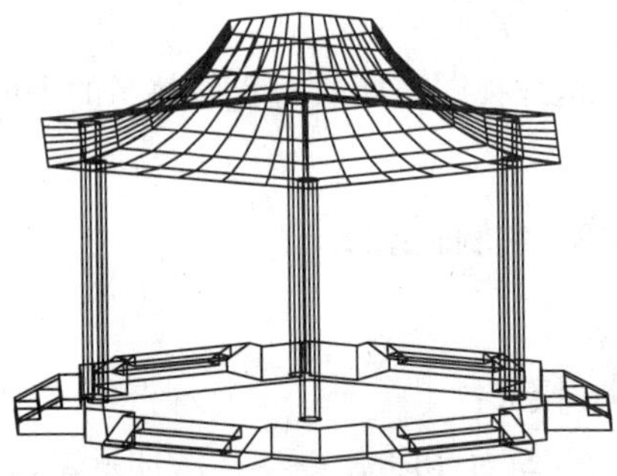

图 7-34　插入亭顶

2．亭顶上部绘制一圆球

操作：

① 命令行下输入 Sphere 并回车，启动圆球命令。

② 指定中心点或 [三点(3P)/两点(2P)/相切、相切、半径(T)] <0, 0, 0>:（捕捉亭顶部中点后单击）

③ 指定半径或 [直径(D)] <0, 0, 0>:（输入 550 并回车）

消隐后的结果如图 7-35 所示。

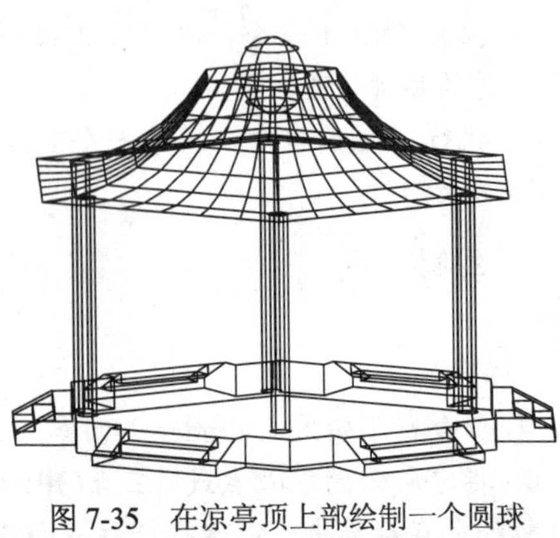

图 7-35　在凉亭顶上部绘制一个圆球

④ 执行 Vscurrent 命令“概念”选项，对凉亭进行着色处理，结果如图 7-36 所示。

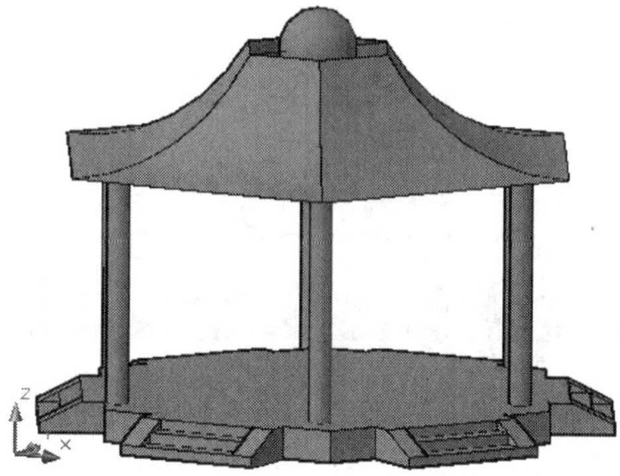

图 7-36　着色处理后的凉亭

7.3　某四层宿舍楼建模

本节以前面宿舍楼为例，通过调用系统内设 UCS 及三维观察点，进一步学习 AutoCAD 的基本建模方法在建筑模型中的应用。我们的目标是根据附录 A 和图 7-37 绘出宿舍楼的模型图，并在此基础上将模型的平屋顶修改为坡屋顶。

图 7-37　某四层宿舍楼立面图草图

7.3.1　建模前的准备

1．创建工作空间

操作：

① 进入 AutoCAD，建立新文件并取名保存。

② 命令行下输入 Limits 并回车。

③ 指定左下角点或 [开(ON)/关(OFF)] <0.0000, 0.0000>:（直接回车）

④ 指定右上角点 <420.0000, 297.0000>:（输入 30000，15000 并回车）

⑤ 执行 Zoom 命令的 A 选项。

2. 创建各个工作图层

执行 Layer 命令，分别创建墙体层、窗格层、门窗套层、屋面层、屋檐层、台阶层、辅助线层等并设置相应的颜色，如图 7-38 所示。

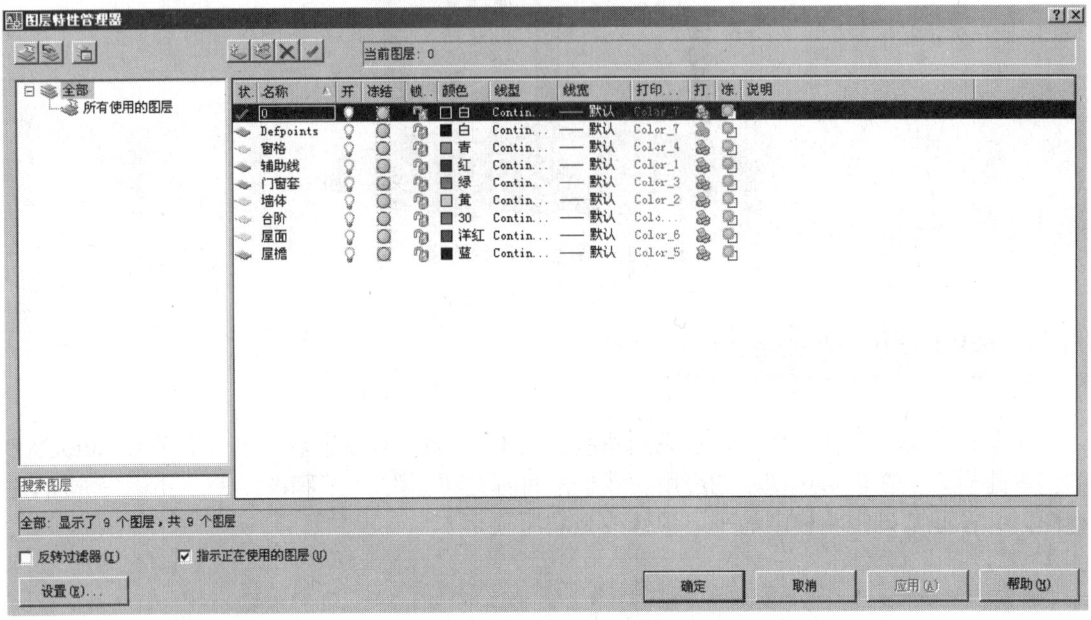

图 7-38　创建各个工作图层

3. 绘制建模的辅助线

操作：

① 执行 Layer 命令，将辅助线层设为当前层。

② 执行 Line、Offset 等命令，绘出如图 A-1 所示轴线网。

③ 执行 Offset、Trim 等命令，增加控制门窗平面位置的辅助线，结果如图 7-39 所示。

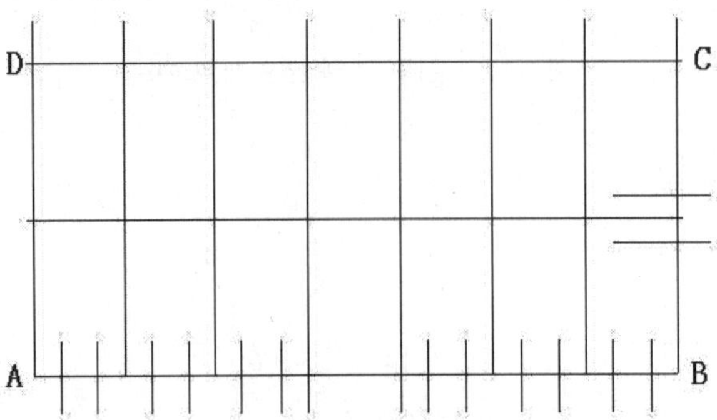

图 7-39　建模的辅助线

4. 调用三维建模时常用的工具条

在三维建模时，可以通过右键单击工具栏，在弹出的快捷菜单上选择需要的建模常用的工具条，如图 7-40 所示视图（视图）以及UCS II（用户坐标 II）工具条。

图 7-40 调用三维建模时常用的工具条

7.3.2 墙体建模

这里将采用 Box 建立墙体模型。

操作：

① 执行 Offset 命令，将图上的 4 条线 AB、BC、AD 及 DC，分别向里复制 240，作为墙体的参考位置线，结果如图 7-41 所示。

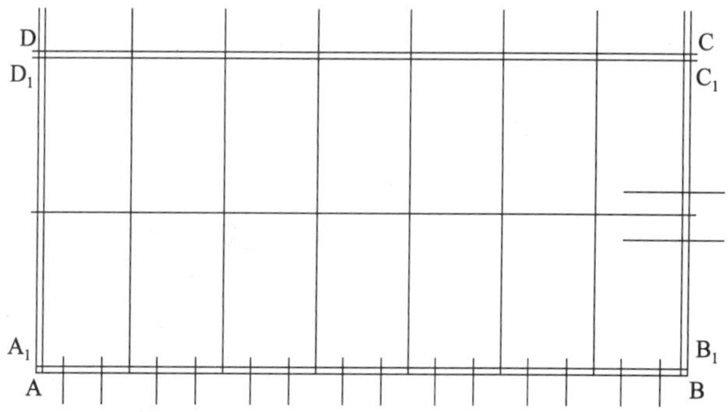

图 7-41 墙体建模（一）

② 执行 Layer 命令，将墙体层设为当前层。

③ 命令行下输入 Box 并回车。

④ 指定第一个角点或 [中心(C)]<0, 0, 0>:（捕捉 A 点后单击）

⑤ 指定其他角点或 [立方体(C)/长度(L)]:（捕捉 D_1 点后单击）

⑥ 指定高度或 [两点(2P)]:（输入 12400 墙体总高度并回车，形成左山墙）

⑦ 重复执行上述步骤，通过捕捉 A 点、B1 点，绘制另一个 Box，作为正面墙体。

⑧ 执行 Copy 命令，将绘制的两个 Box 向右、向后复制一定距离，形成右山墙以及背面墙体。

⑨ 单击视图工具栏上的视图按钮，观察建立的墙体模型，如图 7-42 所示。

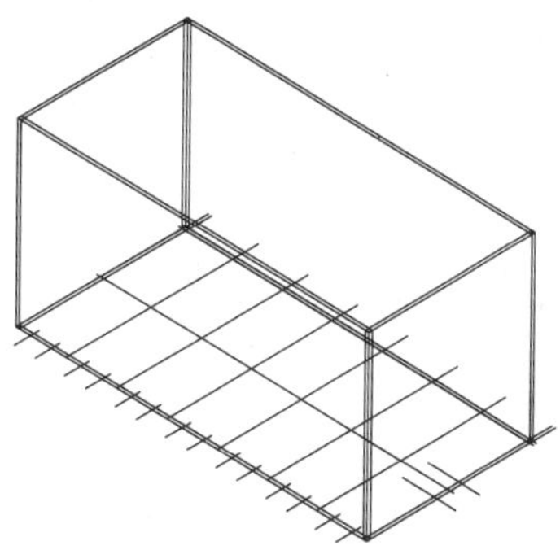

图 7-42 墙体建模（二）

7.3.3 门窗开洞

采用布尔运算的 Subtract（减运算）来为门窗开洞。

操作：

① 单击工具栏上的俯视图按钮，返回平面视图。

② 执行 Box 命令，捕捉 E、F 两端点，输入高度为 1800（窗高），结果如图 7-43 所示。

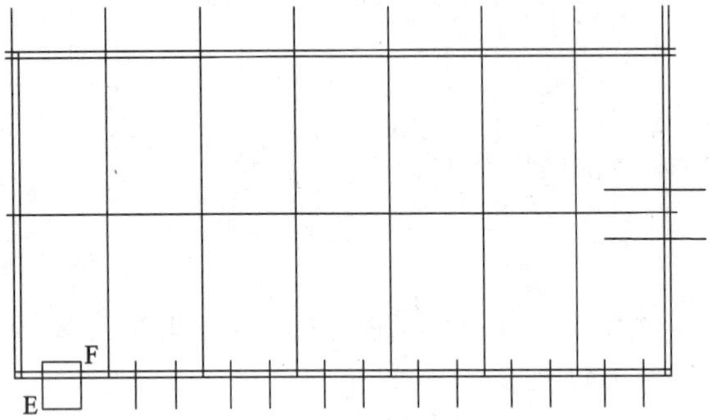

图 7-43　门窗开洞（一）

③ 单击视图按钮，观察立体模型，结果如图 7-44 所示。

④ 单击工具栏条 UCSII 设置框右侧的下拉箭头，选择“主视”，如图 7-45 所示。

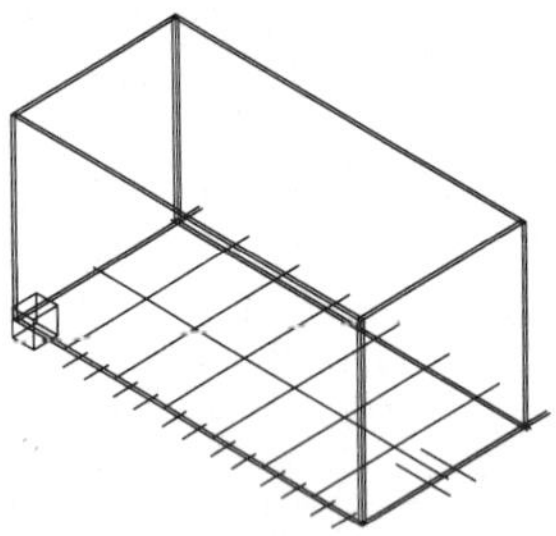

图 7-44　门窗开洞（二）

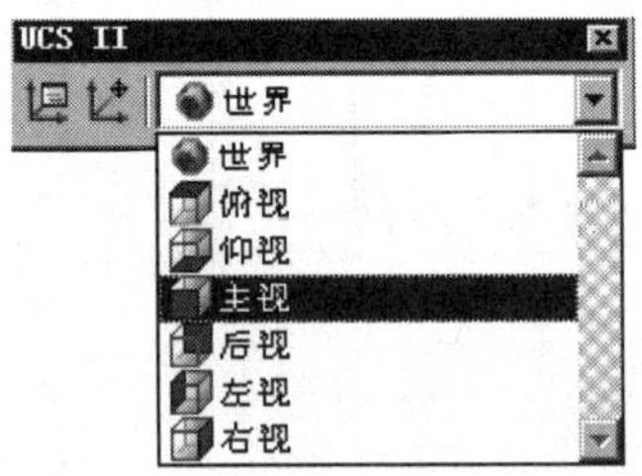

图 7-45　选择“主视”选项

⑤ 执行 Move 命令，将 Box 沿 Y 轴向上垂直移动 900，结果如图 7-46 所示。

⑥ 执行 Array 命令，将 Box 向上、向右阵列 4 行 7 列，行间距为 3000（层高），列间距为 3600（开间），结果如图 7-47 所示。

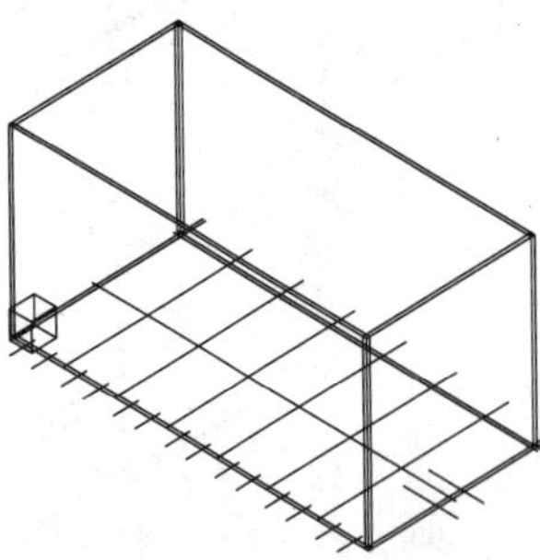

图 7-46　门窗开洞（三）

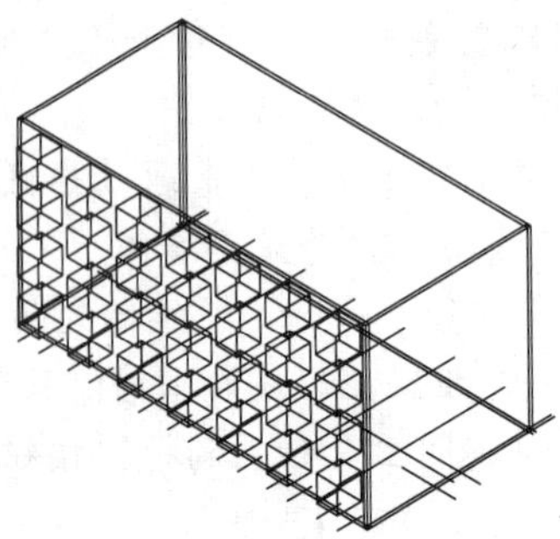

图 7-47　门窗开洞（四）

⑦ 执行 Erase 命令，将门厅部位的 Box 删除。

⑧ 命令行下输入 Subtract（减运算）并回车。

⑨ 选择对象：（单击选择正面墙体作为被减体后回车）

⑩ 选择对象:（依次选择阵列后的 Box 作为减体之后回车，结束命令）

结果如图 7-48 所示。

⑪ 用同样的方法，首先绘制门厅部位 Box，然后进行布尔运算的 Subtract（减运算），完成门洞（高为 2400）及门厅上各楼层窗洞（高为 1800）；用同样的方法完成右山墙门洞，结果如图 7-49 所示。

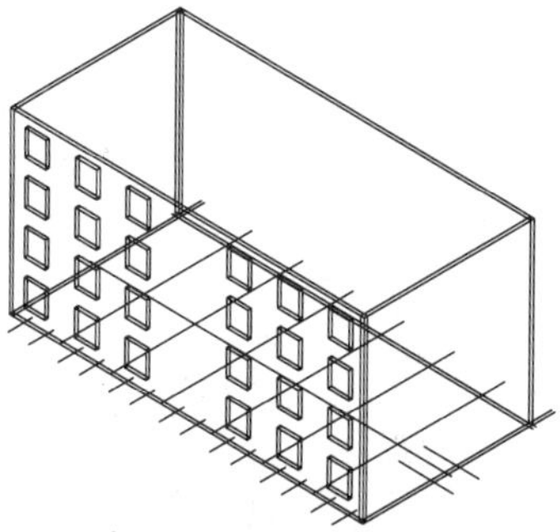

图 7-48　完成窗洞

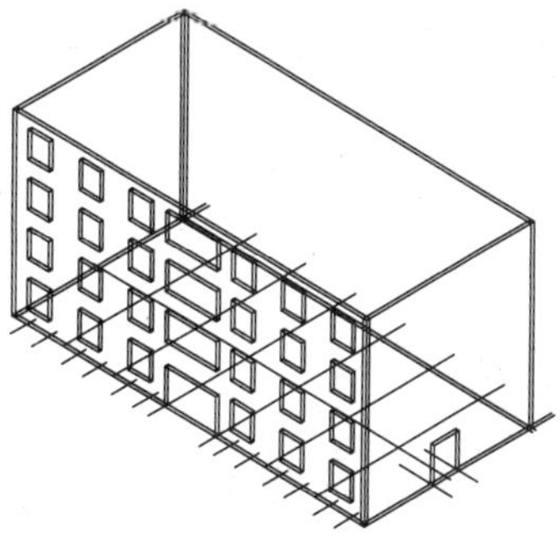

图 7-49　完成门洞

7.3.4　绘制窗套

现在采用多段线建模的方式完成门套以及窗套。

操作:

① 执行 Layer 命令，将门窗套层设为当前图层。

② 单击视图工具条中的主视按钮，将视图转换为主视图。

③ 执行 PLine 命令，沿着窗洞口绘制一条线宽为 120 的封闭多段线，结果如图 7-50 所示。

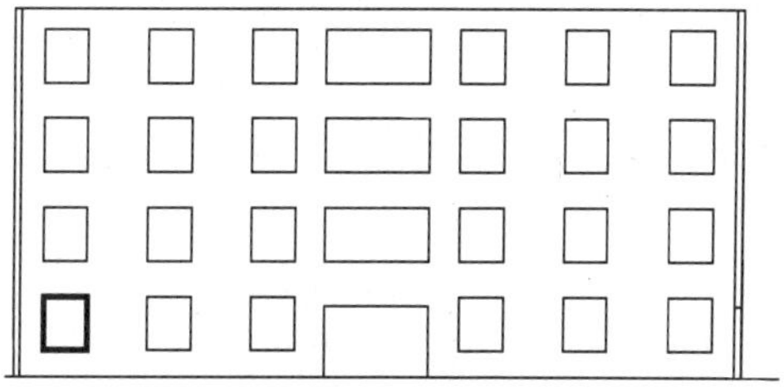

图 7-50　绘制窗套线（一）

④ 命令行下，输入 Change（改变）命令并回车。

⑤ 选择对象:（单击选择封闭的多段线并回车）

⑥ 指定修改点或 [特性(P)]:（输入 P 并回车）

⑦ 输入要更改的特性 [颜色(C)/标高(E)/图层(LA)/线型(LT)/线型比例(S)/线宽(LW)/厚度(T)/材质(M)]:（输入 T 并回车）

⑧ 指定新厚度 <0.0000>:（输入窗套深度 200 并回车两次结束命令）

⑨ 单击视图工具栏上的俯视按钮，观察窗套的平面位置，若平面位置不合适，在此视图中执行 Move 命令来调整窗套位置。

⑩ 单击工具栏的东南等轴测按钮，观察立体模型，结果如图 7-51 所示。

⑪ 执行 Array 命令将窗套向上、向右阵列 2 行 3 列，行间距为 3000（层高），列间距为 3600（开间）。

提示：

此时必须保证 UCS 坐标为 Front 方式。

⑫ 执行 Erase 命令将门厅位置的窗套删除，结果如图 7-52 所示。

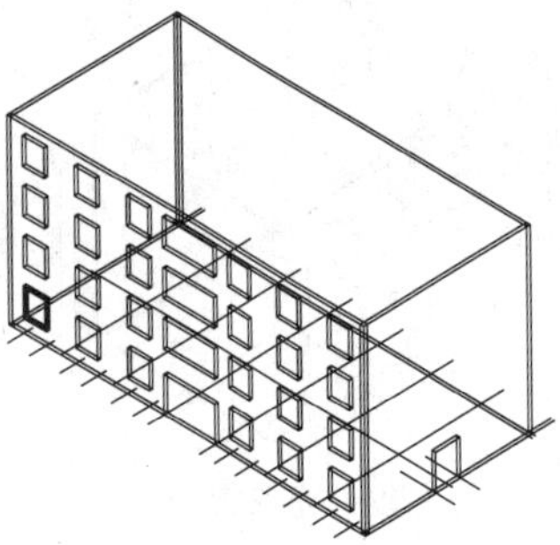

图 7-51　绘制窗套线（二）

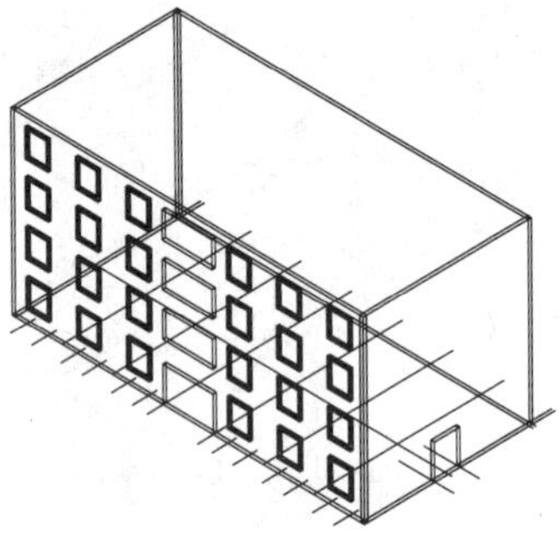

图 7-52　绘制窗套门套线（二）

执行同样的方法完成门厅上各楼层窗套，结果如图 7-53 所示。

7.3.5　绘制窗格及玻璃

窗格及玻璃也将利用多段线来绘制。

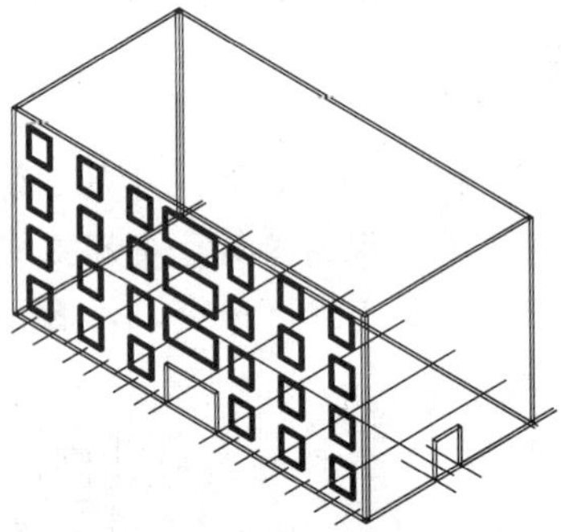

图 7-53　绘制窗套门套线（三）

操作：

① 单击视图工具栏的主视按钮，将视图转换为主视图，执行 Layer 命令，将窗格图层设置为当前图层，关闭门窗套图层。

② 执行 PLine 命令，设置线宽为 100，通过作辅助线来绘制如图 7-54a 所示的多段线。

③ 执行 Change 命令，将多段线的厚度改为 60。

④ 单击视图工具条中的俯视按钮，将视图转换为平面视图。执行 Move 命令，将窗格（即刚绘制的多段线）移动至窗洞中央，结果如图 7-54b 所示。

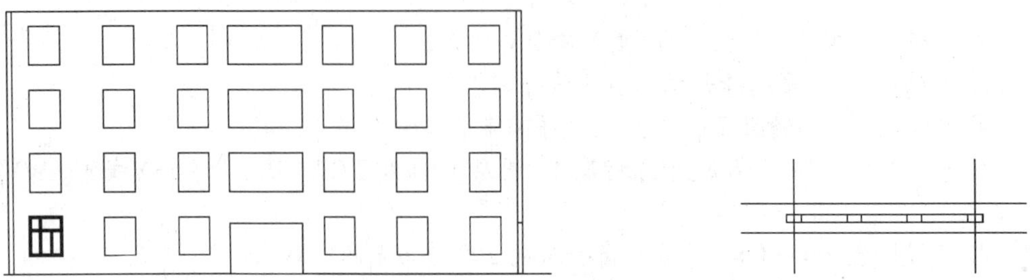

a）　　b）

图 7-54　绘制窗格线（一）

⑤ 用同样的方法绘制门厅上部窗户的窗格。

⑥ 单击视图工具条中的主视按钮，将视图转换为主视图，执行 Array 命令完成其他窗格，结果如图 7-55 所示。

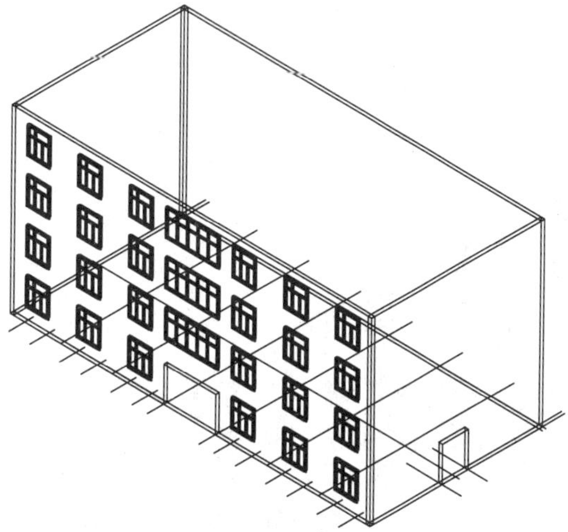

图 7-55　绘制窗格线（二）

⑦ 单击视图工具条的俯视按钮，将视图转换为平面视图。

⑧ 执行 PLine 命令，在窗洞中间绘制一条线宽为 10（玻璃厚度）的多段线，结果如图 7-56 所示。

⑨ 执行 Change 命令，将多段线的厚度改为 1800（玻璃高度）。

⑩ 单击工具栏的东南等轴测按钮，观察立体模型，执行 Array 命令，将玻璃向上向右阵列，完成其他玻璃模型。

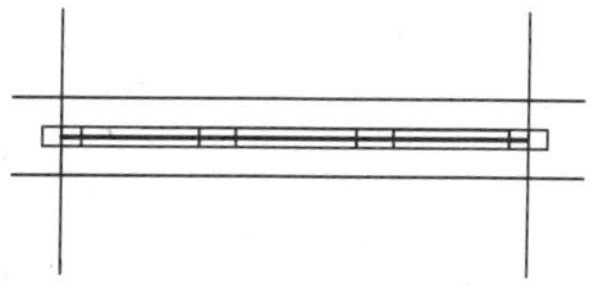

图 7-56　绘制玻璃线（一）

⑪ 然后执行 Erase 命令将门厅位置的多余部分删除掉，用同样的方法绘制门厅上部窗户的玻璃线模型，结果如图 7-57 所示。

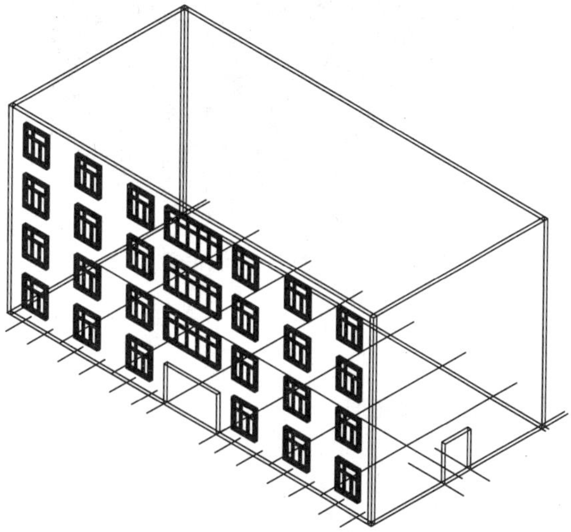

图 7-57　绘制玻璃线（二）

7.3.6 绘制门套

门套的绘制也将利用多段线来绘制。绘制门套的方法同绘制窗套、窗格、窗玻璃的方法一样，结果如图 7-58 所示。

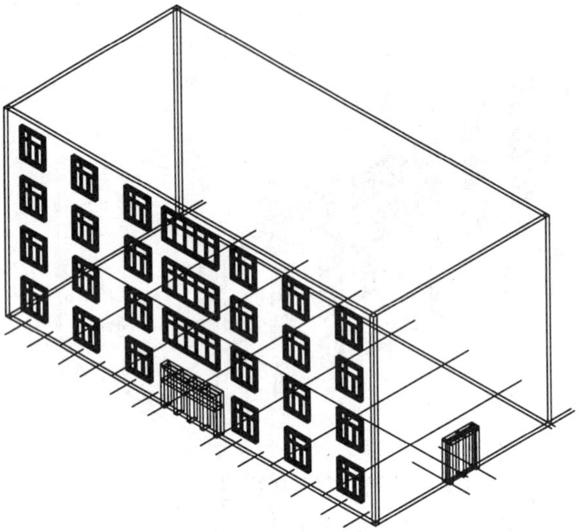

图 7-58 绘制完成门套

打开门窗套图层后执行视觉样式（Vscurrent）命令概念选项，观察结果如图 7-59 所示。

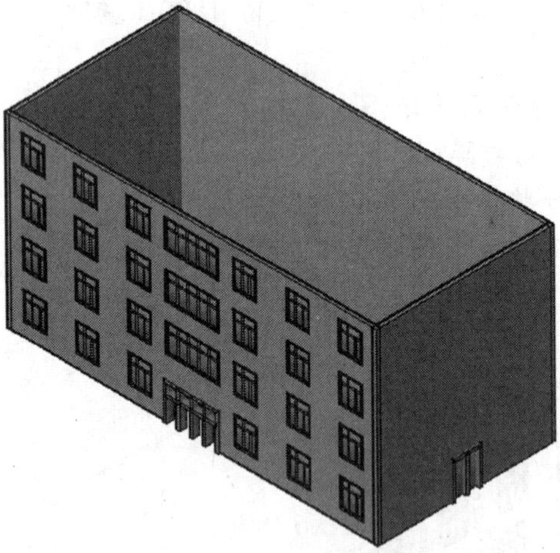

图 7-59 绘制完成门套后效果

7.3.7 绘制室外台阶

利用 Box 命令可以完成室外台阶建模。

操作：

① 单击视图工具条中的俯视按钮，将视图转换为俯视平面视图。

② 执行 Layer 命令，将台阶层设为当前图层，并将窗格图层及门窗套图层关闭。

③ 执行 Offset 命令，绘几条台阶的参考位置线，结果如图 7-60 所示。

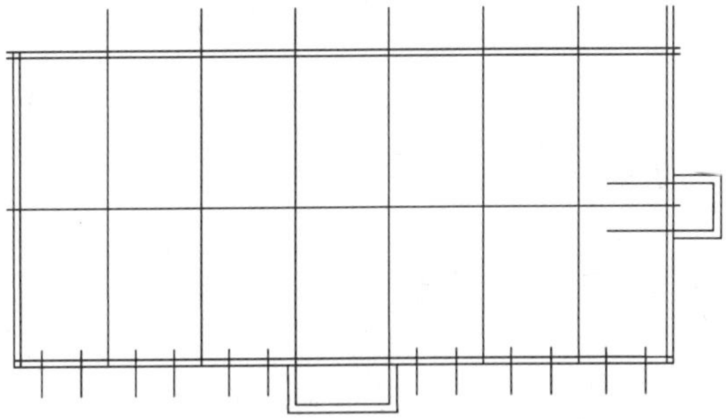

图 7-60　室外台阶建模（一）

④ 执行绘制 Box 命令，绘两个高度均为 150 的立方体。

⑤ 单击视图工具条中的主视按钮，将视图转换为主视图。

⑥ 执行 Move 命令，将较小的 Box 沿 Y 轴向上移动 150，然后打开其他图层，结果如图 7-61 所示。

图 7-61　室外台阶建模（二）

⑦ 单击视图工具条中的东南等轴测按钮，将视图转换为立体模型，观察效果如图 7-62 所示。

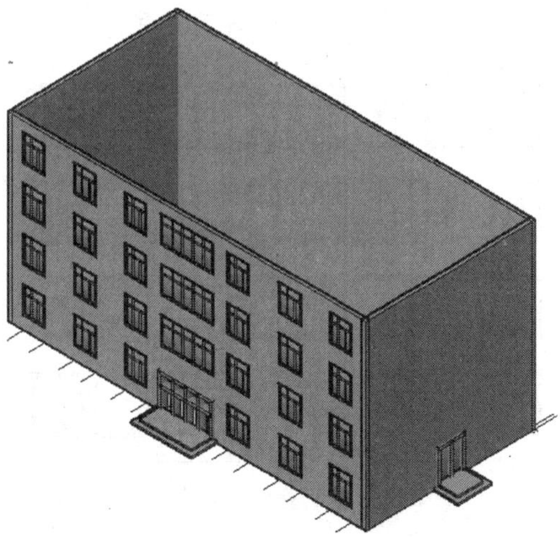

图 7-62　室外台阶建模（三）

7.3.8 绘制壁柱及窗楣、窗台

通过作辅助线，利用 Box 即可完成壁柱及窗楣、窗台的绘制。

1. 绘制壁柱

① 单击视图工具条中的主视按钮，将视图转换为主视图。

② 执行 Layer 命令，新建壁柱层并设为当前层，将辅助线层打开，关闭其他图层。

③ 执行 Copy 命令，做壁柱的参考位置如图 7-63 所示。

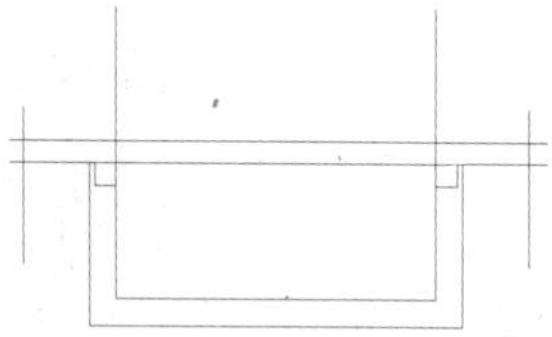

图 7-63 壁柱建模

④ 执行 Box 命令，绘两个高度均为 12400mm 的立方体，打开其他图层，结果如图 7-64 所示。

图 7-64 绘制壁柱

2. 绘制窗台、窗楣

和前面绘制壁柱的方法类似，作出窗台位置的辅助线，执行 Box 绘制立方体命令，绘制出窗台，执行 Copy 命令，绘制出窗楣，结果如图 7-65 所示。

图 7-65 绘制窗台和窗楣（一）

单击视图工具条中的东南等轴测按钮，将视图转换为立体模型，执行 Vscurrent 命令 [概念(C)] 选项，显示结果如图 7-66 所示。

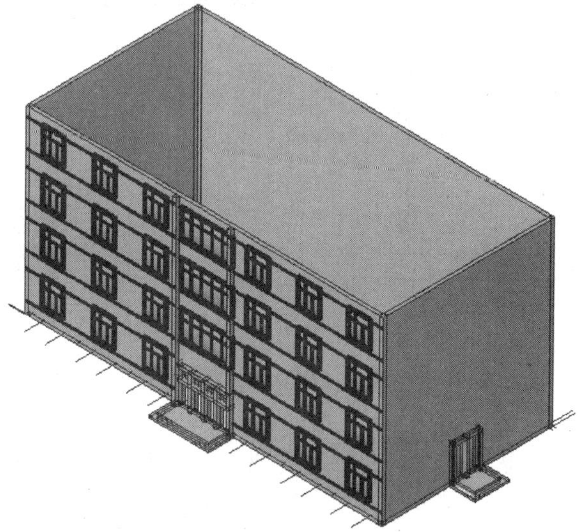

图 7-66　绘制窗台和窗楣（二）

7.3.9　四坡屋面建模

以上为宿舍楼建立了墙体、门窗及台阶模型，下面将为这幢建筑搭一个四坡屋顶。

1．创建屋面模型的辅助线

操作：

① 执行工具条中的 UCS 命令，选择世界坐标系选项。

② 关闭除 0 层、辅助线层和屋檐层之外的所有层，并设辅助线层为当前层。

③ 考虑屋檐挑出为 1.2m，在外墙轴线外侧 1200 处建一根封闭的屋檐辅助线，结果如图 7-67 所示。

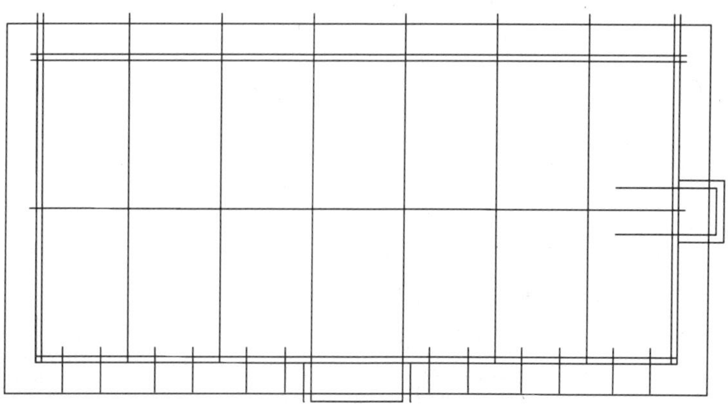

图 7-67　绘封闭的屋檐辅助线

④ 沿 4 个端点以 45° 方向建斜脊的水平投影线，结果如图 7-68 所示。

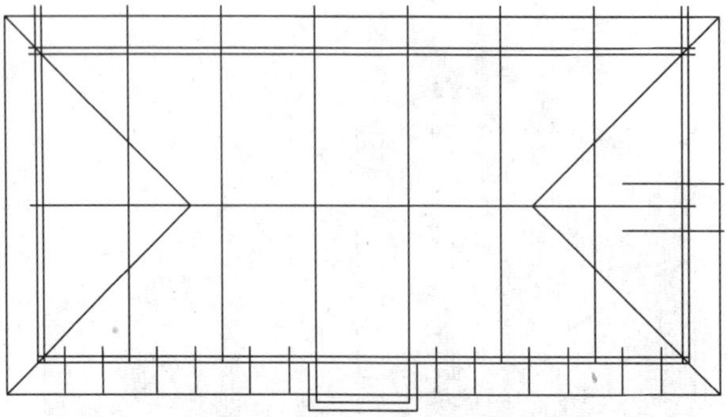

图 7-68　绘斜脊的水平投影线

⑤ 单击视图工具条中的东南等轴测按钮，将 UCS 设为“主视”方式。

⑥ 执行 Line 命令，从图 7-69 中的 A 点出发，绘一条竖直的辅助线。

⑦ 执行 Line 命令，在屋檐辅助线的短边一侧，从中点以 30°方向绘线，与垂直方向的辅助线相交（此交点即为屋面正脊与斜脊的相交点），结果如图 7-69 所示。

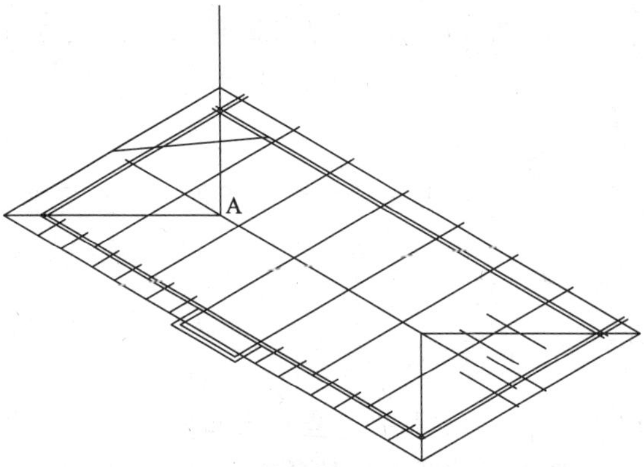

图 7-69　绘辅助线找出屋面正脊与斜脊的相交线

⑧ 用同样的方法找出另一个交点，然后执行 Line 命令，绘出 4 根斜脊与 1 根正脊，并删掉多余线段，结果如图 7-70 所示。

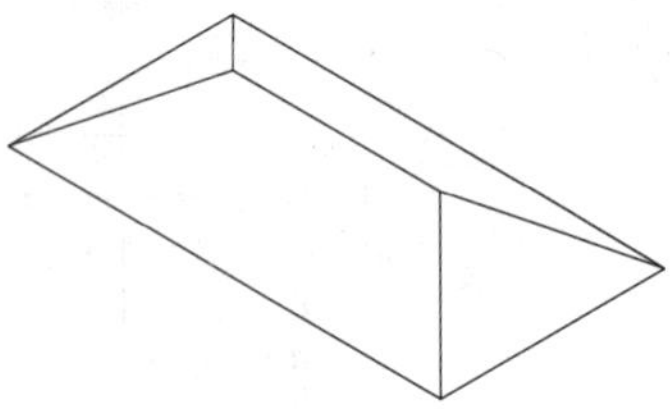

图 7-70　绘 4 根斜脊线与 1 根正脊线

2．构建屋面

下面执行 3Dface 来构造四坡屋面。

操作：

① 将图层转换到屋面层，执行 3Dface 命令，顺时针选择前侧屋面的 4 个顶点。

② 执行 Shade 命令，观察 3Dface 效果，结果如图 7-71 所示。

③ 多次执行 3Dface 命令，将其他的线框也变成 3Dface 面。

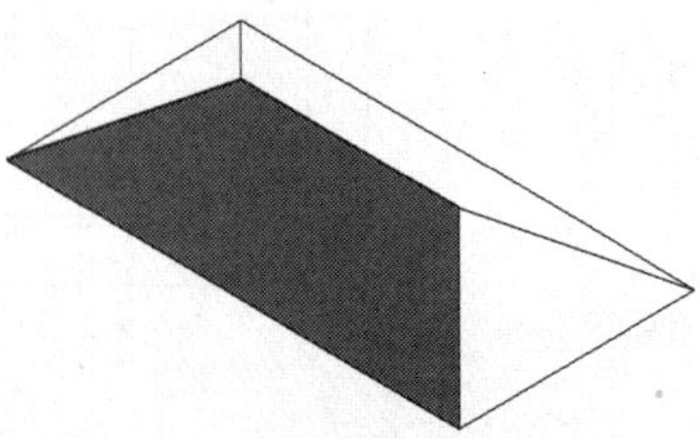

图 7-71　构建四坡屋面

3．构建屋檐

下面采用 Box 命令构造屋檐。

操作：

① 执行 Layer 命令，将屋檐层设为当前层。

② 执行 Box 命令，通过交点捕捉，绘制屋檐，高度为−200，结果如图 7-72 所示。

③ 执行 Group（成组）命令，将屋面及屋檐编成组。

④ 执行 Layer 命令，打开所有图层，单击视图工具条中的主视按钮，观察主视图，结果如图 7-73 所示。

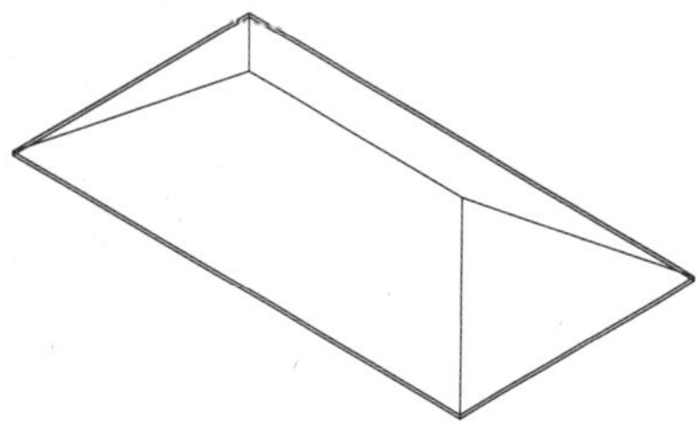

图 7-72　构建屋檐

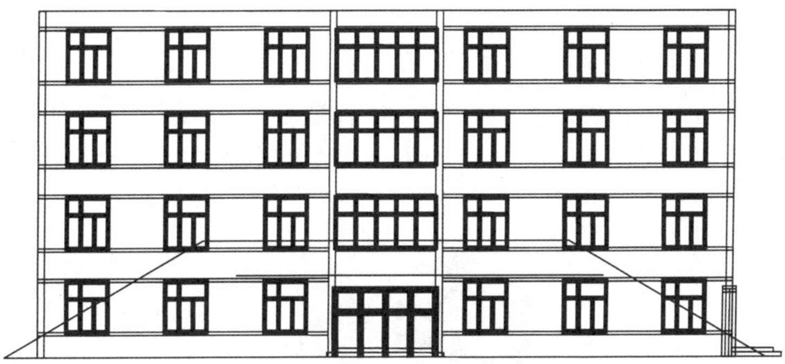

图 7-73　观察到的前视图

⑤ 执行 Move 命令，通过端点捕捉，将屋面及屋檐移至墙体正上方，结果如图 7-74 所示。

图 7-74　将屋面及屋檐移至墙体正上方

⑥ 单击视图工具条中的东南等轴测按钮，将视图转换为立体模型。

⑦ 执行 Vscurrent 命令的概念选项，观察显示效果，结果如图 7-75 所示。

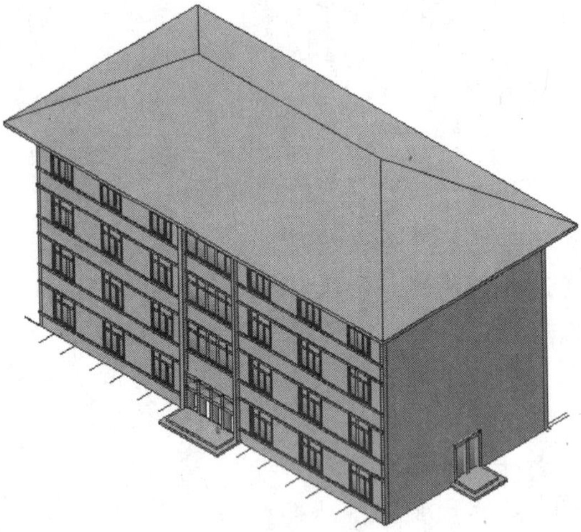

图 7-75　宿舍楼效果

7.3.10　增添辅助设施，完成细部

在主要模型完成后，可以在这幢宿舍楼的周围增加一些辅助设施，如地面等，并完成一些细部构造，如雨篷等。最后执行执行 Vscurrent 命令的概念选项，观察显示效果，结果如图 7-76 所示。

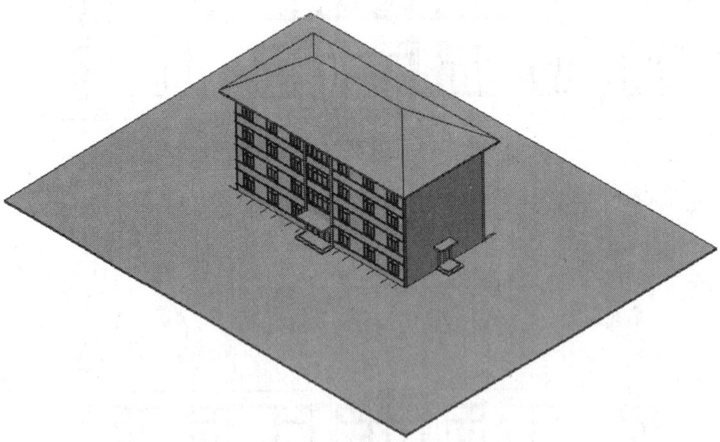

图 7-76　增添辅助设施

小　　结

三维建模对建筑设计和建筑装饰专业的学生绘制建筑室外效果图至关重要，建筑工程等其他建筑类专业学生掌握一些简单三维建模的基础知识对帮助学生理解或验证设计意图和建筑物空间立体几何关系也颇有益处。本章以前面几章介绍和绘制的建筑施工图为例讲述了三维建模的基本命令和编辑方法，为了体现三维建模的基本过程，原图作了部分修改（如四坡屋面建模），并增加了凉亭的绘制。学习本章内容时相关命令请参阅 2.11 三维模型构造。

思 考 题

1. 绘制凉亭时，在阵列台阶时需要注意什么问题？
2. 三维建模和二维作图有什么区别和联系？

练 习 题

1. 绘制完成凉亭模型。
2. 绘制完成宿舍楼模型。

第 8 章　天正建筑软件绘图

学习内容与目标

本章以附录 A“某学生宿舍楼部分施工图”为例，详细讲解了应用天正建筑软件绘制建筑平面图、立面图、剖面图的全过程。同时在个别部位采用 AutoCAD 命令配合使用。通过本章的学习要熟悉和掌握天正用户界面，理解和掌握天正建筑软件绘图的过程和步骤，学会和灵活掌握在天正建筑软件中使用 AutoCAD 命令的场合和方法。

8.1　绘制建筑平面图

TArch（天正建筑）是由北京天正工程软件公司，在 AutoCAD 平台上研制开发的一个专用建筑图绘制软件，也是目前国内建筑行业最流行的专用绘图软件，有着十分庞大的用户群和潜在的用户群。该软件针对建筑图的特点开发，用它绘制建筑图，尤其是建筑平面图，要比用 AutoCAD 等通用绘图软件快几倍甚至几十倍。因而国内的建筑设计单位一般多用 TArch 绘制主要的建筑图样，然后用 AutoCAD 来修正成准确的建筑图。

许多同学存在疑问：既然 TArch 绘图更方便、快捷，直接学习 TArch 就可以了，为什么还要花费许多精力来学习 AutoCAD 呢？事实上，虽然 TArch 绘图速度快，但绘出的图样有时并不是很完整、准确，尤其一些不太规整的建筑布局，这时就需要 AutoCAD 来修正。可以说 TArch 绘图离不开 AutoCAD，它们之间相辅相承。TArch 是针对建筑图中的标准结构和相对不变的结构二次开发而成，而建筑图中的许多多变结构，必须用 AutoCAD 绘制，另外用 TArch 绘制生成的立面图、剖面图等有时也需要用 AutoCAD 来修正。即使 TArch 最擅长的平面图，也要与 AutoCAD 的一些命令配合使用，才能取得最佳效率。随着 TArch 软件的不断升级，功能不断强大，用 TArch 绘制建筑图会变得越来越轻松。我们目前仍然建议学生，在将 AutoCAD 的学习基础打牢之后，再开始学习 TArch 绘图。下面就以附录 A 中的某学生宿舍楼部分施工图为例学习 TArch 软件的使用。

双击桌面上 TArch 的快捷图标，打开 TArach 绘图软件，界面如图 8-1 所示。

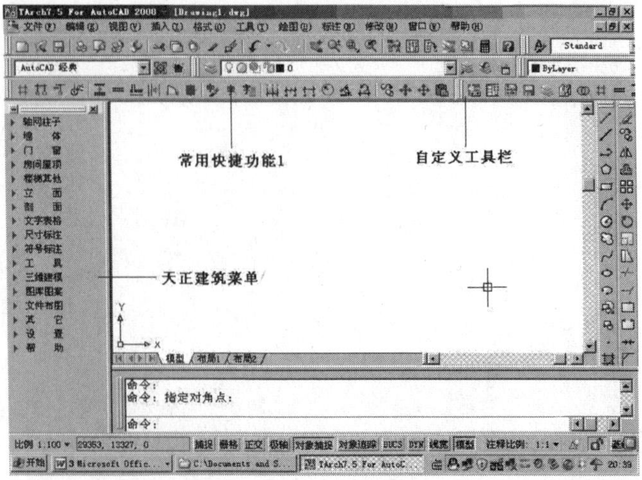

图 8-1　天正界面

8.1.1　绘制定位轴线

绘制图样以前，首先需要进行图样比例的设置。单击 工具(T) 下拉菜单 选项(N)... 命令，弹出 选项 对话框，在该对话框中进行基本参数设置，如图 8-2 所示。

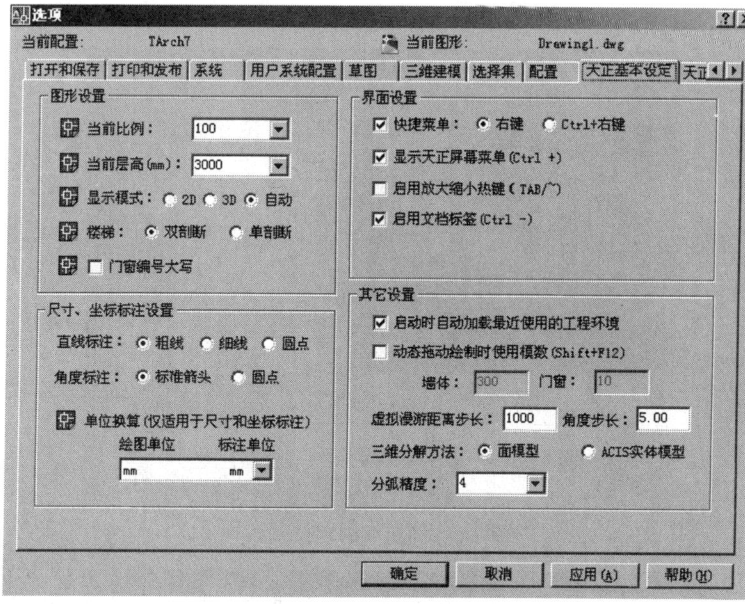

图 8-2 “选项”对话框

参看附录图 A-1，水平定位轴线的间距（即进深尺寸）分别为 5100、1800、5100，垂直定位轴线的间距（即开间尺寸）均为 3600。

操作：

① 单击屏幕左侧主菜单中的 ▸ 轴网柱子，弹出 ▾ 轴网柱子 菜单，如图 8-3 所示。

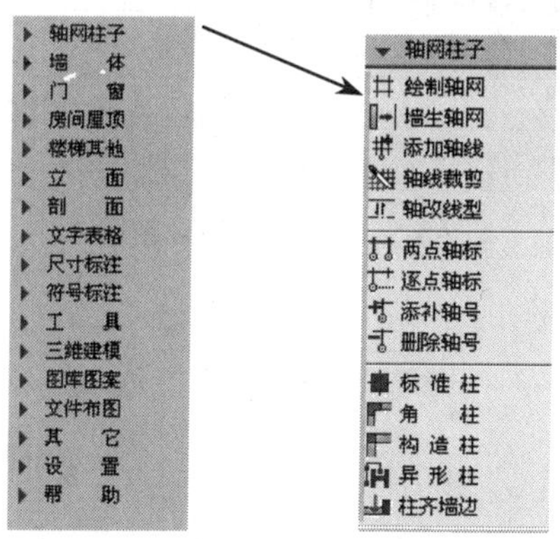

a）　　b）

图 8-3　天正建筑菜单

a）主菜单　b）轴网柱子菜单

② 单击 ▾ 轴网柱子 菜单中的 ⌗ 绘制轴网，弹出 绘制轴网 对话框。

③ 在绘制轴网对话框进行如下设置：在“个数”文本框中输入“7”（开间数目），在“轴间距”文本框中输入“3600”（开间尺寸），结果如图 8-4 所示。

④ 单击左进单选按钮，在对话框中进行如下设置，如图 8-5 所示。

⑤ 单击确定按钮，退出绘制轴网对话框，返回绘图区域；在绘图区单击，确定轴网位置。结果如图 8-6 所示。

图 8-4 确定纵向定位轴线

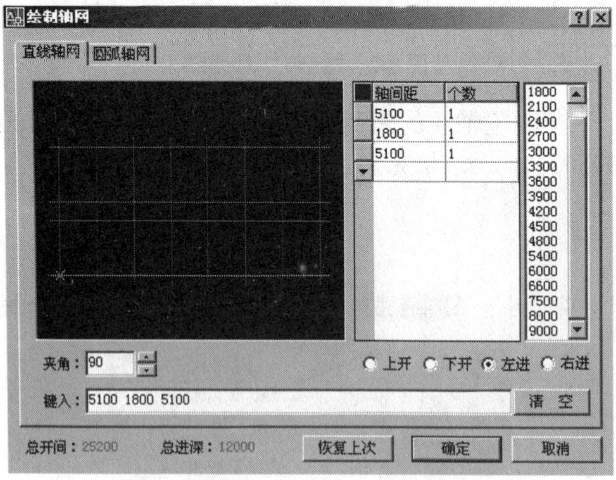

图 8-5 确定水平定位轴线

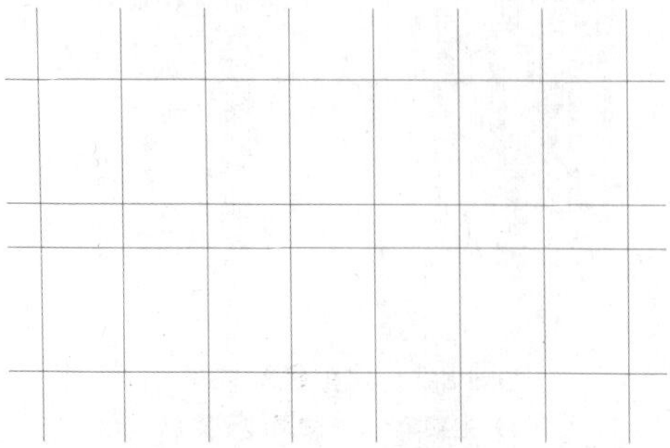

图 8-6 直线轴网

说明：

1. 单击菜单中的轴改线型，轴线由实线变为点划线。默认状态下，Tarch 绘制的轴线是实线，轴改线型命令是一个切换开关，若再次单击该命令，则点划线又变为实线。

2. 执行 AutoCAD 的图层命令，将轴线所在的图层 DOTE 线型改为 CENTER 或 CENTER2，这样也可以将轴网改成点划线

3. 为了绘图方便快捷，一般在打印出图前，再进行线型修改。

8.1.2　标注轴网

标注轴网是标出各定位轴线的编号（包括轴线圈），以及定位轴线之间的尺寸。

1．标注垂直轴网

操作：

① 单击轴网柱子菜单中的两点轴标，弹出轴网标注对话框，选择单侧标注，如图 8-7 所示。

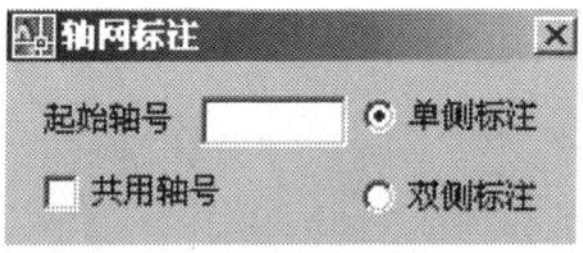

图 8-7 “轴网标注”对话框

② 请选择起始轴线<退出>:（捕捉并单击第一条垂直轴线的下端点 A）

③ 请选择终止轴线<退出>:（捕捉并单击最后一条垂直轴线的下端 B）

④ 按回车键结束命令，结果如图 8-8 所示。

这样，垂直轴网标注完毕（本例中上下左右对称，所以只需单侧标注即可）。

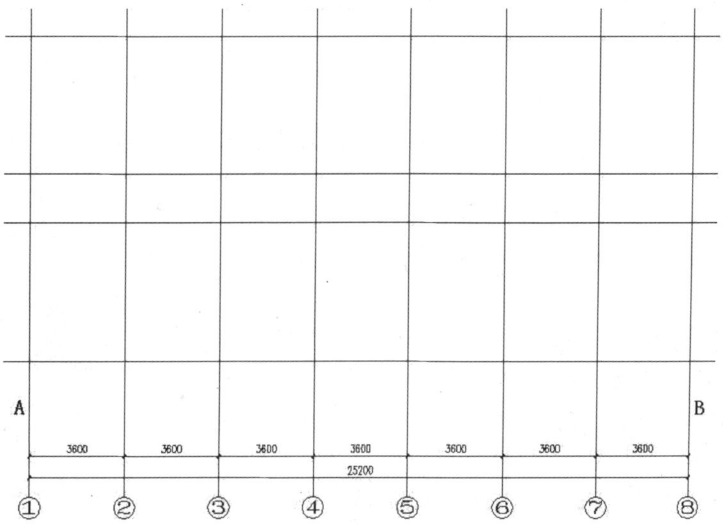

图 8-8　标注垂直轴网

2．标注水平轴网

水平轴网也选择单侧标注。

操作：

① 单击 轴网柱子 菜单中的 两点轴标，弹出 轴网标注 对话框，选择 单侧标注，见图 8-6。

② 请选择起始轴线<退出>:（捕捉并单击最下一条水平轴线的右端点 D）

③ 请选择终止轴线<退出>:（捕捉并单击最上一条水平轴线的右端点 C）

④ 按回车键结束命令，结果如图 8-9 所示。

这样，垂直轴网标注完毕（本例中上下左右对称，所以只需单侧标注即可）。

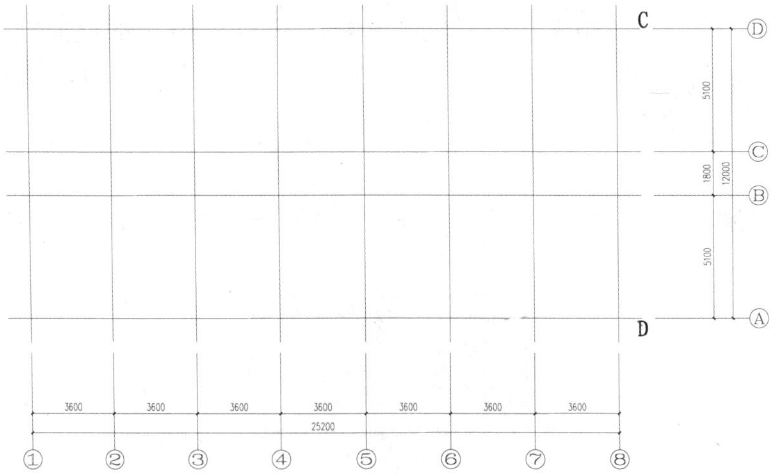

图 8-9　标注水平轴网

8.1.3　绘制墙体

绘制墙体即为绘制双墙线。内墙厚全部为 240，外墙内侧厚为 120，外侧厚为 250。

操作：

① 单击 墙　体 菜单中的 绘制墙体，弹出 绘制墙体 对话框。

② 在对话框中设置外墙参数，如图 8-10 所示。

③ 通过捕捉轴线间的交点，按顺时针方向，绘出全部外墙。

④ 将 绘制墙体 对话框中的“左宽”和“右宽”全设置为 120，进行内墙参数的设置。

⑤ 通过捕捉轴线间的交点，绘出全部内墙，结果如图 8-11 所示。

⑥ 执行 Copy 命令，将 A 轴、D 轴分别向下向上复制 450。

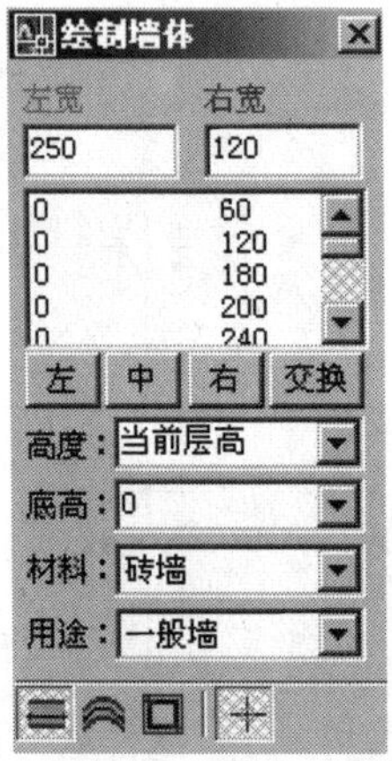

图 8-10 “绘制墙体”对话框

⑦ 执行 Extend 命令，选择复制线为延伸目标，将④、⑤轴墙线作为要延伸的对象，形成墙垛，结果如图 8-12 所示。

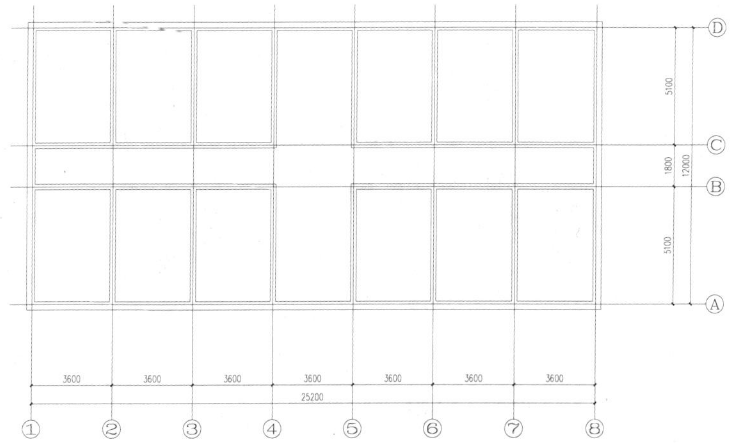

图 8-11　绘制墙体

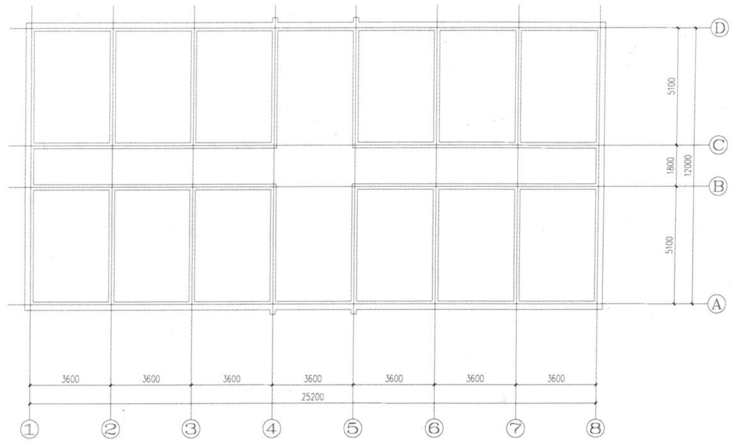

图 8-12　拉伸墙线

⑧ 执行 AutoCAD 的相关编辑命令，参照附录图 A-1 修改墙线。

说明：

1. 若按逆时针方向绘制外墙，则要单击图 8-10 中的 交换 按钮。

2. 在绘制内墙的过程，可以执行 AutoCAD 中的命令，如：复制（Copy）、偏移复制（Offset）、剪切（Trim）、删除（Erase）、延伸（Extend）、阵列（Array）、拉伸（Stretch）等，对任何一段墙体进行编辑。

8.1.4　插入门窗

TArch 图库中有多种常用门窗类形。插入门窗即是从 TArch 的图库中调用合适的门窗类形（包括材料、式样、开启方向等）插入到已绘出的墙体中。

1. 插入门

操作：

① 打开门 窗菜单，单击子菜单中的门 窗，弹出门窗参数对话框。

② 在门窗参数对话框中，选择合适的单扇平开门，单击对话框中的（依次点取位置两侧的轴线进行等分插入）按钮，然后输入各项参数，如图 8-13 所示。

图 8-13 “门窗参数”对话框

③ 点取门窗大致的位置和开向（Shift－左右开）<退出>:（将鼠标移到 B 和 C 轴的墙段中，待门的图例出现后在墙的内侧后单击。

④ 指定参考轴线[S]/门窗个数(1～4)<1>:（直接回车即可）

⑤ 点取门窗大致的位置和开向（Shift－左右开）<退出>:（在需要开门的轴线间单击鼠标）

⑥ 指定参考轴线[S]/门窗个数（1～4）<1>:（直接回车即可）

⑦ 点取门窗大致的位置和开向（Shift－左右开）<退出>:（在需要开门的轴线间单击鼠标）

重复执行上述操作，完成 B、C 轴墙段在 2 轴和 8 轴之间所有内开门。结果如图 8-14 所示。

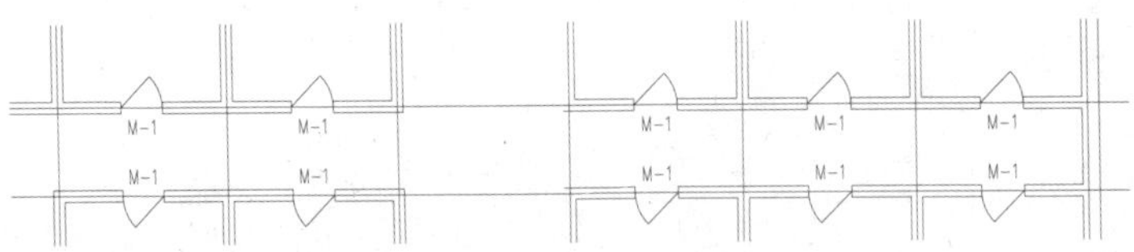
图 8-14 完成部分门的插入

下面完成 C 轴墙段在 1 轴和 2 轴之间的内开门（即厕所门）。

操作：

① 打开门 窗菜单，单击子菜单中的门 窗，弹出门窗参数对话框。

② 在门窗参数对话框，选择单扇平开门，单击对话框中的（垛宽定距插入）按钮，然后输入各项参数，如图 8-15 所示。

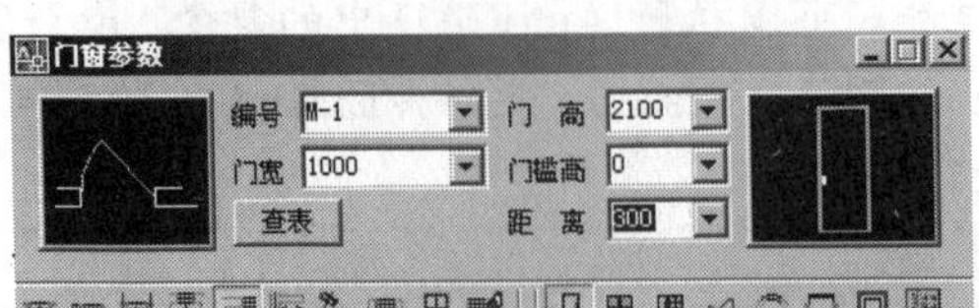

图 8-15 门窗参数对话框

③ 点取门窗大致的位置和开向(Shift－左右开)<退出>:（将鼠标移到 C 轴墙在 1 和 2 轴

之间墙段中，待门的图例出现后在墙的内侧后单击。

④ 指定参考轴线[S]/门窗个数(1～4)<1>:（两次回车结束命令）

结果如图 8-16 所示。

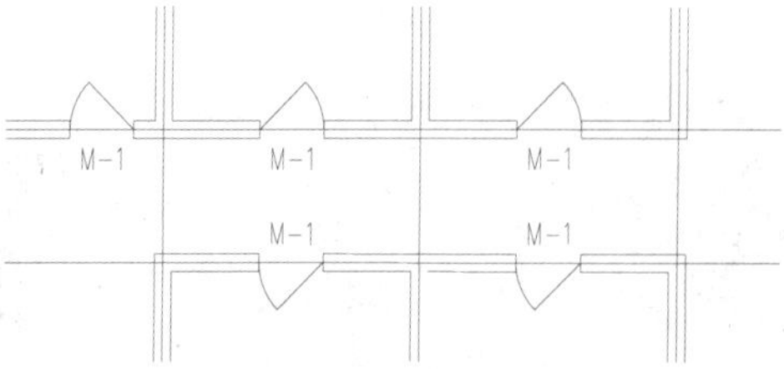

图 8-16　完成 M-1 的插入

⑤执行相同的方法，参考附录图 A-1，将 M-3 插入。

由于门厅部位的 M-2 在 TArch 中没有所需要的图例，完成上述步骤后，可以执行 AutoCAD 相应命令完成操作，最终的结果如图 A-1 所示。

2．插入窗

插入窗的方法与插入门的方法相同。

操作：

① 单击门窗参数对话框中的（插窗）按钮，输入窗的各项参数，如图 8-17 所示。

图 8-17 “门窗参数”对话框

② 单击门窗参数对话框中右边的窗图例，弹出天正图库管理系统对话框。在对话框中选择有亮子的平开窗 3，如图 8-18 所示。

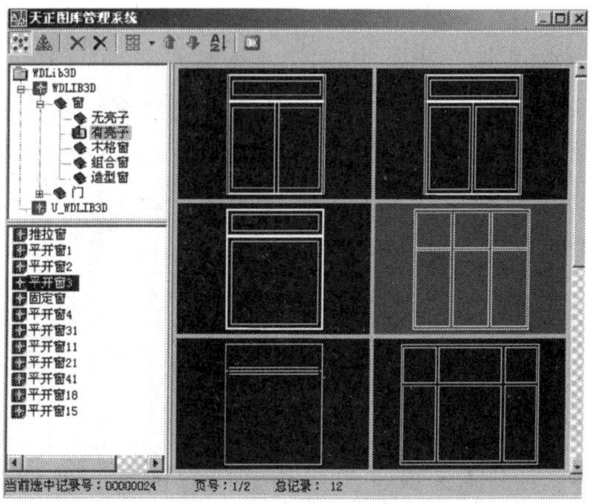

图 8-18 “天正图库管理系统”对话框

③ 关闭天正图库管理系统对话框后，用插入门的方法，单击对话框中的（依次点取位置两侧的轴线进行等分插入）按钮，完成 A、D 轴的所有窗。

④ 执行同样的方法，在门窗参数对话框中进行 C-2 参数设置，如图 8-19 所示。单击对话框中的（轴线定距插入）按钮，将 1 轴墙上走廊处的 C-2 插入。

图 8-19 门窗参数对话框

⑤ 执行同样的方法完成 C-3 的插入，结果如图 8-20 所示。

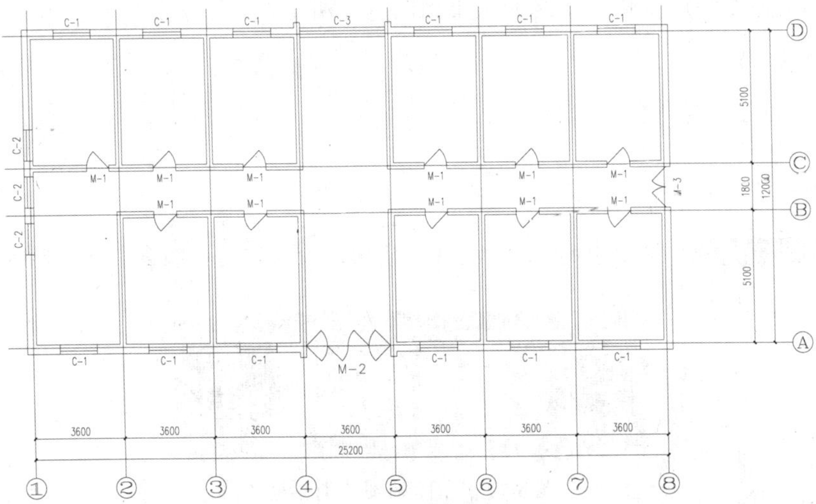

图 8-20 完成窗的插入

说明：

插入一个门和窗之后，可以用 AutoCAD 中的编辑命令，如阵列（Array）、复制（Copy）等命令来完成其他同类的门和窗。不同类型的门和窗，用以上同样的方法也可完成。

3. 门窗表

操作：

① 单击门 窗菜单中的门窗表。

② 请选择当前层门窗：（窗选方式选择当前层所有门窗，并回车，弹出如图 8-21 所示表格内容）

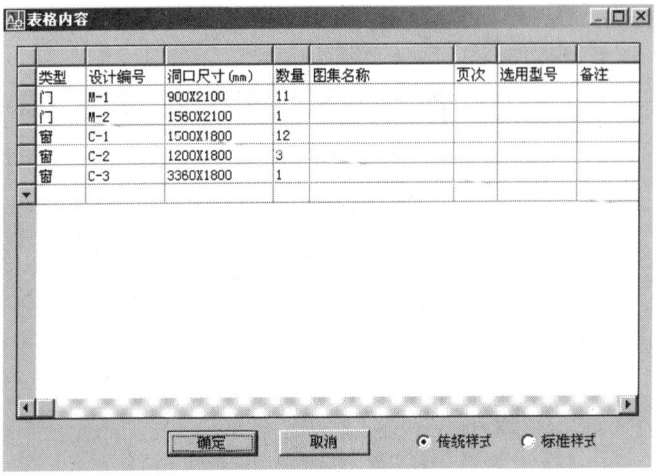

图 8-21 “表格内容”对话框

③ 单击 确定 按钮，关闭对话框。

④ 门窗表位置（左上角点）或[参考点(R)]<退出>:（在适当位置单击，确定门窗表位置）

8.1.5　插入楼梯

楼梯的绘制和门窗的绘制基本一样，采用直接设置参数，然后插入的方法进行。

操作：

① 单击 楼梯其他 菜单中的 双跑楼梯，弹出 矩形双跑梯段 对话框。在对话框中进行各项参数设置，如图 8-22 所示。

② 点取位置或 [转 90 度(A)/左右翻(S)/上下翻(D)/对齐(F)/改转角(R)/改基点(T)]<退出>:（捕捉并单击点 A，确定楼梯位置）

这样，已设置好的楼梯被准确插入，如图 8-23 所示。

③ 双击标注“上”，弹出 输入箭头文字 对话框，将“上”修改为“上 20 步”，如图 8-24 所示。

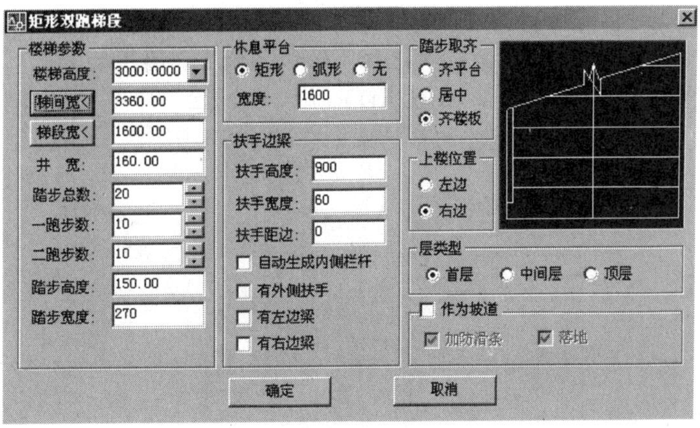

图 8-22 “矩形双跑梯段”对话框

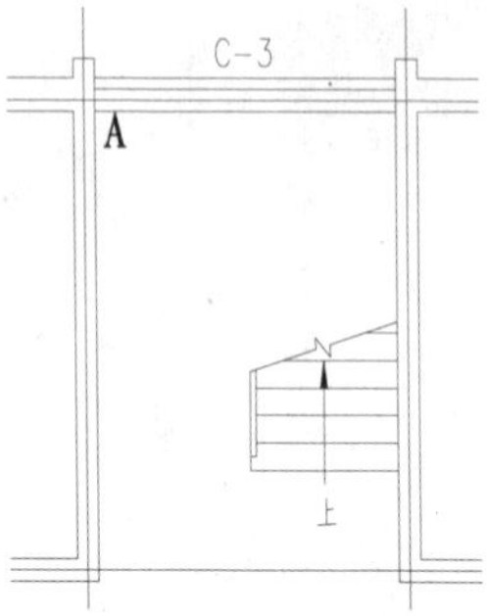

图 8-23　完成楼梯插入

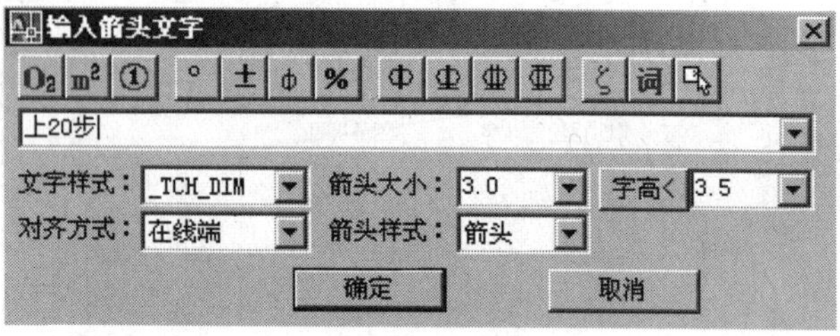

图 8-24　修改“上”为“上 20 步”

8.1.6　绘制室外台阶和散水

1．绘制台阶

操作：

① 单击 楼梯其他 菜单中的 台　阶，弹出台阶对话框。在对话框中进行参数设置，如图 8-25 所示。

图 8-25　“台阶”对话框

② 台阶平台轮廓线的起点<退出>:（捕捉并单击轴线的交点 A）
③ 直段下一点或 [弧段(A)/回退(U)]<结束>:（输入@0，－1200 并回车，绘出 B 点）
④ 直段下一点或 [弧段(A)/回退(U)]<结束>:（输入@3600，0 并回车，绘出 C 点）
⑤ 直段下一点或 [弧段(A)/回退(U)]<结束>:（捕捉与轴线的交点 D）
⑥ 直段下一点或 [弧段(A)/回退(U)]<结束>:（单击 A 点后回车）
⑦ 请选择邻接的墙(或门窗)和柱:（选择 4 轴和 5 轴上的墙垛后回车）
⑧ 请点取没有踏步的边:（选择线段 AD）
⑨ 请点取没有踏步的边:（直接回车结束命令）

结果如图 8-26 所示。

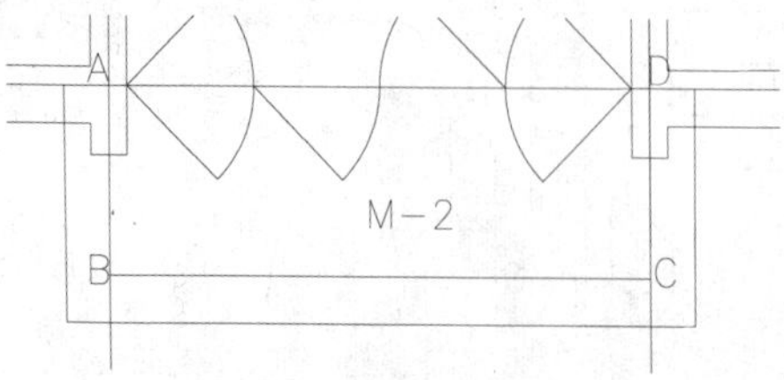

图 8-26　绘制门厅部位台阶

执行同样的方法完成 B、C 轴之间的台阶的绘制，结果如图 8-27 所示。

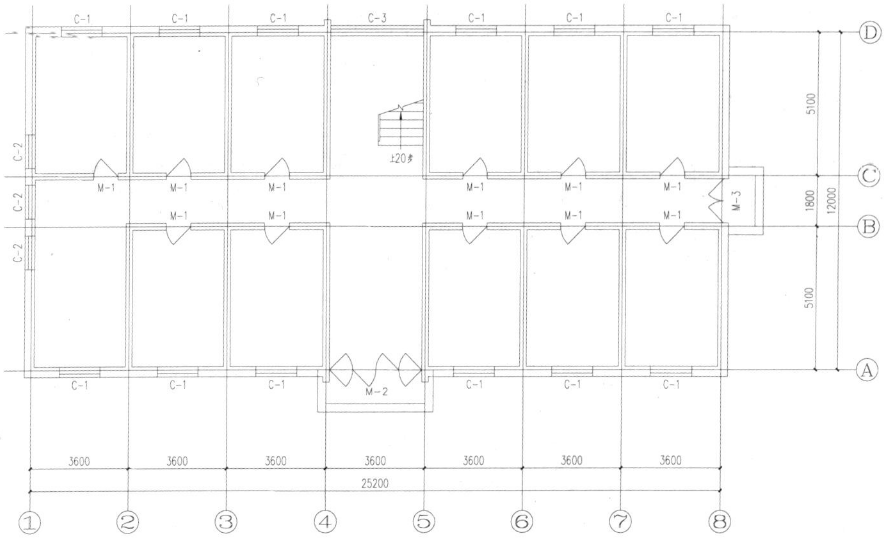

图 8-27　完成台阶绘制

2．绘制散水

操作：

① 单击 楼梯其他 菜单中的 散　水，弹出 散水 对话框。在对话框中进行参数设置，如图 8-28 所示。

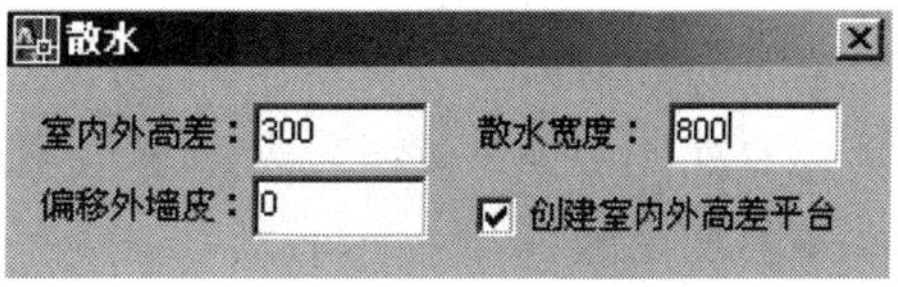

图 8-28 “散水”对话框

② 请选择构成一完整建筑物的所有墙体（或门窗）:（用窗选方式选择全部图形后直接回车）

结果如图 8-29 所示。

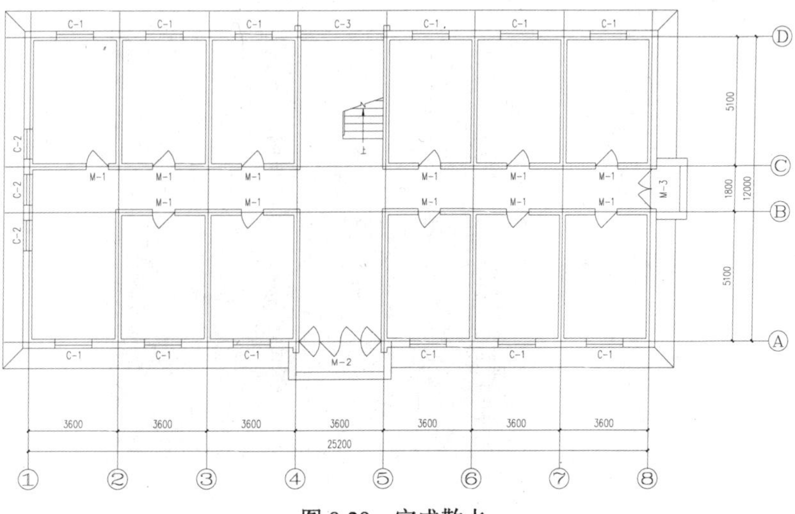

图 8-29　完成散水

提示：

当建筑物较复杂时，该命令不能生成正确的散水，可用直线命令画散水。

8.1.7 卫生间布置

卫生间的布置包括洁具布置和隔断布置。单击▼房间屋顶菜单，弹出如图8-30a所示的菜单，再单击▶房间布置菜单，如图8-30b所示。在房间布置下拉菜单中，可以通过该菜单中的布置洁具、布置隔断命令来完成卫生间的布置。

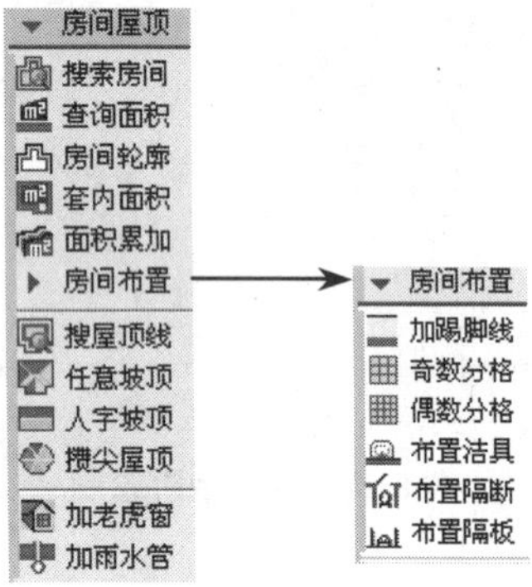

a） b）

图8-30 洁具布置命令

1．布置洁具

洁具布置命令可以插入大便器、浴缸、盥洗槽和拖布池等洁具。对于不同的洁具，输入的参数有所不同。

操作：

① 单击布置洁具，弹出天正洁具对话框，如图8-31所示。

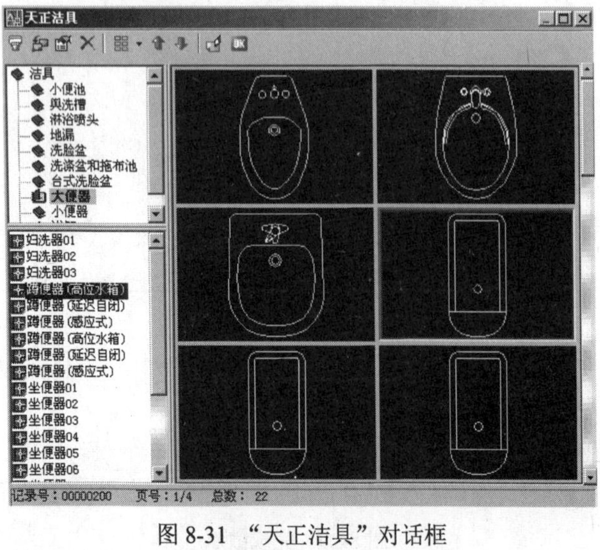

图8-31 “天正洁具”对话框

② 选择“大便器”中“蹲便器”，双击第二行第二列的洁具，退出对话框，弹出布置蹲便器对话框，如图 8-32 所示。

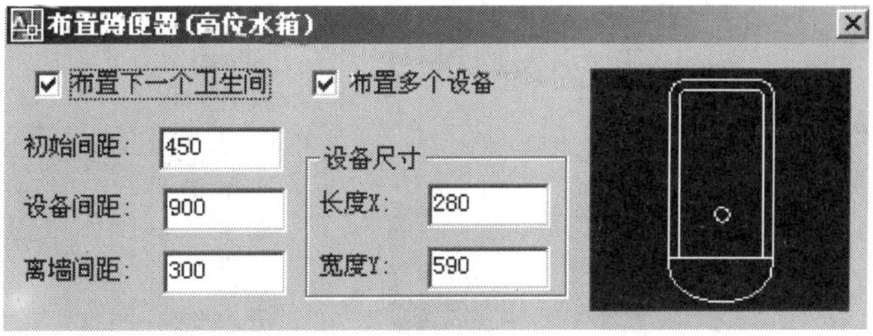

图 8-32 “布置蹲便器”对话框

③ 请点取墙体边线或选择已有洁具:（在墙线 AB 的上半部分点 A 附近单击，确定第一个洁具位置）

④ 下一个<退出>:（继续向下单击鼠标，确定洁具位置）

⑤ 下一个<退出>:（重复上一动作，直至洁具数量达到要求为止）

⑥ 请点取墙体边线或选择已有洁具:（直接回车，结束命令）

结果如图 8-33 所示。

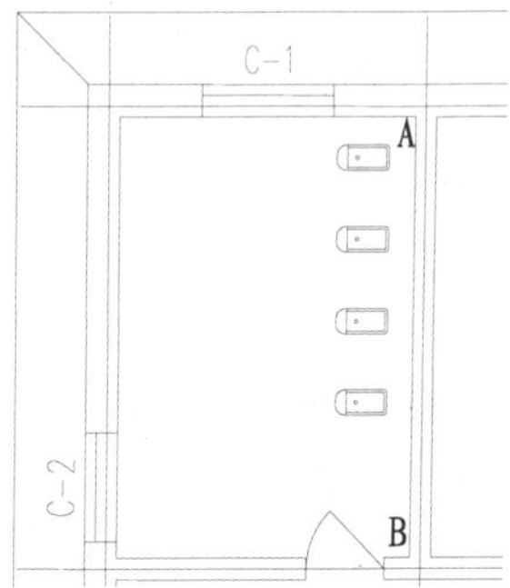

图 8-33　布置洁具

2．布置隔断

布置隔断命令用来绘制洁具之间的隔断。

操作:

① 执行 Line 命令作一条辅助线 CD。

② 单击 布置隔断。

② 起点:（在 C 点附近单击）

③ 终点:（在 D 点附近单击）

④ 隔板长度<1200>:（直接回车）

⑤ 隔断门宽<600>:（直接回车）

删除辅助线，结果如图 8-34 所示。

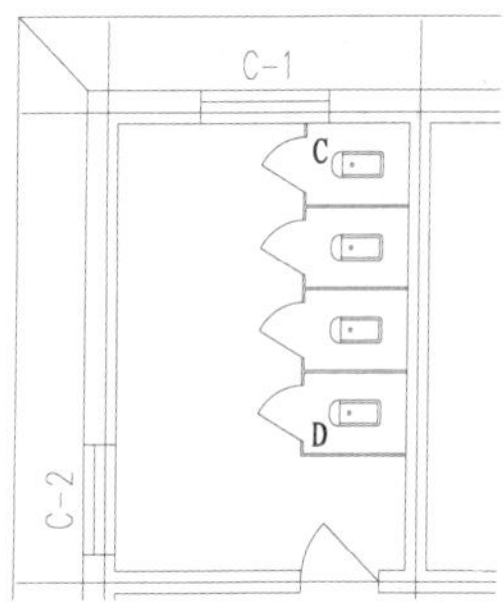

图 8-34　布置隔断

8.1.8　标注尺寸和符号

在各类建筑图样中，平面图需要标注的尺寸最多。本节介绍的尺寸标注命令主要用于平面图中的标注。AutoCAD 绘图软件应用广泛，它的尺寸标注命令不是专门针对建筑图样设置，所以调用以前要先设置尺寸样式，而且难以成组标注，而 TArch 的尺寸标注命令专门针对建筑绘图设计，所以使用起来方便快捷，效率很高。

TArch 标注尺寸和符号的命令在图标菜单中，如图 8-35 所示。

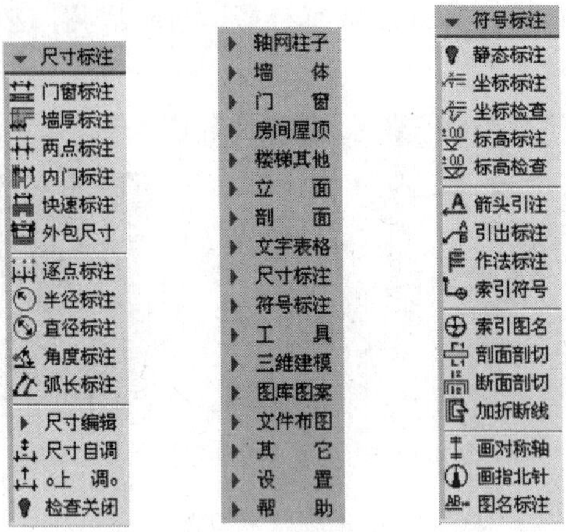

图 8-35　尺寸标注菜单

1．标注尺寸

平面图上的尺寸包括外部尺寸和内部尺寸。内部尺寸包括内墙厚度、门洞尺寸以及卫生洁具尺寸等，外部尺寸分三道：最里边一道尺寸为细部尺寸，第二道为定位轴线间距，最外一道为建筑物外墙皮之间的距离。

（1）门窗标注

操作：

① 单击 尺寸标注 菜单中的 门窗标注。

② 起点<退出>:（在 A 点附近单击）

③ 终点<退出>:（在 B 点附近单击，使 AB 穿过墙、A 轴和第一、二道尺寸线）

④ 选择其他墙体:（用窗选的方式选择 A 轴上的墙体，之后直接回车结束命令）

⑤ 修改最外边的尺寸，结果如图 8-36 所示。

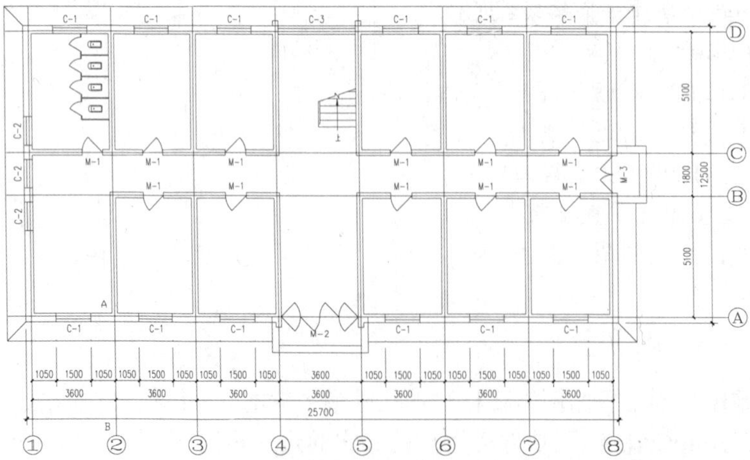

图 8-36　门窗标注

⑥ 执行与上述同样的方法，完成其他门窗尺寸的标注。

（2）标注墙厚　墙厚标注命令用来在平面中标注一组墙的厚度尺寸。调用该命令后，在要标注厚度的一道或多道墙两侧各取一点，系统标注这两点连线穿过的所有墙的厚度尺寸。

操作：

① 单击 尺寸标注 菜单中的 墙厚标注。

② 直线第一点<退出>:（在 A 点附近单击，该点的上位置决定尺寸的上下位置）

③ 直线第二点<退出>:（在 B 点附近单击，这样 AB 段内的所有内墙全部标出）

结果如图 8-37 所示。

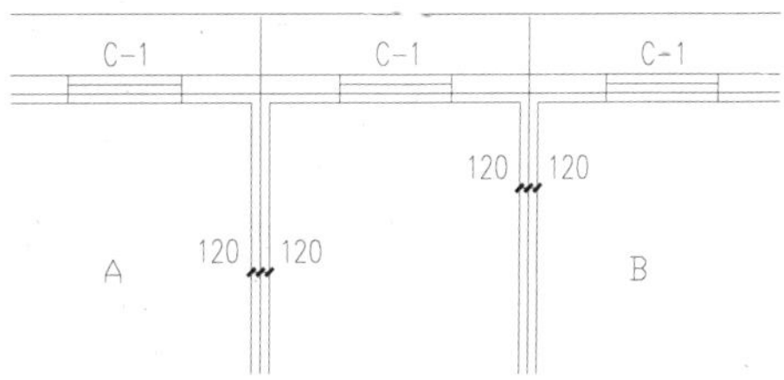

图 8-37　标注墙厚

（3）两点标注　两点标注命令，通过指定两点，标注被两点连接线穿过的轴线、墙线、门窗等构件的尺寸，尺寸线与这两点的连接线平行，该命令的调用与墙厚命令相同。

操作：

① 单击 尺寸标注 菜单中的 两点标注。

② 起点<退出>:（打开正交工具，在 A 点附近单击）

③ 终点<退出>:（在 B 点附近单击，选中 AB 穿过的墙体）

④ 请选择不要标注的轴线和墙体：（直接回车）

⑤ 选择其他要标注的门窗和柱子:（窗选 B 轴上的三个门）

⑥ 请输入其他标注点或[参考点(R)]<退出>:（直接回车，结束命令）

这样，被 AB 连线所穿过的轴线、墙体、门窗等的尺寸全部标出，结果如图 8-38 所示。

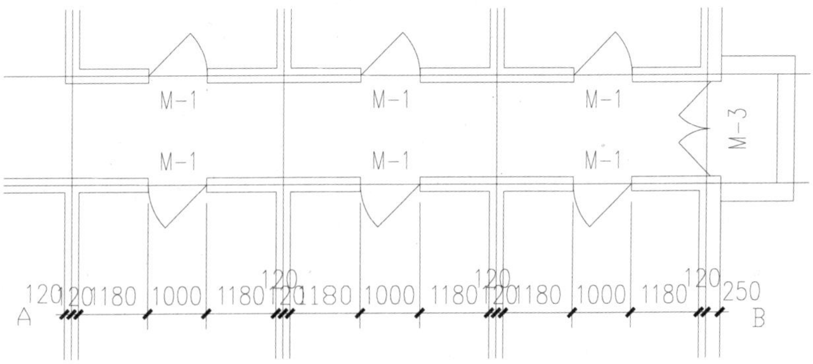

图 8-38　两点标注

2．符号标注

用 TArch 的符号标注命令，可以非常方便地绘制剖切符号、指北针、箭头、详图符号、引出标注符号等建筑图符号。

（1）标注标高

操作：

① 单击 符号标注 菜单中的 标高标注，弹出 编辑标高 对话框，在对话框中进行如下设置，

如图 8-39 所示。

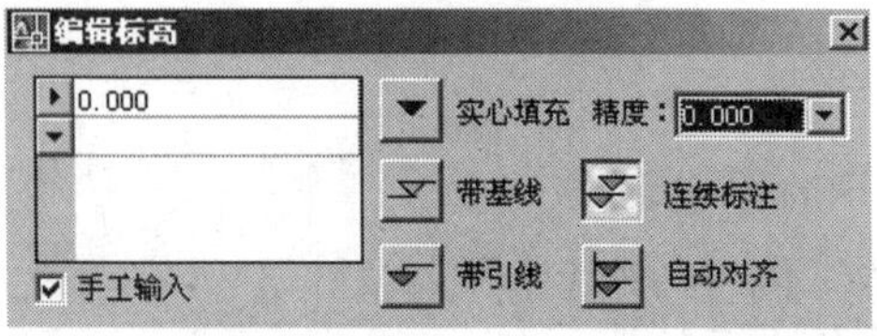

图 8-39 “编辑标高”对话框

② 请点取标高点或 [参考标高(R)]<退出>:（在所要标注的合适位置单击）

③ 请点取标高方向<退出>:（向上单击确定标高方向，确定室外标高数字的位置）

④ 下一点或 [第一点(F)]<退出>:（直接回车结束命令）

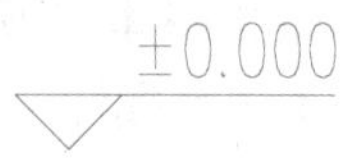

图 8-40 标高标注

结果如图 8-40 所示。

（2）标注剖切符号 一套建筑施工图中，必须在首层平面图中标注剖切符号，表明剖面图的来源。

操作:

① 单击 符号标注 菜单中的 剖面剖切。

② 请输入剖切编号<1>:（直接回车）

③ 点取第一个剖切点<退出>:（在 A 点附近单击）

④ 点取第二个剖切点<退出>:（在 B 点附近单击，之后直接回车）

⑤ 点取剖视方向<当前>: 提示下，在 AB 连线左侧单击，结果如图 8-41 所示。

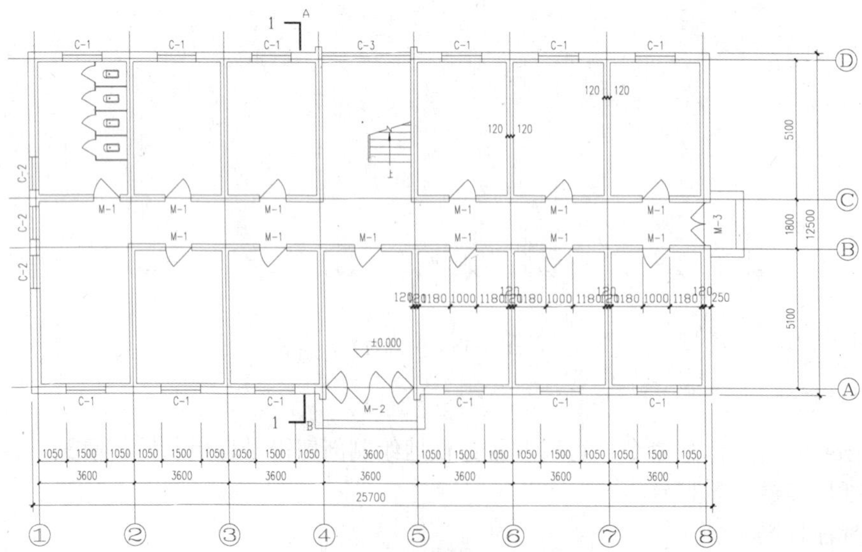

图 8-41 绘制剖切符号

（3）标注图名

操作：

① 单击 符号标注 菜单中的 图名标注，弹出 图名标注 对话框，在对话框中进行如下设置，如图 8-42 所示。

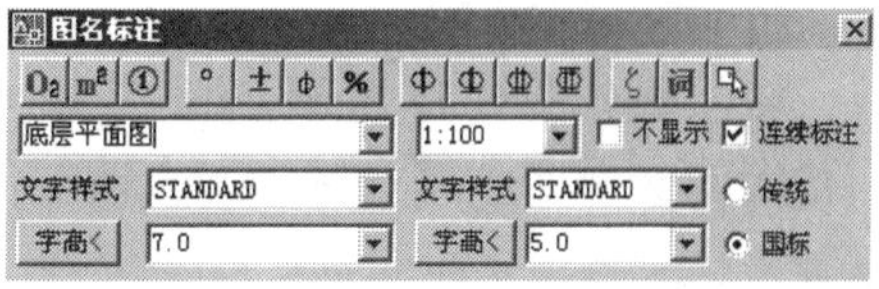

图 8-42 “图名标注”对话框

② 请点取插入位置<退出>:（在屏幕上合适位置单击鼠标，确定图名标注的位置）

8.2 绘制建筑立面图

很多没有系统学过 TArch 的人，只用 TArch 画平面图，或在平面图中插入几个 TArch 图块。实际上画完平面图后，用 TArch 生成立面图、剖面图，最后用 AutoCAD 命令对图形作局部修改，比从零开始用 AutoCAD 绘制要快捷的多。本节介绍如何用 TArch 绘制建筑立面图。

可以通过天正建筑菜单中的立面菜单来完成建筑立面图的绘制。

8.2.1 创建工程管理楼层表

用 TArch 绘制平面图，就是在建立建筑物的三维模型。平面图中存有建筑物的所有竖向参数，这是由平面图生成立面图的基础。建筑立面命令用来生成整座建筑的立面图。调用该命令前，首先设置每层立面图对应的平面图等条件，即建立一个楼层表。

1. 基本参数设置

单击 工具(T) 下拉菜单 选项(N)... 命令，弹出 选项 对话框，在该对话框中进行基本参数设置，结果如图 8-43 所示。

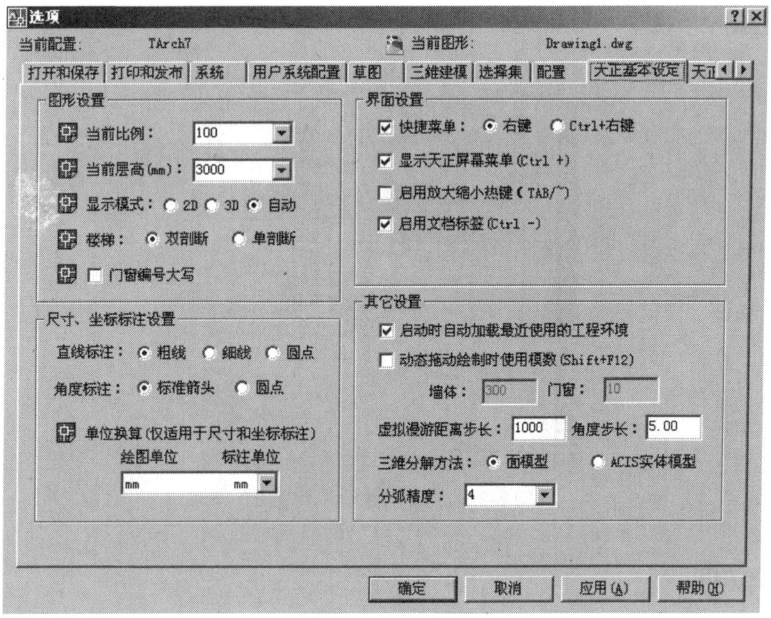

图 8-43 “选项”对话框

2．制作楼层表

楼层表如图 8-44 所示，第一列是楼房的自然层层数，第二列是楼房的高度，第三列是各层对应的文件名，每一行为一个楼层信息。

操作：

① 单击 TArch 自定义工具栏工具按钮，弹出工程管理对话框。

② 单击第一行第一列的单元格，输入“1”，单击文件所在列的空白处，弹出选择标准层图形文件对话框，如图 8-44 所示。

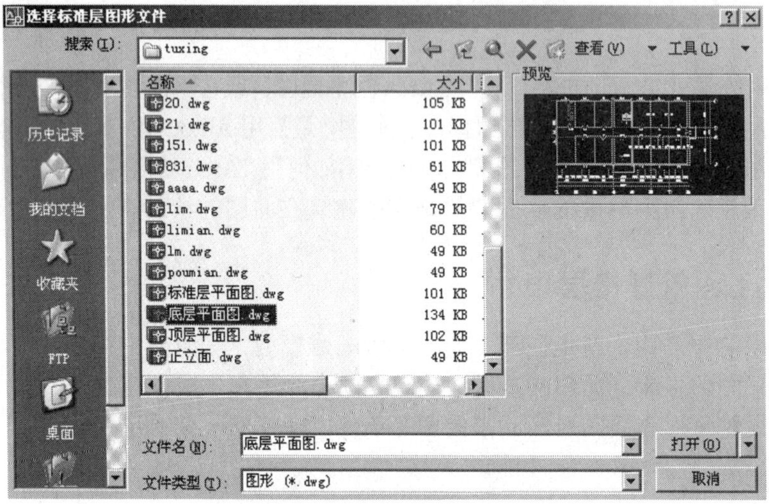

图 8-44 “选择标准层图形”对话框

③ 在对话框中将已经绘制完成的“底层平面图”、“标准层平面图”、“顶层平面图”分别导入到工程管理对话框中，结果如图 8-45 所示。

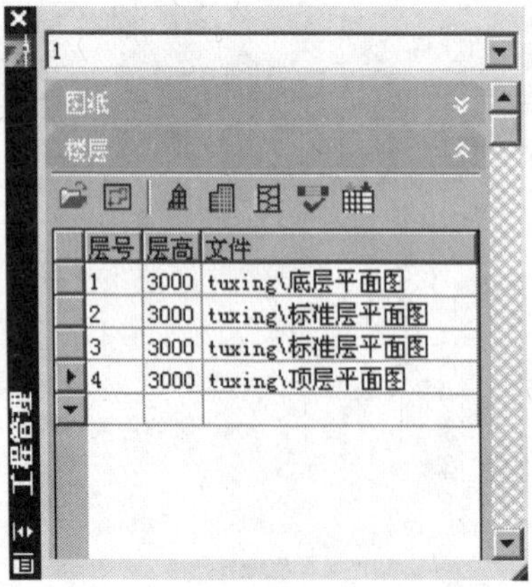

图 8-45 “工程管理”对话框

8.2.2 生成立面

建筑立面命令根据楼层表和平面图，生成整座建筑立面。

操作：

① 单击 立　面 菜单中 建筑立面。

② 请输入立面方向或 [正立面(F)/背立面(B)/左立面(L)/右立面(R)]<退出>:（输入 F，生成正立面）

③ 请选择要出现在立面图上的轴线:（直接回车，立面不标注轴号）

④ 弹出**立面生成设置**对话框，在对话框中进行如图 8-46 所示设置。

⑤ 单击 生成立面 按钮，弹出**输入要生成的文件**对话框，在对话框中的文件名文本框中输入“正立面图”进行保存，如图 8-47 所示。

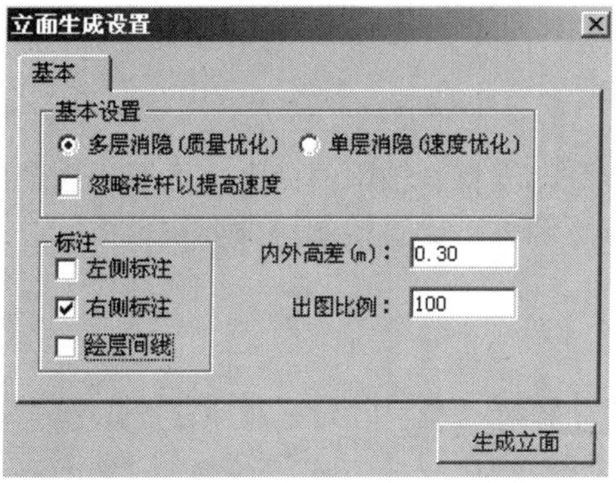

图 8-46 “生成立面设置”对话框

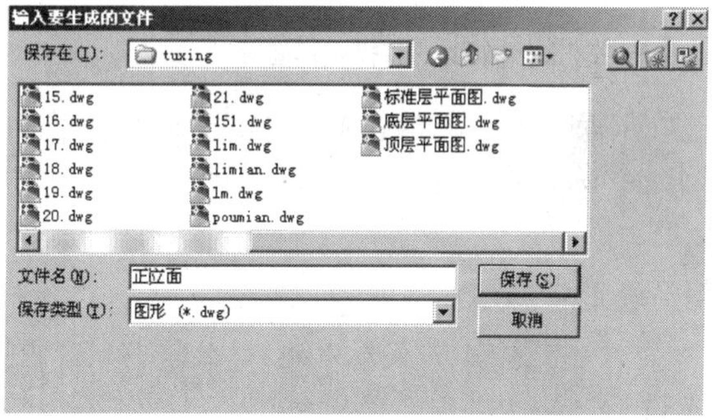

图 8-47 “输入要生成的立面”对话框

⑥ 单击 保存(S) 按钮，自动生成一个名为“正立面图”的文件，结果如图 8-48 所示。

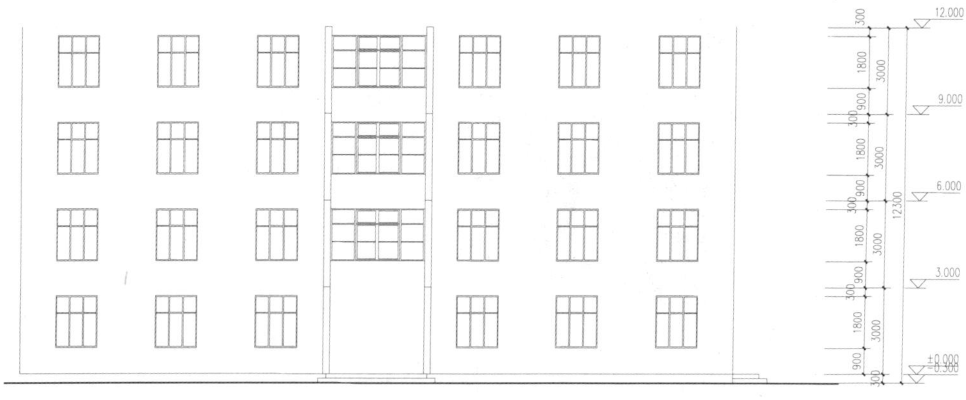

图 8-48　TArch 自动生成的立面

8.2.3　修正立面图

虽然用 TArch 命令生成立面图具有很高的效率，但与我们的要求还有一定距离，需要用 AutoCAD 命令进行修改。例如一些特殊的门窗、阳台、装饰结构等，都需要用 AutoCAD 命令绘制。修正立面图主要包括两方面的内容。

1．图形修正

我们可以参照第 4 章中的内容，执行相应的 AutoCAD 命令完成正立面图的绘制。其中主要包括壁柱线的修改，加粗线型，绘制窗台、窗楣及挑檐，完成门厅部位的门等操作。

2．标高标注的完成

删除掉立面图上的尺寸标注，执行 AutoCAD 相应命令完成标高的标注。结果如附录图 A-4 所示。

8.3 绘制建筑剖面图

和绘制建筑立面图相似，可以利用建立好的楼层表，直接生成剖面图。但是生成的剖面图可能与我们的要求有一定差距，需要再用 AutoCAD 命令进行修改，工作量比较大。另外一种方法可以用 TArch 命令直接绘制剖面图，再用 AutoCAD 命令进行修改。

8.3.1 绘制轴线、剖面墙

在剖面菜单中，TArch 只提供了画剖面墙线的命令，没有画轴网的命令。可用平面图的轴网命令画轴网，剖面墙命令画剖面墙。先画轴网再画墙体，比直接画墙体要快很多。

操作：

① 单击 轴网柱子 菜单中的 绘制轴网，弹出 绘制轴网 对话框。在对话框中进行如图 8-49 所示设置。

② 单向轴线长度<12000>:（输入 1000 单向轴线长度）。

③ 点取位置或 [转 90 度(A)/左右翻(S)/上下翻(D)/对齐(F)/改转角(R)/改基点(T)]<退出>:（在绘图区单击，确定轴线位置，如图 8-50a 所示）

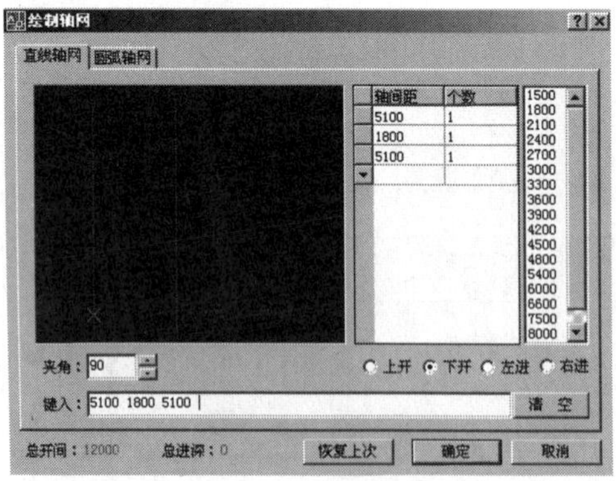

图 8-49　标注标高

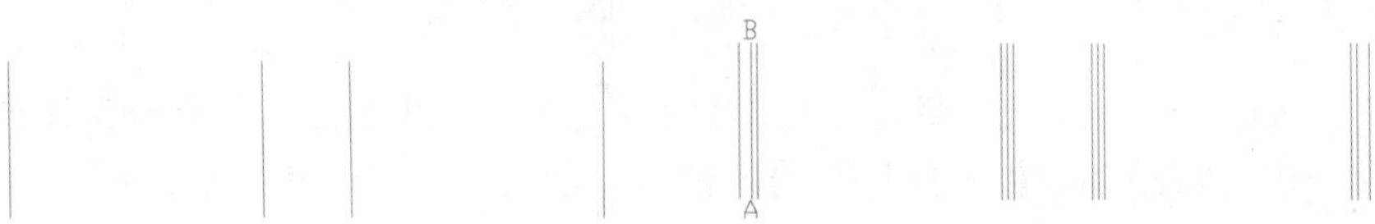

a)　　b)

图 8-50　画轴线、剖面墙线

④ 单击 剖　面 菜单中 画剖面墙 命令。

⑤ 请点取墙的起点(圆弧墙宜逆时针绘制)[取参照点(F)单段(D)]<退出>:（输入 D 画单段墙）

⑥ 请点取直墙的起始点[弧墙(A)/墙厚(W)/取参照点(F)/回退(U)] <结束>:（输入 W 设置墙厚数值）

⑦ 请输入左墙厚 <120>:（输入 250）

⑧ 请输入右墙厚 <120>:（输入 120）

⑨ 请点取直墙的起始点[弧墙(A)/墙厚(W)/取参照点(F)/回退(U)] <结束>:（单击 A 点）

⑩ 请点取直墙的起始点[弧墙(A)/墙厚(W)/取参照点(F)/回退(U)] <结束>:（单击 B 点，回车结束命令，绘制出剖面墙 AB）

执行相同的方法，绘制最右端轴上剖面墙。重新设置墙厚后，绘制中间两轴上剖面墙，结果如图 8-50b 所示。

提示：

1. 如果用 墙　体 菜单中的 绘制墙体 命令绘制墙体，则不能用 剖面门窗 命令在墙体中插入门窗，也不能用 剖面填充 命令在墙体中进行图案填充。

2. 绘制剖面外墙时，需要注意绘制的方向。

8.3.2　绘制楼板

操作：

① 单击 剖　面 菜单中 双线楼板。

② 请输入楼板的起始点 <退出>:（单击 A 点）

③ 结束点 <退出>:（单击 B 点）

④ 楼板顶面标高 <7493>:（直接回车）

⑤ 楼板的厚度（向上加厚输负值）<200>:（输入–120 回车）

⑥ 重复上述步骤，绘制出双线楼板 CD。结果如图 8-51 所示。

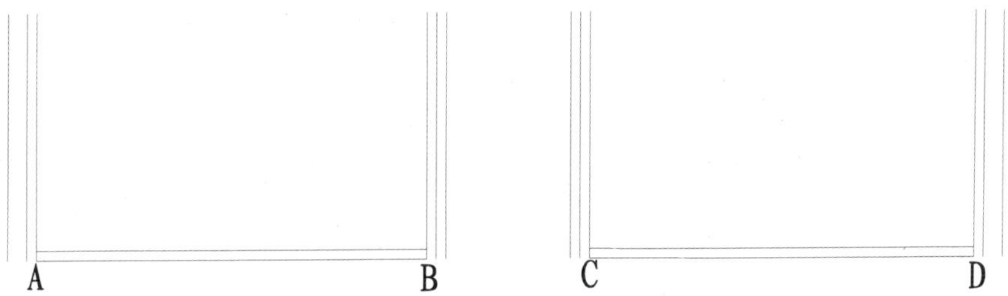

图 8-51　绘制双线楼板

⑦ 单击 剖　面 菜单中 预制楼板，弹出对话框。在对话框中进行设置，如图 8-52 所示。

⑧ 请给出楼板的插入点<退出>:（单击第 2 根轴线下端点 A）

⑨ 再给出插入方向<退出>:（单击第 3 根轴线下端点 B）

结果如图 8-53 所示。

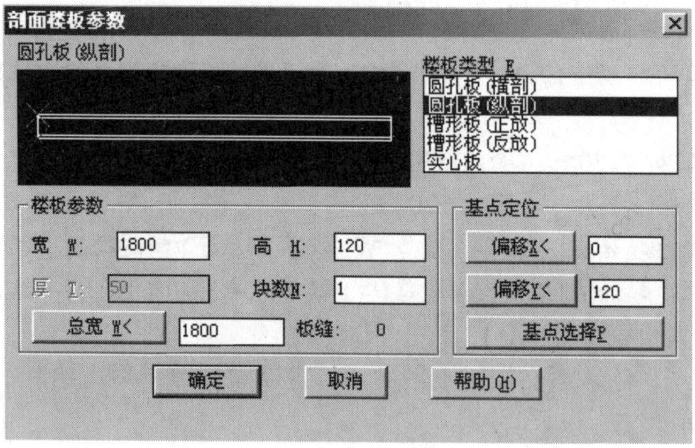

图 8-52 “剖面楼板参数”对话框

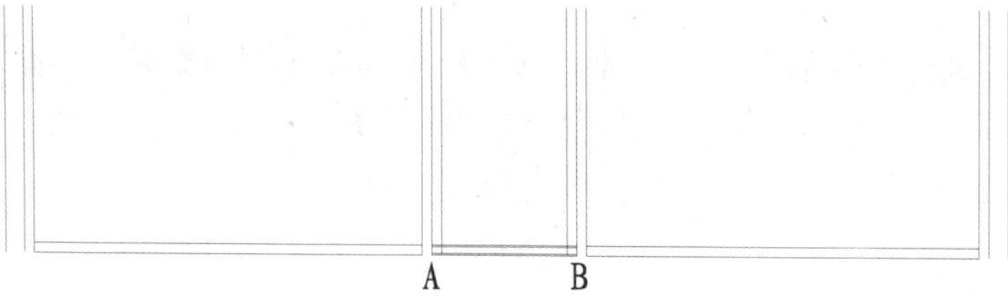

图 8-53 完成楼板

8.3.3 绘制剖面门窗

在剖面图中，剖切到的门和窗，一般都用 4 条平行的直线表示。剖面门窗命令可以用来在剖面墙体中插入门窗。

操作：

① 单击 剖 面 菜单中的 剖面门窗 命令。

② 请点取剖面墙线下端或 [选择剖面门窗样式(S)/替换剖面门窗(R)/改窗台高(E)/改窗高(H)]<退出>:（单击墙 A 的下端）

③ 门窗下口到墙下端距离<900>:（输入 1020）

④ 门窗的高度<1500>:（输入 1800）

⑤ 门窗下口到墙下端距离<1020>:（按<Esc>键退出该命令）

结果如图 8-54 所示。

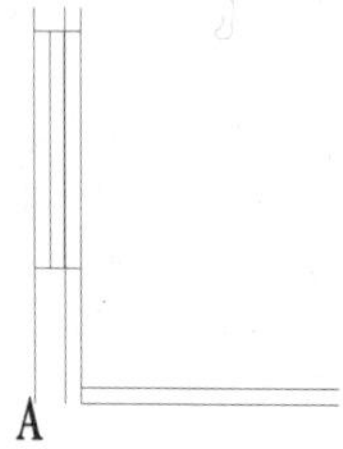

图 8-54 绘制剖面窗

8.3.4 绘制剖断梁

加剖断梁命令用来绘制剖断梁。剖断梁是一个矩形，有时也可用矩形命令画。

操作：

① 单击 剖 面 菜单中的 加剖断梁。

② 请输入剖面梁的参照点 <退出>:（单击轴线上端点 A）。

③ 梁左侧到参照点的距离 <100>:（输入 250）

④ 梁右侧到参照点的距离 <100>:（输入 120）

⑤ 梁底边到参照点的距离 <300>:（输入 180）

结果如图 8-55 所示。

⑥ 用同样的方法绘制其他轴线上的剖断梁。

⑦ 执行 Copy（复制）、Trim（剪切）等命令把生成的剖断梁进行修改，最终结果如图 8-56 所示。

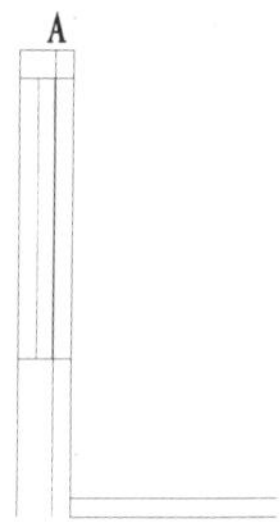

图 8-55　绘制剖断梁

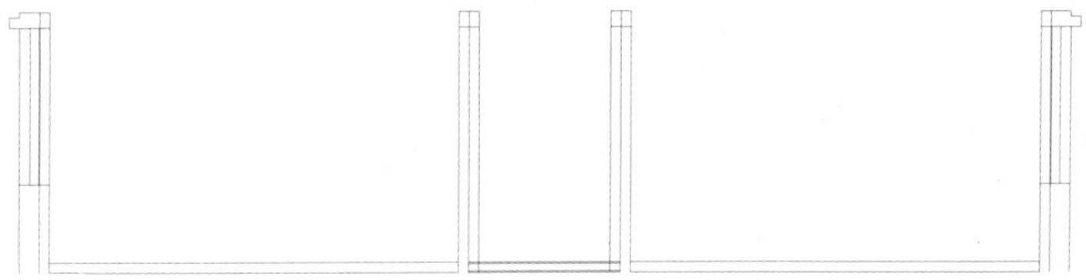

图 8-56　绘制剖断梁

8.3.5　插入可见门窗

剖面图中的可见窗和立面图中的画法相同。在剖面图中，可以根据立面门窗命令插入门窗。

操作:

① 单击▼立　面菜单中的立面门窗，弹出天正图库管理系统对话框，在对话框中选择“推拉窗”中的“1200×21001”，如图 8-57 所示。

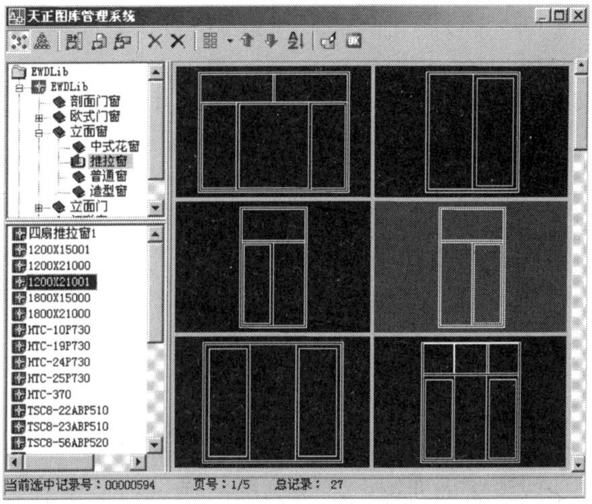

图 8-57　天正图库管理系统

② 双击对话框中选中的窗块，弹出图块编辑对话框。在对话框中进行参数设置，如图 8-58 所示。

③ 点取插入点[转 90(A)/左右(S)/上下(D)/对齐(F)/外框(E)/转角(R)/基点(T)/更换(C)]<退出>:（在屏幕上单击鼠标将窗临时插在光标处，回车结束命令）

④ 调整窗的位置，结果如图 8-59 所示。

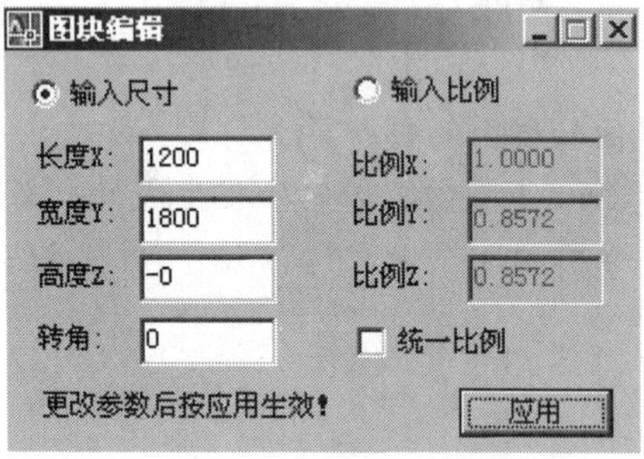

图 8-58 “图块编辑”对话框

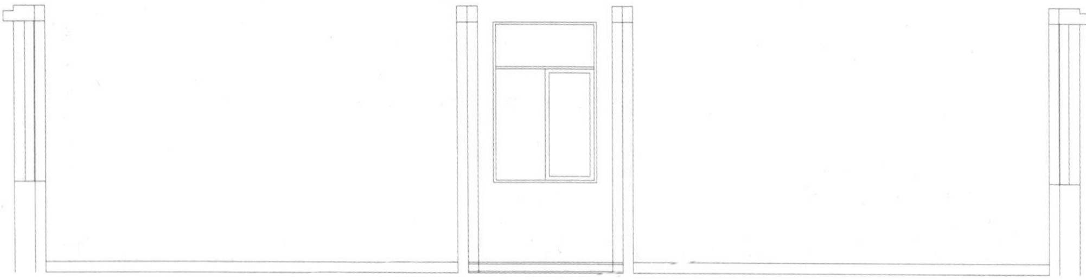

图 8-59 插入可见窗

⑤ 执行 Copy（复制）、Trim（剪切）、Extend（延伸）等命令，对墙体进行修改，绘制出窗台，最终如图 8-60 所示。

图 8-60 剖面门窗

⑥ 执行 Copy（复制）命令，生成其他楼层。

8.3.6 画剖面檐口

生成其他楼层后，可以发现所有楼层都一样，与附录图 A-7 中 1—1 剖面图有差别，需要进行修改。下面修改顶层楼层剖面图，来绘制剖面檐口。

操作：

① 删除掉剖面图顶层檐口位置的剖断梁及填充图案。

② 单击 剖 面 菜单中的 剖面檐口，弹出 剖面檐口参数 对话框，在该对话框中进行参数

设置，如图 8-61 所示。

③ 单击 确定 按钮，退出对话框。

④ 请给出剖面檐口的插入点 <退出>:（单击 A 点作为檐口的插入点）

删除多余线段，结果如图 8-62 所示。

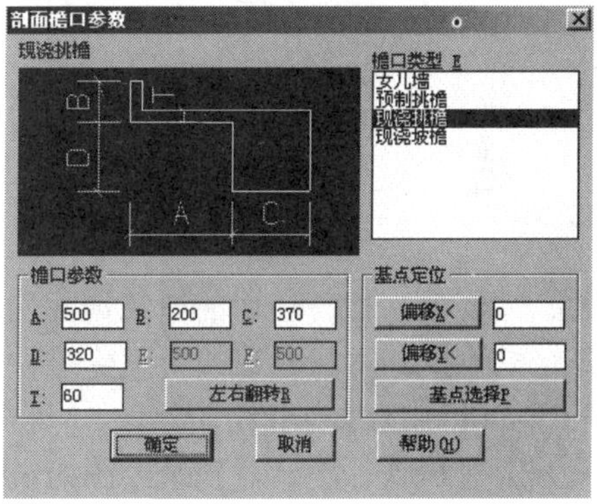

图 8-61 “剖面檐口参数”对话框

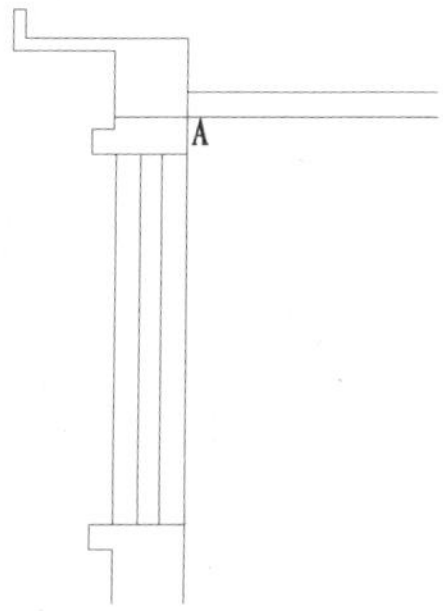

图 8-62　绘制剖面檐口

提示：

可以在剖面檐口参数对话框中，单击 左右翻转R 按钮，改变檐口的方向。

8.3.7　完成细部

与附录图 A-7 中的 1—1 剖面图比较，还需要完成一些细部。如图案填充及尺寸标注等。

1. 图案填充

TArch 的填充图案与 AutoCAD 的图案填充（BHatch）命令相似。

操作：

① 单击 剖　面 菜单中的 剖面填充。

② 选择对象：（用窗口方式选择檐口、过梁直接回车，弹出请点取所需的填充图案:对话框）

③ 在对话框中选择第二行第三个图例（涂黑），如图 8-63 所示。

④ 单击 确定 按钮，退出对话框，结果如图 8-64 所示。

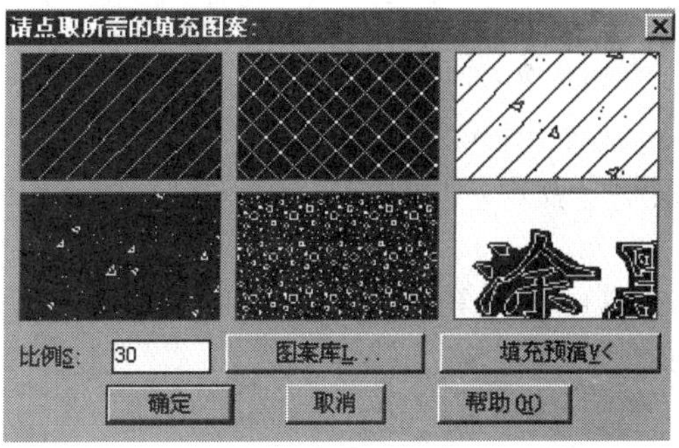

图 8-63　剖面填充

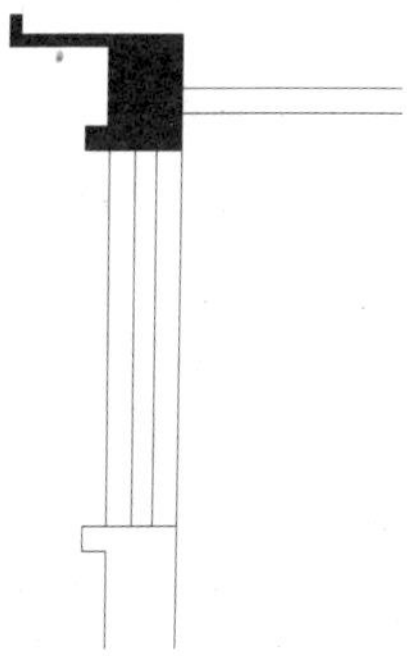

图 8-64 “请点取所需的填充图案”对话框

⑤ 执行同样的操作步骤，将其他剖断梁进行填充。

⑥ 参照附录图 A-7，执行 AutoCAD 相应命令，完成挑檐及地面部分图形的绘制。

2．尺寸标注

标注文字、标高及尺寸这些内容，这里既可以采用天正建筑绘图软件提供的命令完成，也可以执行 AutoCAD 相应命令来完成。

小　结

在第 4 章的小结中我们谈到如果把常用的、需要多次重复使用的建筑构配件制作成块，使用时随用随调，建筑图的绘制就会变得十分轻松快捷。本章介绍的天正建筑软件正是把这一愿望变为现实的国内专用建筑绘图软件之一。AutoCAD 是专业绘图软件，但它却不是专门为建筑绘图而设计，因而具有很大的广泛性，天正建筑软件是针对建筑绘图而设计，所以它具有很强的针对性。事实上，我们在实际工作中往往是首选使用这些软件。本章我们仍以附录 A 中已经绘制过的建筑施工图为例，用天正建筑软件系统完成绘制。老图新作，一方面向我们展示了应用天正建筑绘图软件绘制建筑施工图的全过程，拉近了与就业上岗的距离；另一方面在熟悉天正建筑软件绘图的同时，对有些非标准部位应用 AutoCAD 命令配合完成，起到了相辅相成的作用，况且这种绘制建筑图螺旋式的上升，可能给初学者的感受会更深一些。AutoCAD 是学习建筑绘图的基础，熟悉掌握 AutoCAD 基本命令、编辑方法和绘制建筑图的全过程，对于我们学习天正建筑软件确能起到事半功倍的作用，对我们今后工作也大有益处。建议同学们还是要把 AutoCAD 的学习基础打牢以后，再学习天正建筑软件绘图。

思 考 题

1．怎样利用 PLine（绘制多段线）命令，通过相对坐标来绘制立面图外轮廓？

2．如果将平面图和立面图放在同一张图纸内，怎样利用 Extend（延伸）、Trim（剪切）等命令通过平面图绘出立面图？

练 习 题

1．利用墙　体菜单中的单线变墙命令，将如图 8-65 所示轴网生成墙体。

2．执行 AutoCAD 的编辑命令，将图 8-66a 改为图 b 所示的图样。

3．在图 8-67 所示的墙体中，用“垛宽定距”方式，插入门联窗，门联窗的参数为：总宽 1800，门宽 750，门高 2100，窗高 1200。

4．执行门　窗菜单中的内外翻转和左右翻转，绘制图 8-68 所示图形。

5．执行 Tarch 命令完成如图 8-69 所示的盥洗室。

6．执行尺寸标注菜单中的逐点标注，完成如图 8-70 所示的卫生间细部尺寸。

7．执行剖　面菜单中的建筑剖面，完成附录图 A-7 中 1—1 剖面图的绘制。

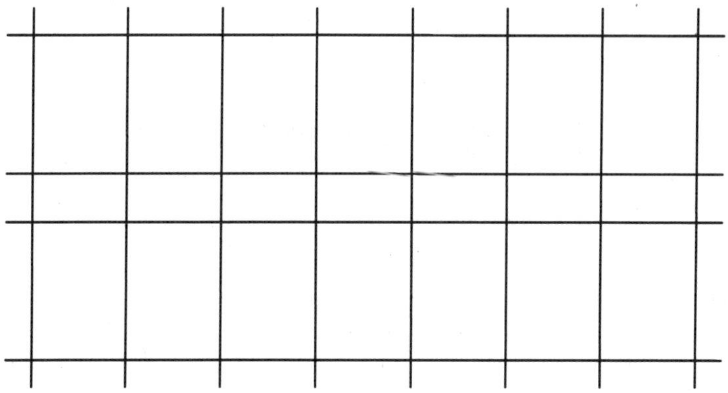

图 8-65 练习 1 图

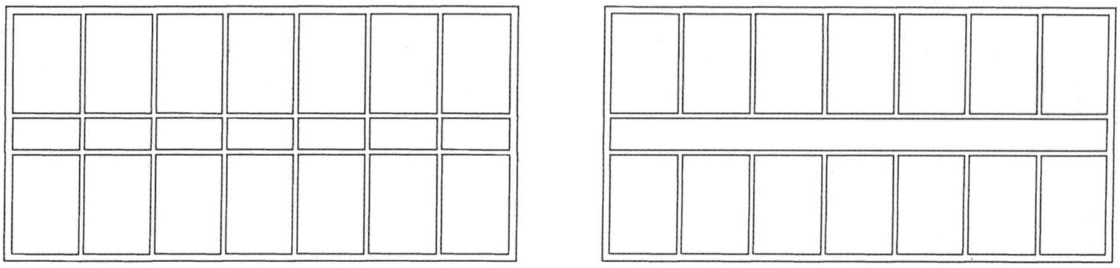

a）

b）

图 8-66 练习 2 图

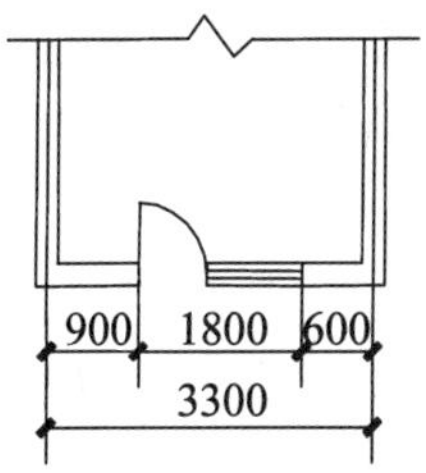

图 8-67 练习 3 图

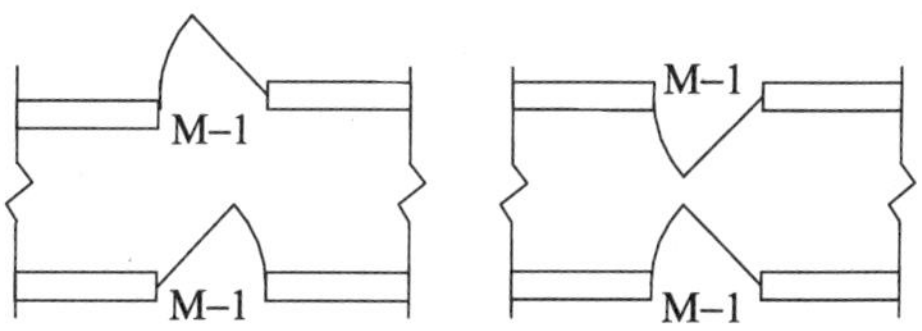

图 8-68 练习 4 图

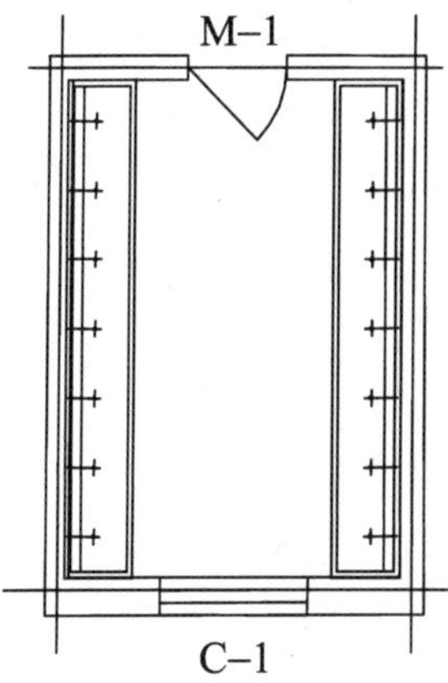

图 8-69 练习 5 图

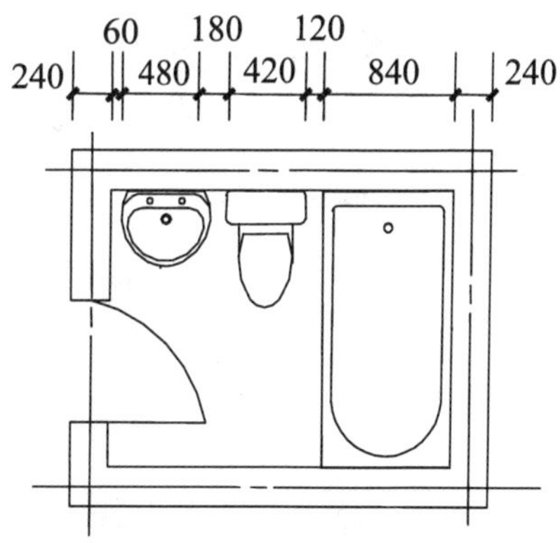

图 8-70 练习 6 图

第9章　图 形 输 出

学习内容与目标

本章介绍了天正建筑软件环境下打印样式的设置方法和打印输出的一般步骤。通过本章的学习要理解和掌握打印样式管理的方法和设置，理解和学会打印出图的过程与步骤。

在所有的图样绘制完成后，通常需要输出到图纸上，用来指导工程施工以及进行技术交流。

9.1　打印样式管理

由于页面设置中的许多选项在每次打印时保持不变，为了避免重复设置，规范打印输出，最好将设置的页面存为样式文件。打印样式是一种对象特征，通过对不同对象指定不同的打印样式，从而控制不同的打印效果。利用打印样式打印图形是提高打印效率、规范打印效果的有效方法。

9.1.1　设置打印样式

操作：

① 单击 新建(N)... 下拉菜单中的 打印样式管理器(Y)...，弹出如图9-1所示的对话框。

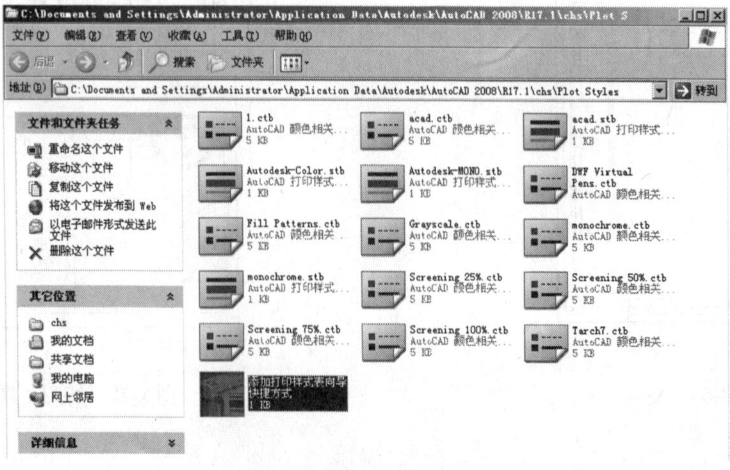

图9-1　“页面设置”对话框

② 单击添加打印样式图标，弹出添加打印样式表对话框，如图 9-2 所示。

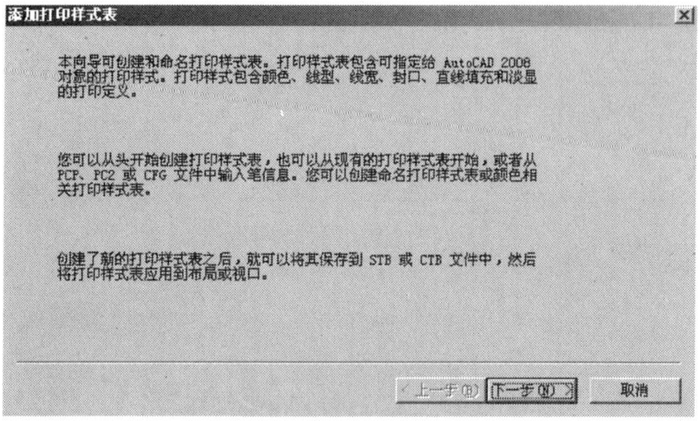

图 9-2 “添加打印样式表”对话框

③ 单击下一步(N) >按钮，弹出添加打印样式表 - 开始对话框，如图 9-3 所示。

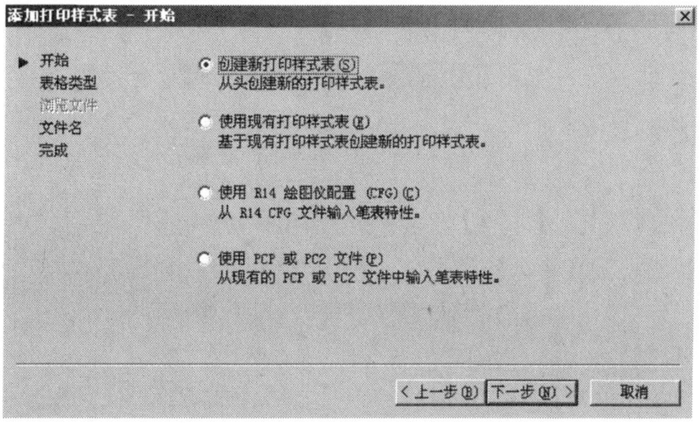

图 9-3 “添加打印样式表—开始”对话框

④ 单击下一步(N) >按钮，显示添加打印样式表 - 选择打印样式表对话框，如图 9-4 所示。保留默认值设置“颜色相关打印样式表”（用 TArch 命令自动建立的图层中没有设置线宽特性，因此用 TArch 画的图形，需要通过颜色设置打印图线的宽度）。

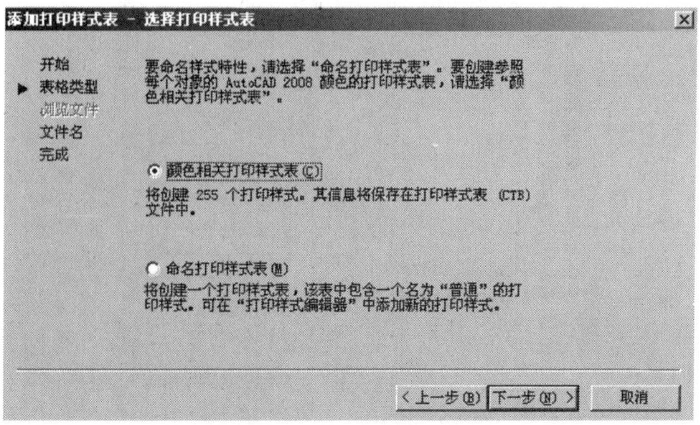

图 9-4 “添加打印样式表—选择打印样式表”对话框

⑤ 单击下一步(N) >按钮，弹出添加打印样式表 - 文件名对话框，如图 9-5 所示。在“文件名”

文本框中输入“样式 1”。

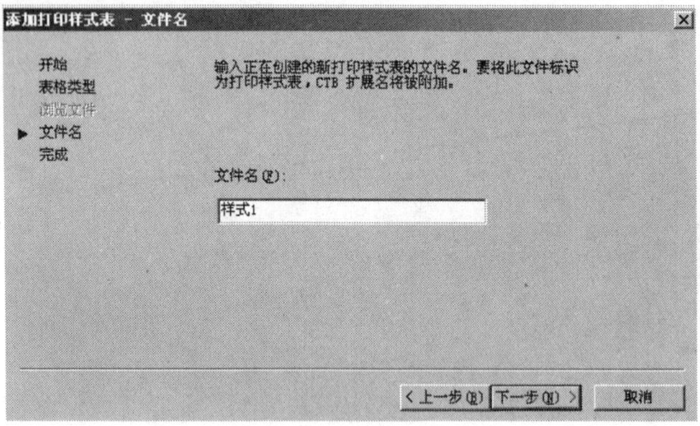

图 9-5 “添加打印样式表—文件名”对话框

⑥ 单击下一步(N) >按钮，弹出添加打印样式表 - 完成对话框，如图 9-6 所示。

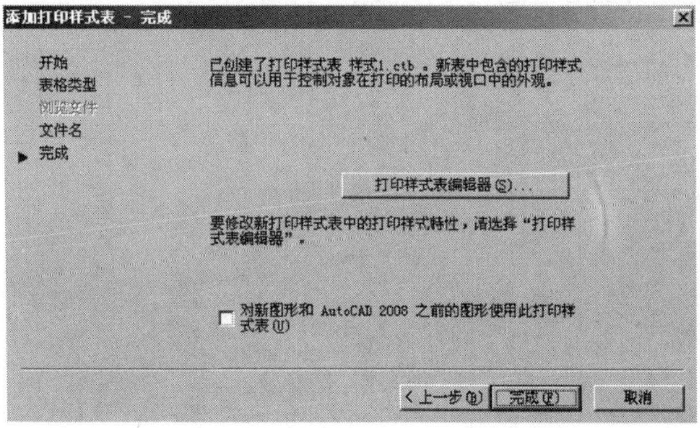

图 9-6 “添加打印样式表—完成”对话框

⑦ 在对话框中，单击 打印样式表编辑器(S)... 按钮，弹出打印样式表编辑器对话框。如图 9-7 所示。

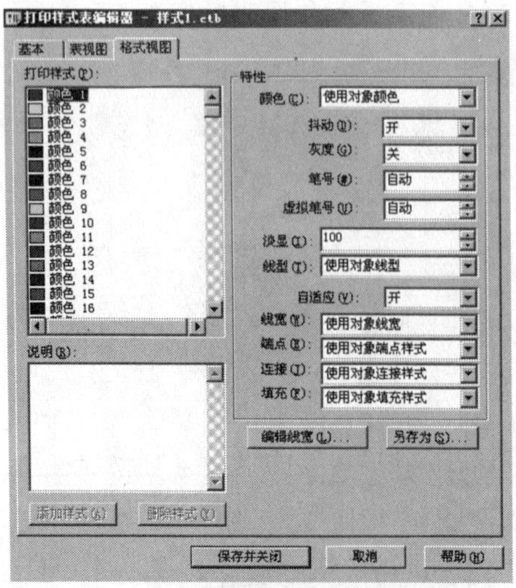

图 9-7 “打印样式表编辑器”对话框

⑧ 在对话框中“格式制图”选项卡中，单击选择某一种颜色，在线宽下拉列表框中根据图样要求选择合适线宽，单击 保存并关闭 按钮，返回 添加打印样式表 - 完成 对话框。

⑨ 单击 完成(F) 按钮，完成打印样式的设置。

打印样式表编辑器 对话框主要用来设置图线的线宽，其他选项一般保留默认值。从中可以看出，“线宽”的默认选项是“使用对象线宽”，这说明 AutoCAD 自动按图层的“线宽”特性打印图形。只要给图层设置了合适的“线宽”特性，并将图线画在相应的图层上，打印时就不用再设置线宽。还可以根据颜色设置线宽，一旦为某一颜色设置了线宽，所有使用该颜色的图线都以该线宽打印出图。

9.1.2 为图形对象指定打印样式

对于定义好的打印样式，需要将它指定给图形对象，并作为图形对象的打印特性。

操作：

① 单击 工具(T) 下拉菜单中的 选项(N)... 按钮，弹出 选项 对话框。

② 单击 打印和发布 选项卡，如图 9-8 所示。点击 打印样式表设置(S)... 按钮，弹出 打印样式表设置 对话框，在对话框中将“默认打印样式表”设置为已经定义好的“样式 1”，如图 9-9 所示。

这样就将已经定义好的打印样式指定给了图形对象。

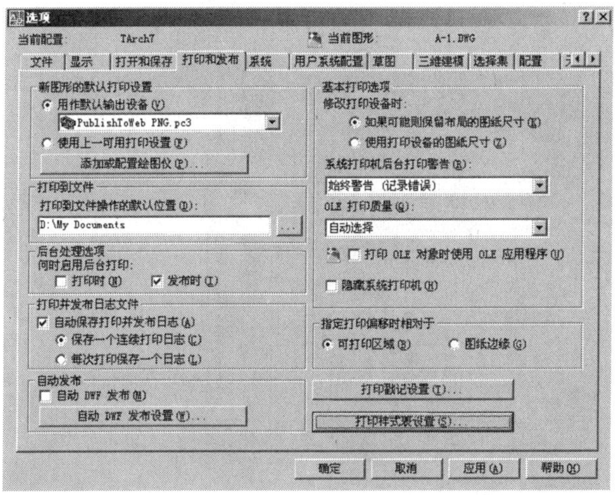

图 9-8 “选项—打印和发布打印样式表编辑器”对话框

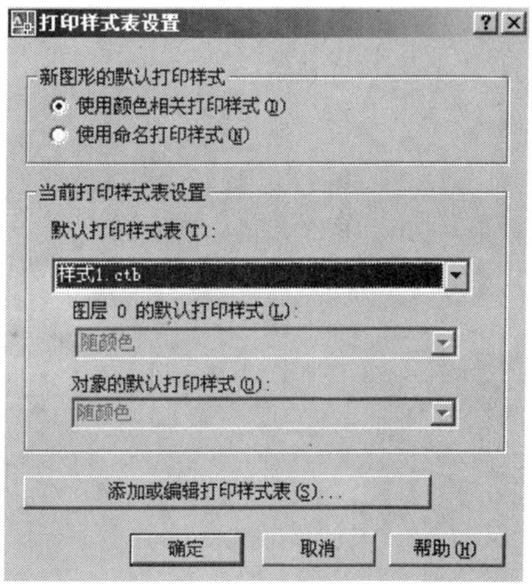

图 9-9 “打印样式表编辑器”对话框

9.2 打印出图

为图形对象指定了打印样式后，就可以开始打印出图了。TArch 虽然没有提供专门的打印命令，但提供了一些与打印出图相关的命令。调用这些命令，可以打开 ▾ 文件布图 下拉菜单，如图 9-10 所示，单击其中相应的命令按钮。

作为 TArch 用户，应当首先选用 TArch 绘制、标注建筑图，因为用 TArch 绘制、标注的建筑图样比用 AutoCAD 绘制、标注的更便于确定打印比例。

9.2.1 设置出图比例

在用 TArch 绘制图样以前，已经进行过图样比例的设置，如图 9-11 所示。一般来讲，打印出图比例与绘图比例是一样的。但是如果发现两者不符，可以用改变比例命令改变全部或部分图形以及标注的比例。

操作：

① 单击 文件布图 菜单中的 改变比例。

② 请输入新的出图比例 1:<100>:（输入新的比例）

③ 请选择要改变比例的图元:（用窗口方式选择全部图形）

④ 请选择要改变比例的图元:（回车结束命令）

⑤ 请提供原有的出图比例<100>:（输入原有图形比例）

图 9-10 文件布图

提示：

最好在标注之前改变比例，否则可能会引起标注重叠。

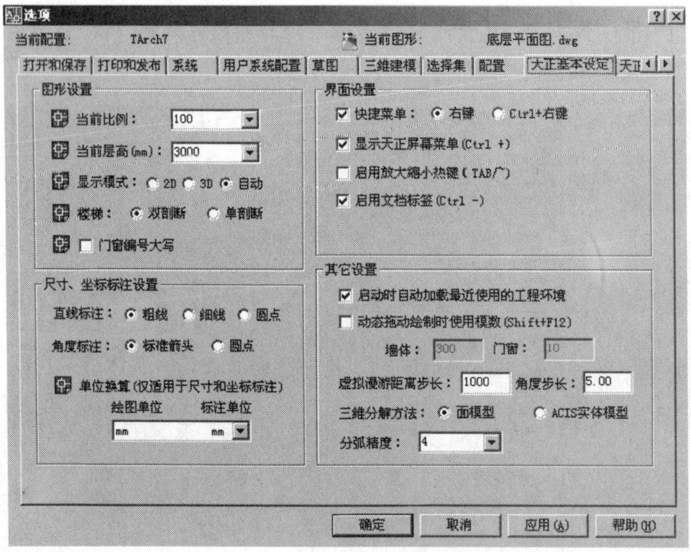

图 9-11 “选项”对话框

9.2.2 插入图框

打印图形前需要先用 TArch 插入图幅、图框和标题栏，插入时还可以根据需要，选择是否带有会签栏。用户可以将 TArch 的标题栏和会签栏修改为自己需要的形式。

操作：

① 在图 9-10 中，单击 插入图框，弹出 图框选择 对话框。

② 在对话框中进行参数设置，包括图幅的选择、出图打印比例以及样式的选择，如图 9-12 所示。

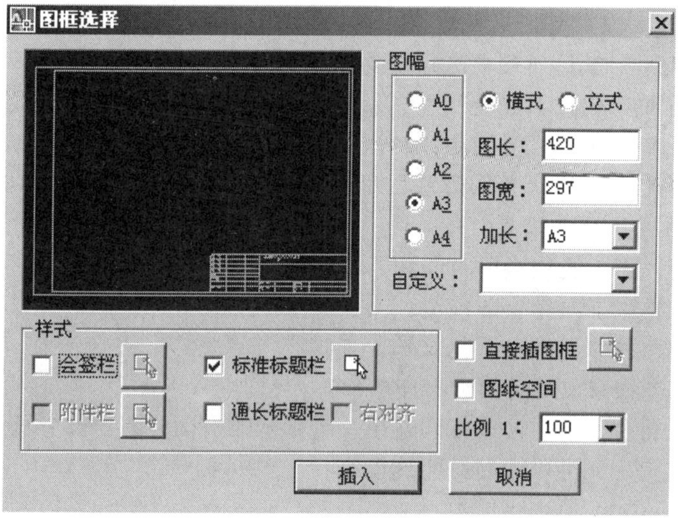

图 9-12 “图框选择”对话框

③ 设置完成后，单击 插入 按钮。

④ 请点取插入位置<返回>:（单击鼠标选择合适位置，将图框插入）

9.2.3 打印

操作：

① 单击 文件(F) 下拉菜单 打印(P)... 命令，弹出 打印 - 模型 对话框，如图 9-13 所示。

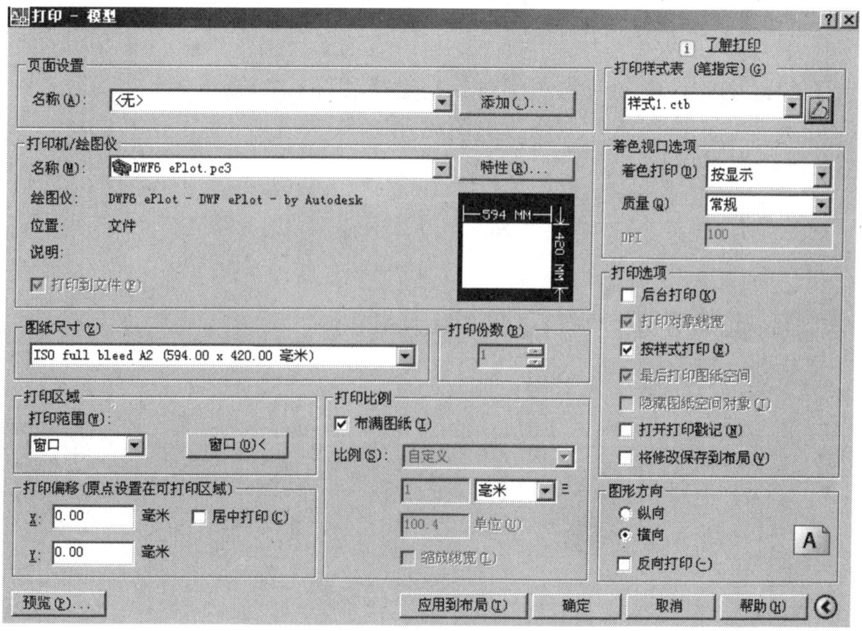

图 9-13 “打印—模型”对话框

② 在对话框“打印机/绘图仪”区的“名称”下拉列表框中选择与设备相关的打印机或

绘图仪。

③ 在“图纸尺寸”下拉列表中选择需要打印的图纸尺寸。

④ 在“打印区域”的“打印范围”下拉列表框中选择合适的选项确定打印范围。

⑤ 在“打印比例”区，设置打印比例。

⑥ 在“打印偏移”区，调整图形在图纸上的位置（一般选择居中打印）。

⑦ 在“图形方向”区，设置打印方向。

正式打印以前，为了避免浪费时间和打印材料，应当预览一下设置结果。打印预览包括全部预览和部分预览。下面作全部预览。

⑧ 单击 预览(P)... 按钮，显示预览效果。

⑨ 单击 确定 按钮，进行图形打印输出。

如果预览结果符合要求，可以打印输出，否则修改打印样式。部分预览即可以看到图形打印在图纸上的位置，又可以提高打印速度。

小　结

图形输出是建筑绘图的最后一道环节。建筑图只有打印出图才能在工程实践中指导施工。无论用 AutoCAD 打印出图还是用 TArch 打印出图，都要配置打印机、设置打印样式，然后打印输出图形。本章以天正建筑软件为例介绍了图形输出的基本方法，包括如何定义、指定打印样式以及打印出图等。

思 考 题

1．天正建筑绘图软件中如何为图形对象指定打印样式？
2．如何在天正建筑绘图软件中修改出图比例？

练 习 题

1．将绘制完成的所有图样进行打印输出。

附　　录

附录 A　某学生宿舍楼部分施工图

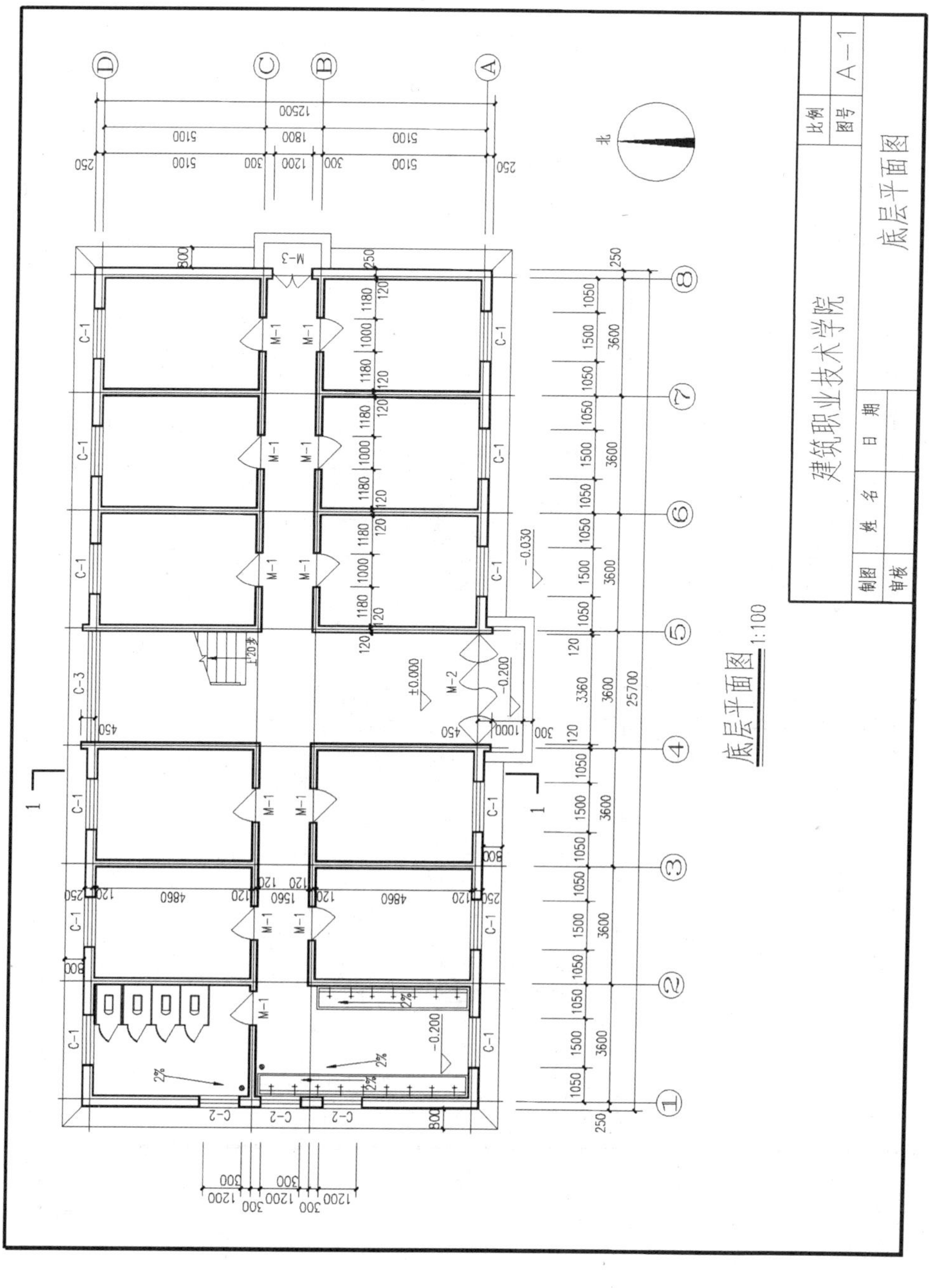

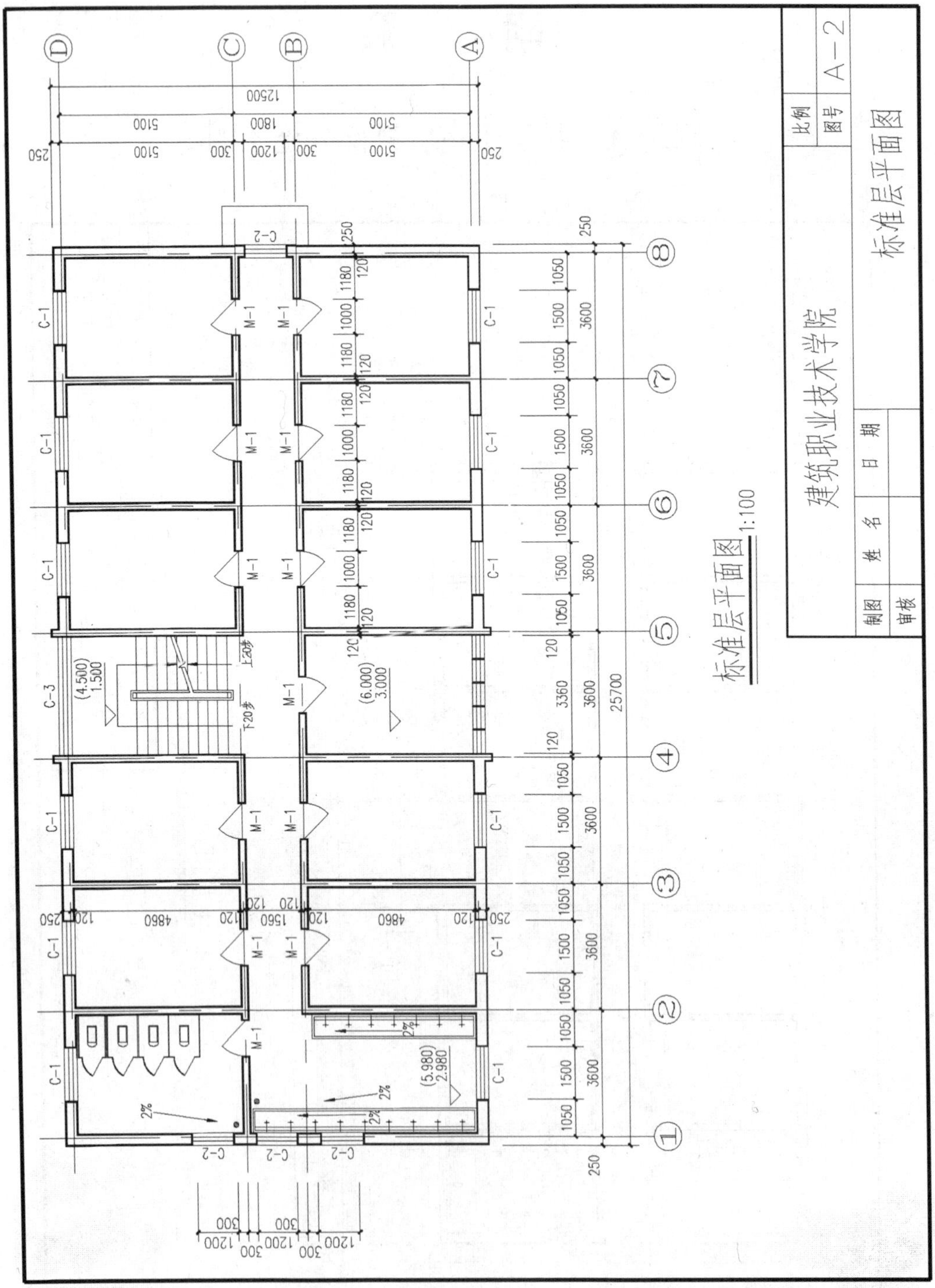
标准层平面图 1:100
建筑职业技术学院
比例
图号
A－2
标准层平面图
制图
姓名
日期
审核
25700
12500

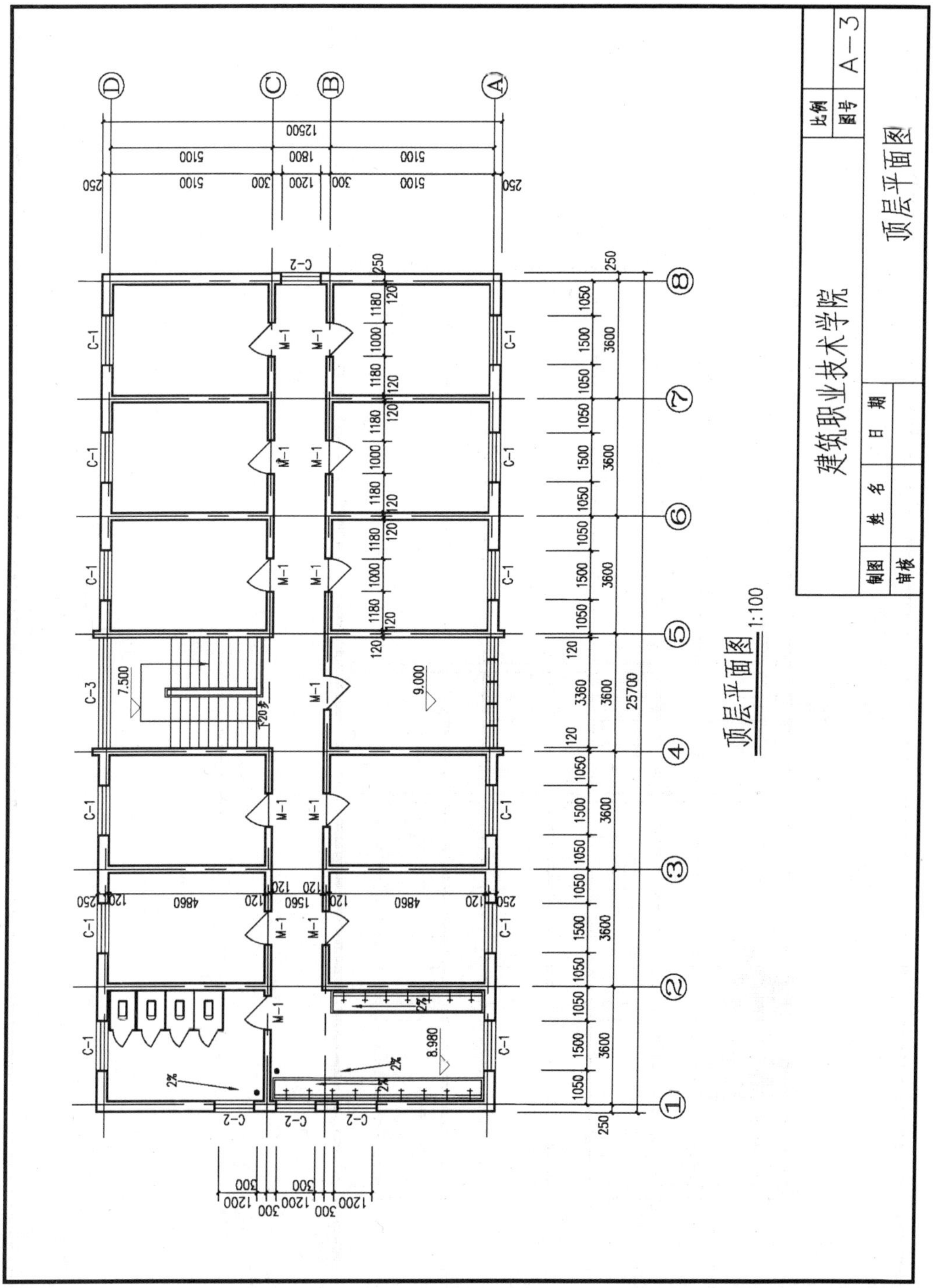

顶层平面图 1:100

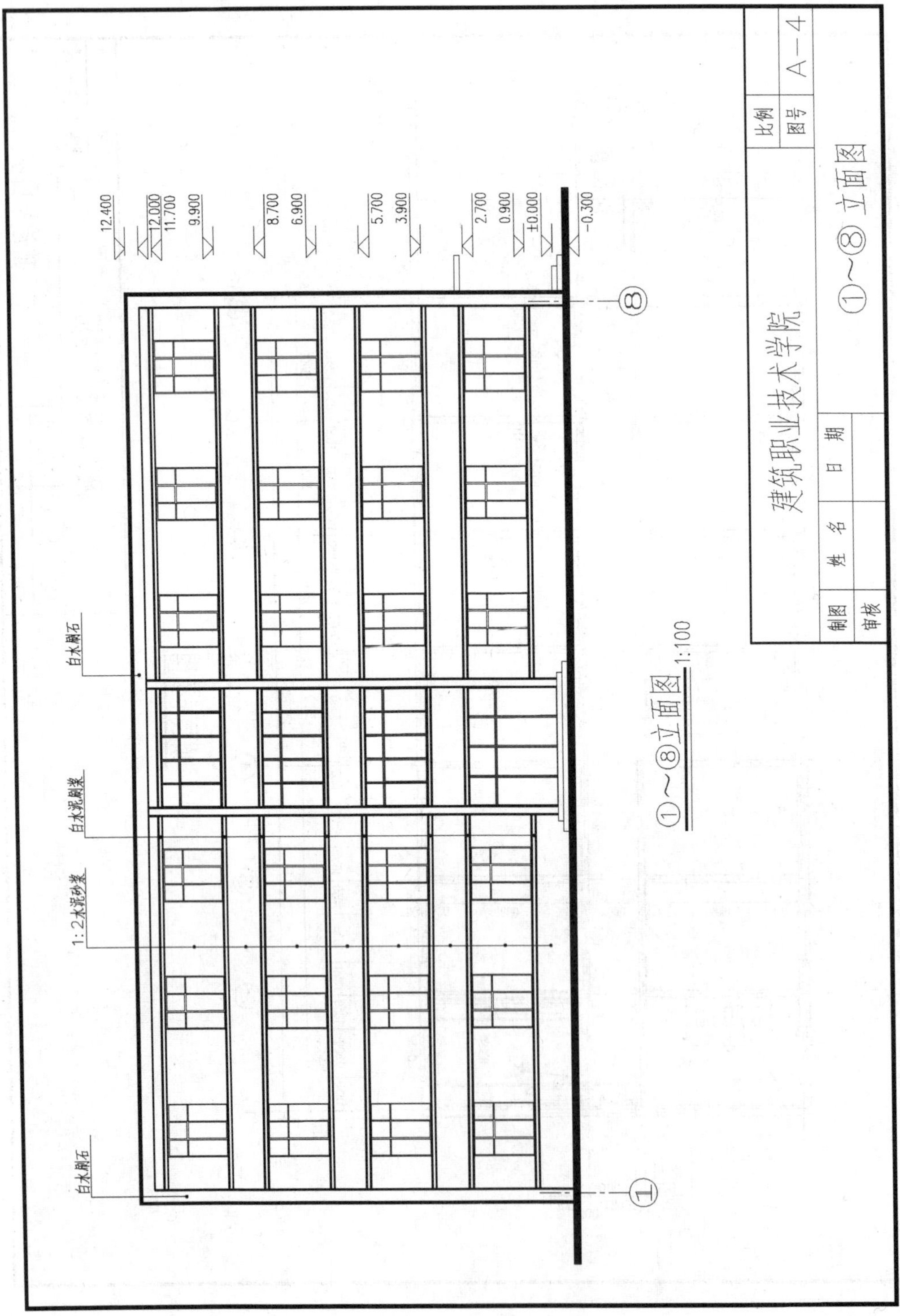
12.400
12.000
11.700
9.900
8.700
6.900
5.700
3.900
2.700
0.900
±0.000
-0.300
白水刷石
白水泥刷浆
1:2水泥砂浆
白水刷石
①
⑧
①~⑧立面图 1:100
比例
图号 A-4
建筑职业技术学院
制图 姓名 日期
审核
①~⑧立面图

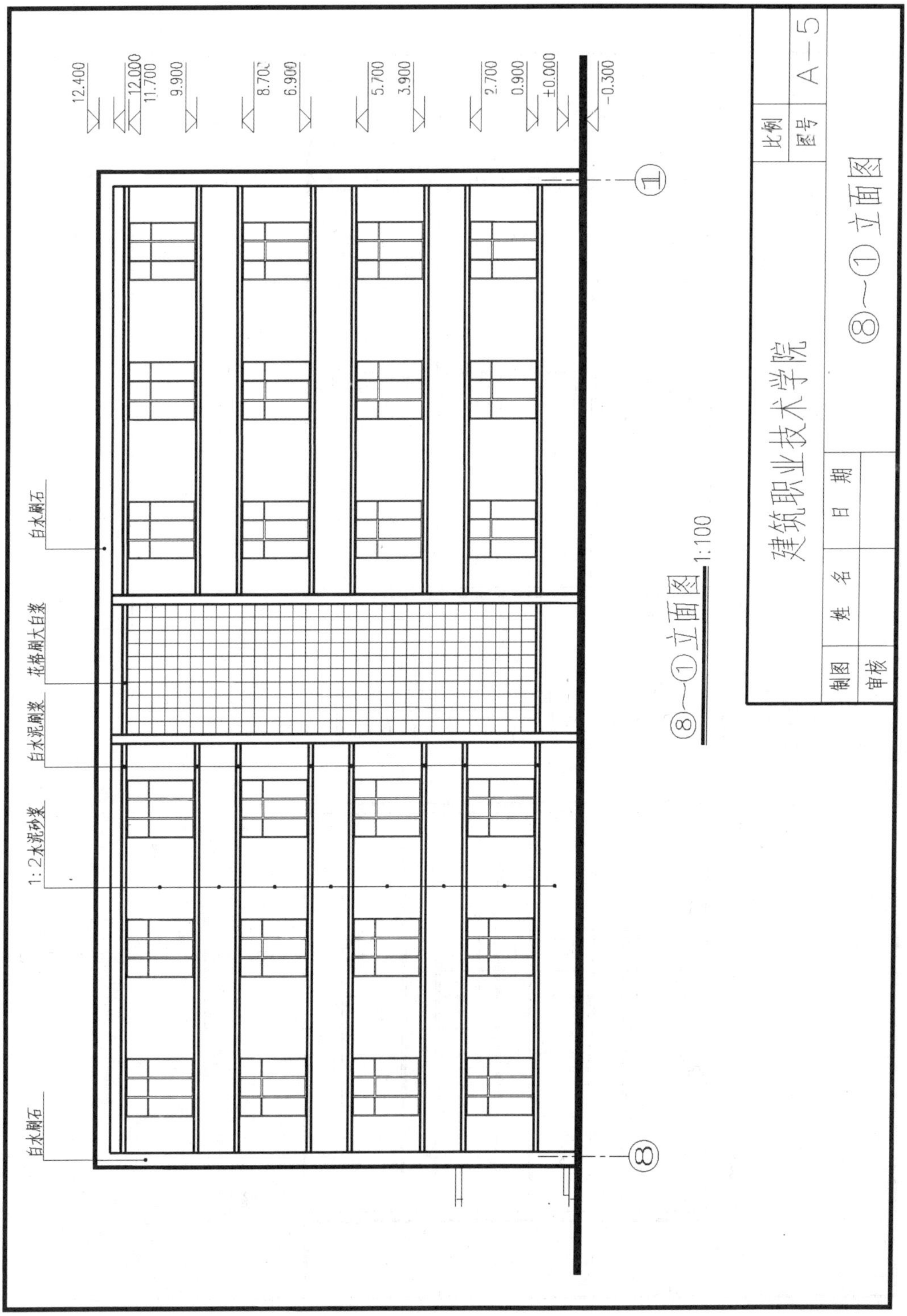
12.400
12.000
11.700
9.900
8.700
6.900
5.700
3.900
2.700
0.900
±0.000
-0.300
①
⑧
白水刷石
花格刷大白浆
白水泥刷浆
1:2水泥砂浆
白水刷石
⑧—①立面图 1:100
比例
图号
A—5
建筑职业技术学院
⑧—①立面图
制图
审核
姓名
日期

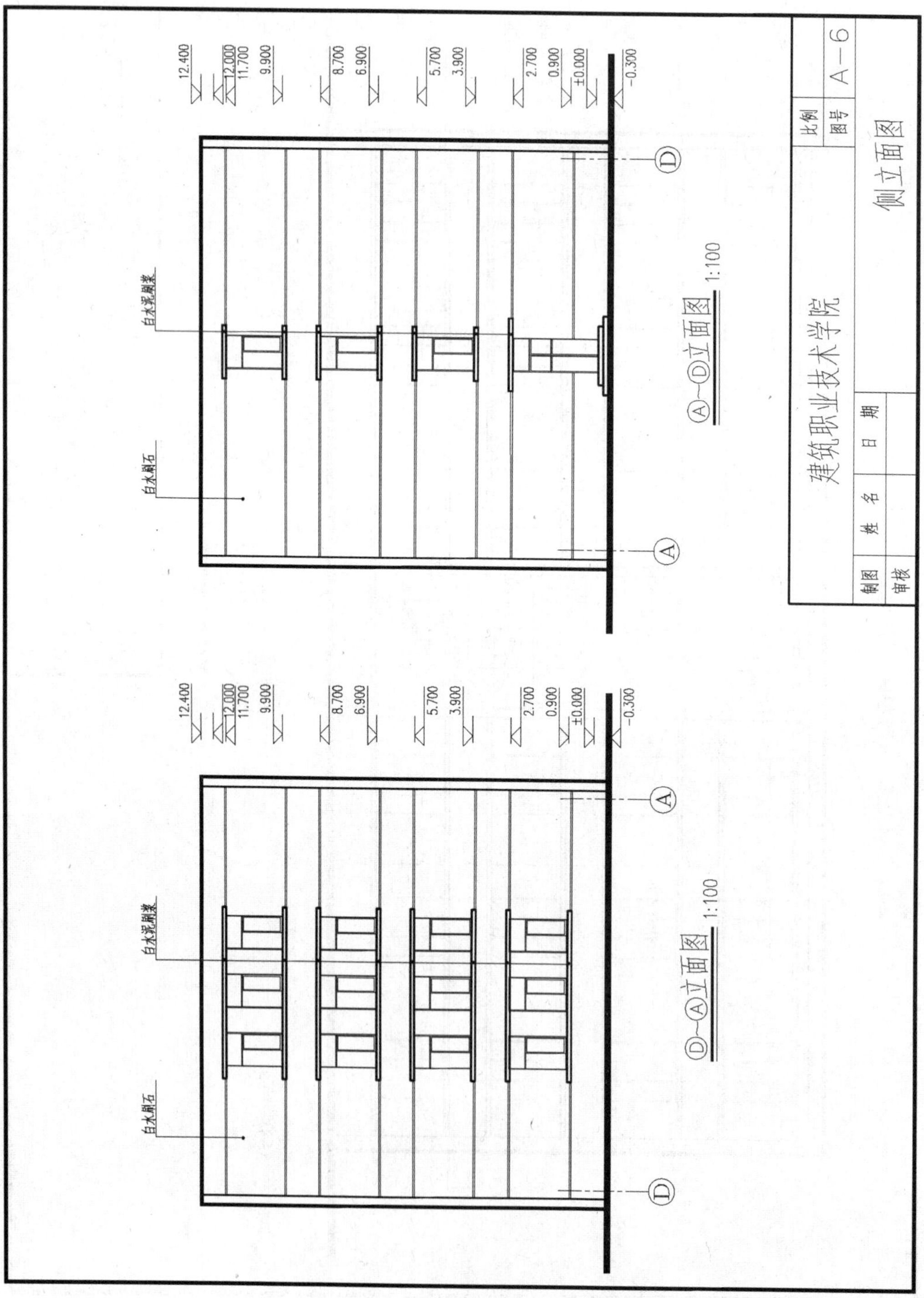

12.400
12.000
11.700
9.900
8.700
6.900
5.700
3.900
2.700
0.900
±0.000
-0.300
白水泥刷浆
白水刷石
Ⓐ~Ⓓ立面图 1:100
Ⓓ~Ⓐ立面图 1:100
比例
图号
A-6
建筑职业技术学院
侧立面图
制图
审核
姓名
日期

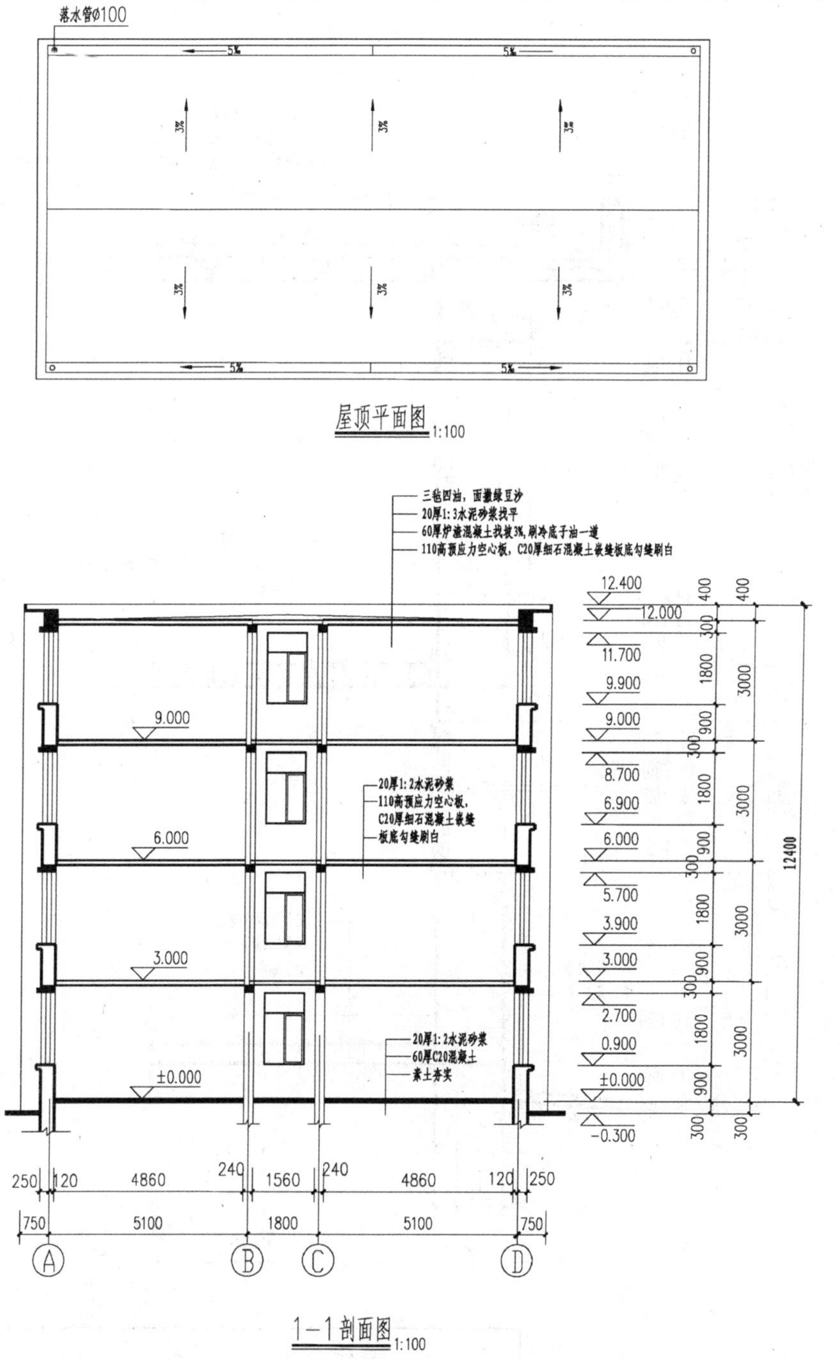

建筑职业技术学院			比例	
			图号	A—7
制图	姓 名	日 期	屋顶平面图 1-1 剖面图	
审核				

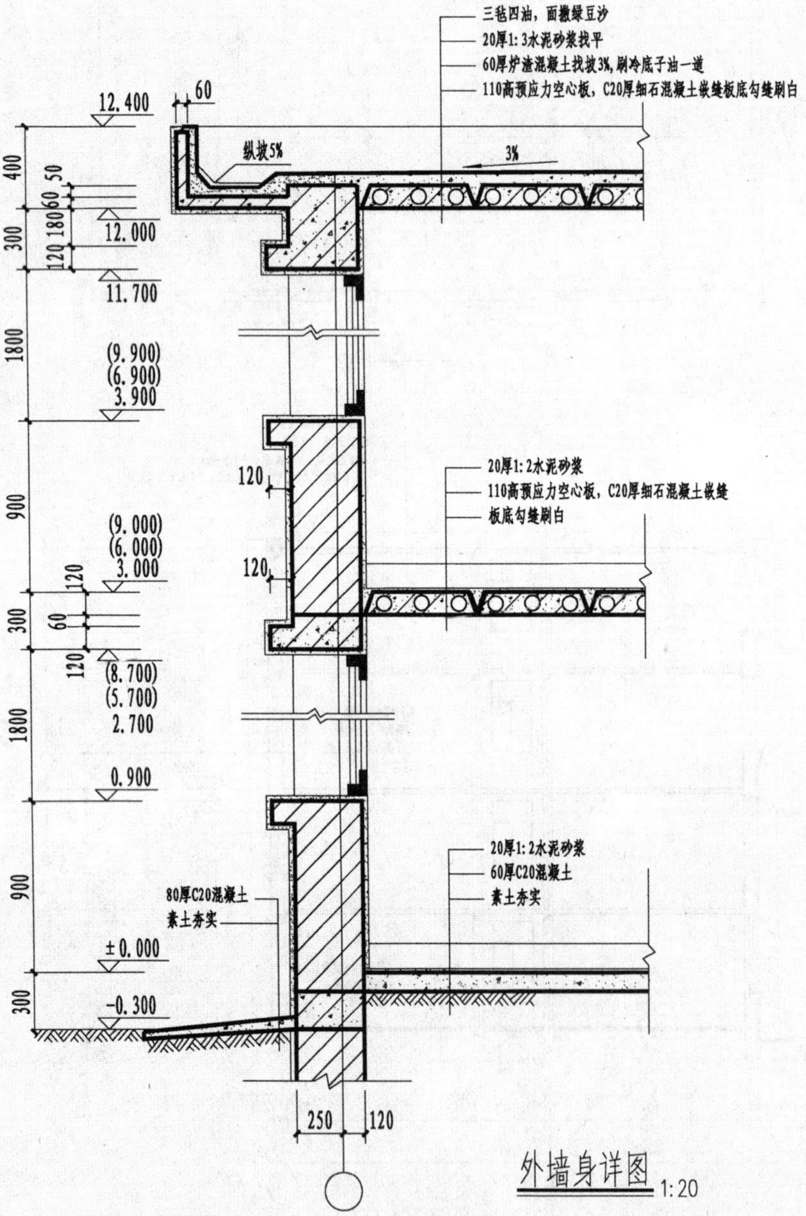

外墙身详图 1:20

建筑职业技术学院			比例	
			图号	A—8
制图	姓　名	日　期	外墙身详图	
审核				

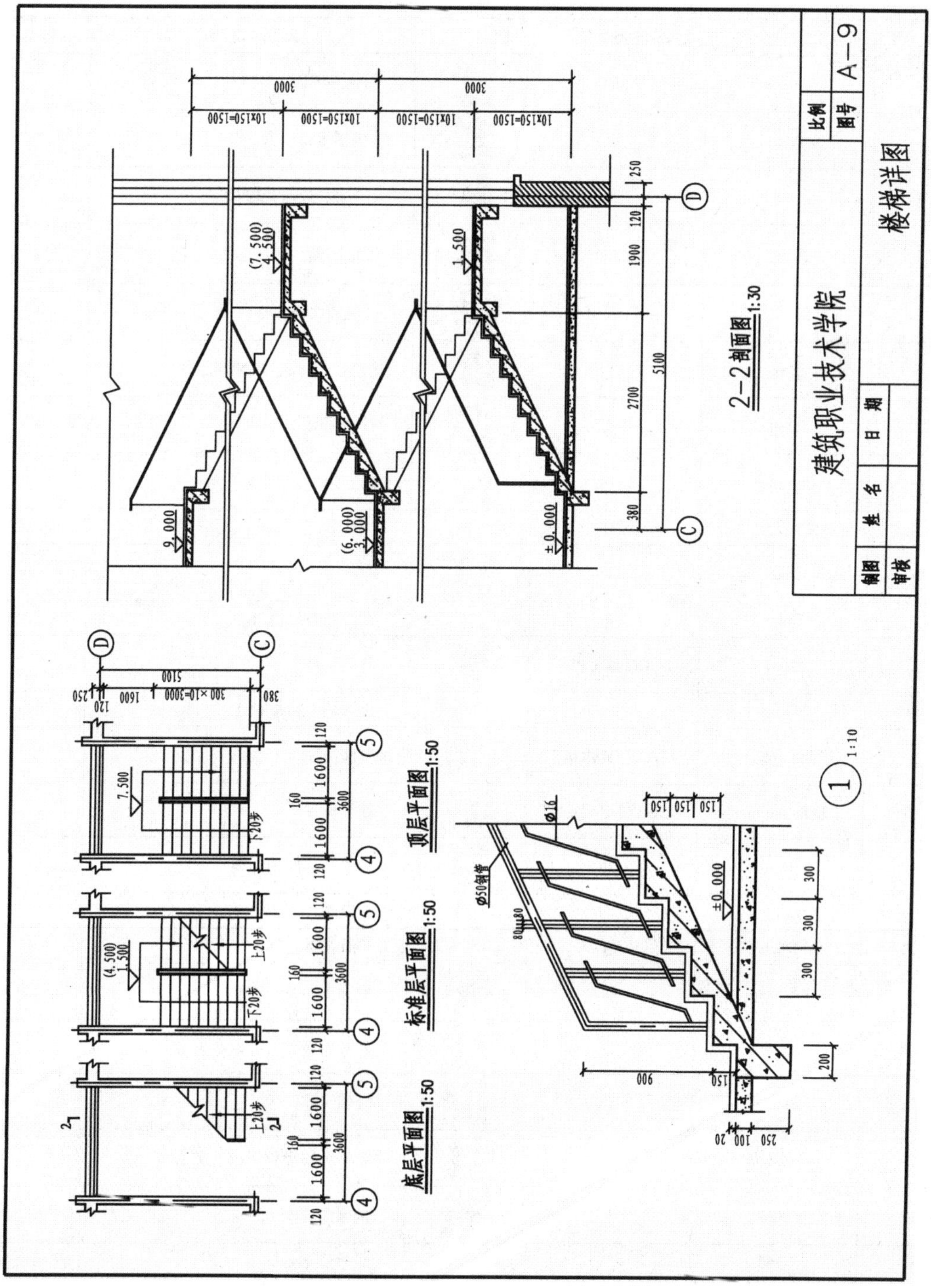
底层平面图 1:50
标准层平面图 1:50
顶层平面图 1:50
2-2剖面图 1:30
建筑职业技术学院
楼梯详图
比例
图号
A-9
制图
审核
姓名
日期

附录 B AutoCAD 常用命令表

序号	命令	快捷键	图标	命令说明	备注
1	3Dface	3F		创建三维面	
2	Arc	A	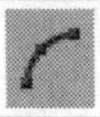	绘制圆弧	
3	Area	AA		计算所选择区域的面积	
4	Array	AR		图形阵列	
5	Bhatch	BH 或 H	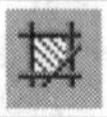	区域图案填充	
6	Box			绘制三维长方体实体	
7	Break	BR		打断图形	
8	Chamfer	CHA	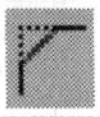	倒直角	
9	Change	CH		属性修改	
10	Circle	C		绘制圆	
11	Color			设置实体颜色	
12	Copy	CO 或 CP		复制实体	
13	Dim			进入尺寸标注状态	
14	Dimbaseline	DBA 或 DIMBASE	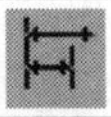	基线标注	
15	Dimcontinue	DCO 或 DIMCONT	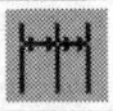	连续标注	
16	Dist	DI		测量两点间的距离	
17	Donut	DO		绘制圆环	
18	Dtext	DT		单行文本标注	
19	Erase	E		删除实体	
20	Explode	X	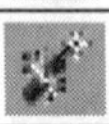	炸开实体	
21	Extend	EX	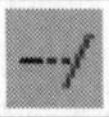	延伸实体	
22	Extrude	EXT		将二维图形拉伸成三维实体	
23	Fillet	F	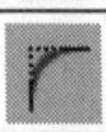	倒圆角	
24	Grid			显示栅格	透明命令
25	Help	F1		帮助信息	

（续）

序号	命令	快捷键	图标	命令说明	备注
26	Hide	HI		消隐	
27	Insert	I		插入图块	
28	Intersect	IN		布尔求交	
29	Layer	LA		图层控制	
30	Limits			设置绘图界限	
31	Line	L		绘制直线	
32	Linetype	LT		设置线型	
33	Ltscale	LTS		设置线型比例	
34	Mirror	MI		镜像实体	
35	Move	M		移动实体	
36	Mtext	MT		多行文本标注	
37	New			新建图形文件	
38	Offset	O		偏移复制	
39	Oops			恢复最后一次被删除实体	
40	Open			打开图形文件	
41	Ortho			切换正交状态	透明命令
42	Osnap	OS		设置目标捕捉方式	透明命令
43	Pan	P		视图平移	
44	Pedit	PE		编辑多段线	
45	Pline	PL		绘制多段线	
46	Plot			图形输出	
47	Point	PO		绘制点	
48	Polygon			绘制正多边形	
49	Quit			退出	
50	Rectangle	REC		绘制矩形	
51	Redo			恢复一条被取消的命令	
52	Revolve	REV		将二维图形旋转成三维	

（续）

序　号	命　令	快 捷 键	图　标	命 令 说 明	备　注
53	Revsurf			绘制旋转曲面	
54	Rotate	RO		旋转实体	
55	Rulesurf			绘制直纹面	
56	Save			保存图形文件	
57	Scale	SC		比例缩放实体	
56	Shade	SHA		着色处理	
57	Spline	SPL		绘制样条曲线	
58	Stretch	S		拉伸实体	
59	Style	ST		创建文本标注样式	
60	Subtract	SU		布尔求差	
61	Tabsurf			绘制拉伸曲面	
62	Trim	TR		剪切实体	
63	UCS			建立用户坐标系	
64	Undo	U		撤消上一次操作	
65	Union	UNI		布尔求并	
66	Wblock	W		图块存盘	
67	Zoom	Z		视图缩放	

参 考 文 献

[1] 颜金樵．工程制图[M]．北京：高等教育出版社，1991．

[2] 张跃峰，陈通．AutoCAD2000 入门与提高[M]．北京：清华大学出版社，1991．

[3] 蔡汉明，陈建国．AutoCAD 三维造型实例详解[M]．北京：人民邮电出版社，1999．

[4] 郭朝勇．AutoCAD2008（中文版）建筑应用实例教程[M]．北京：清华大学出版社，2007．

二、建筑设计类

21世纪建筑装饰系列规划教材

建筑装饰材料（张书梅，12518）
建筑装饰施工技术（马有占，12290）
建筑装饰工程概预算（李文利，12545）
民用建筑构造（孙殿臣，12526）
建筑装饰制图与识图（2版）★（高远，12505）
建筑装饰制图与识图习题集（高远，12454）
建筑力学与结构（2版）★（李永光，12604）
建筑力学与结构学习指导（乔志远，18501）
建筑装饰装修构造★（冯美宇，13832）
建筑物理◆（李井永，15464）
建筑透视与阴影（程无畏，17886）
建筑透视与阴影习题集（程无畏，18345）
建筑装饰质量缺陷与分析（王军，16552）

室内设计技术·环境艺术设计·建筑装饰工程技术专业通用教材

设计素描与速写（陈伯群）
设计色彩写生（陈伯群）
造型设计基础◆（吴萍，23124）
手绘效果图表现技法（林文冬）
建筑及室内效果图制作教程（配光盘）（陈雪杰，20353）

建筑设计技术专业教材

建筑初步（龚静，22496）
建筑设计原理（邢双军，24134）
建筑场地设计★（徐哲民）
城市规划原理（解万玉）
建筑模型工艺与设计（沈鸿才）

室内设计技术·环境艺术设计专业教材

景观规划设计★（胡先祥）
室内设计原理（曹锋）
室内专题设计（赵海涛）
居住小区景观设计◆（胡佳，21983）
建筑装饰装修材料与应用★（闻荣土，20851）
展示设计（谭秋华，23795）

建筑装饰工程技术专业教材

建筑制图与阴影透视（李思丽，22419）
建筑制图与阴影透视习题集（李思丽，22418）
建筑装饰材料（高海燕）
建筑设计基础（林学军）
建筑装饰基础★（童霞）
建筑装饰设计原理◆（焦涛，20836）
建筑装饰构造与施工（刘超英，24791）
建筑装饰工程计量与计价（吴锐）
建筑装饰施工组织与管理（郝永池）
建筑装饰工程基本技能实训指导★(朱吉顶,21588)
建筑装饰 Photoshop 实例教程及上机指导（伍乐生）
建筑装饰 CAD 实例教程及上机指导（伍乐生，23485）

园林工程技术专业教材

园林规划设计◆（胡先祥，20791）
园林工程设计（潘福荣，24569）
园林工程施工（潘福荣）
园林建筑设计（吴卓佳，24823）
园林工程测量（王红）
园林建筑构造（文益民）
中外园林简史（易军，24836）
园林工程制图与识图（王献文、刘晓东）
园林树木与花卉◆（齐海鹰，24499）
园林工程计量与计价（吴锐）

园林模型设计与制作（刘学军）
园林工程计算机绘图（李保梁）
园林工程施工组织与管理◆（吴立威，24876）
园林植物栽培与养护管理◆（佘远国，21879）

三、工程管理类

21世纪建筑工程管理系列规划教材

房地产经营与管理（银花、张加颖，12207）
房地产会计（于立君、景亚平，12097）
房地产投资分析与综合开发（李伟，12118）
房地产测绘★（郭玉社，13607）
物业管理（谭善勇，13409）
物业环境管理（代岚，18570）
房地产经济学★ （张洪力，14952）
房地产营销策划 （祖立厂，14671）
建筑企业经营管理（唐健人、陈茂明，14975）
建筑企业会计（何丕军，14562）
工程造价案例分析★（迟晓明，15363）
房地产估价（宋春兰，18475）
房地产经营与管理（隋凤琴，18034）

高等职业教育工程管理类专业规划教材（工程造价、工程监理专业适用）

建筑材料（李伟华）
建筑识图与房屋构造（魏松）
建筑设备安装工艺与识图◆（陈思荣，22910）
建筑结构基础与识图（**待定**）
建筑施工工艺（马守才）
建筑工程经济◆（渠晓伟，22230）
建筑工程项目管理◆（李玉芬、冯宁，24822）
工程招投标与合同管理（张国华）
工程建设定额原理与实务（孙咏梅）
工程量清单计价（张连忠，24683）
工程造价控制（郝志群）
建筑工程预算（庞晓）
建筑安装工程预算◆（刘钦，22308）
建筑装饰工程预算◆（张崇庆，22217）
建筑施工企业会计（单旭，22231）
建筑施工企业财务管理◆（赵玉萍，23316）
市政工程基础（刘学应）
施工组织与进度控制（孙刚）
建设工程监理概论（高元兴）
建设工程质量与安全控制（高正文）
建设工程法规与合同管理◆（高正文，23389）
建设工程监理实务与实训（陈跃军）
建设工程计价与投资控制（张英）
房屋设备工程◆（张东放，24923）

四、建筑设备类

21世纪供热通风与空调工程系列规划教材

热工学基础★（刘春泽，13626）
制冷技术★（贺俊杰，12462）
建筑设备工程图识读与绘制★（谭伟建、王芳，14852）
设备工程图识读与绘制习题集（谭伟建等，14895）
建筑给水排水工程（汤万龙、刘晓勤，15153）
安装工程预算与施工组织管理★（邢玉林，15449）
供热通风与空调工程施工技术★（贾永康，15451）
机械基础（李卫平，14506）
建筑概论◆（贾丽明、徐秀香，14926）
建筑电气工程（谢社初、刘玲，15447）
工业锅炉设备（丁崇功，15448）
流体力学·泵与风机（白扩社，15446）
供热工程（王宇清，15450）
通风与空气调节工程★（徐勇，15462）
工程力学★（王培兴、李健，15463）
工程力学学习指导（乔志远，17068）

高等职业教育土建类专业课程改革规划教材（建筑设备类专业适用）

工程识图基础与CAD★（尚久明，19220）
建筑给水排水系统安装★（汤万龙，22315）
采暖及供热管网系统安装★（王宇清）
通风空调系统安装（李增足）
冷热源系统安装（贾永康）
建筑电气照明系统安装（熊文生，22222）
建筑供配电系统安装（刘昌明，21776）
建筑电气控制系统安装★（孙景芝，20786）
安装工程施工组织与管理★（石俊云）
建筑智能化概论★（刘光辉，18787）
电工技术基本知识及技能（于昆伦，19101）
电子技术基本知识及技能（李文，19338）
局域网系统施工（王柯、叶智耿，20173）
综合布线系统施工★（谢社初，19014）

五、房地产类

高等职业教育房地产类专业规划教材（物业管理、房地产经营与估价专业适用）

房屋建筑基础（王立群）
物业设备维护与管理★（张国忠）
房屋维修与预算（刘宇）
物业企业会计◆（李炳先，23823）
物业管理实务★（鲁捷，21073）
建筑智能系统的应用与管理★（陶根根，21968）
物业管理法规★（王跃国）
物业管理概论（郑晓奋，24500）
物业管理理论与实务◆（胡伯龙，23538）
小区绿化维护与管理（佘远国）
物业管理应用文写作◆（鲁捷，24275）
物业管理英语（韩国波、朱德光，25019）
房地产法规（银花）
房地产开发与经营（孙瑞波）
房地产营销◆（朱华，22876）
房地产会计（王薇薇）
房地产统计◆（刘玉玲，22539）
房地产估价◆（窦坤芳，22098）
房地产行政管理★（王宏，22223）
房地产经纪人（张登云）

六、路桥类专业教材

道路与桥梁等专业规划教材

（道路与桥梁工程技术、公路监理、高等级公路养护与管理等专业适用）

道路工程制图★（赵云华，16985）
道路工程制图习题集（赵云华，17318）
道路工程测量（罗斌，17073）
道路工程测量实训★（齐秀廷，16987）
道路建筑材料★（蒋玲，17371）
道路建筑材料实训（林丽娟，17719）
结构设计原理★（胡兴福，17317）
公路CAD★（张郃生，16795）
工程地质与桥涵水文◆（盛海洋，18319）
工程地质与桥涵水文实训（盛海洋）
路基路面工程★（李维勋，17257）
道路勘测设计（田平，17315）
公路工程施工组织与概预算◆（米永胜，17603）
公路工程监理（廖品槐、刘武，17258）
公路工程监理（多学时）◆（刘三会，17260）
道路工程概论◆（吴继锋，17256）
公路养护技术与管理★（周传林，17264）
高等级公路管理（马彦芹，18383）
公路工程质量事故分析★（颜海，18553）
道路检测技术（郑桂兰，19191）
土工实训★（王玉珏，21509）
土力学与基础工程★（务新超、魏明，21246）
桥梁工程（马国峰、王保群，20880）
工程力学（孟祥林）

结构力学（罗凤姿）
桥梁工程概论（李清）
公路工程招标与投标（郭梅、姜仁安）
道路工程识图（赵云华，24505）

七、艺术设计类教材

造型基础立体构成（含1CD）（王向勤，15480）
造型基础平面构成（张锡，17614）
造型基础色彩构成★（含1CD）（贾荣建，16839）
设计素描（含1CD）（濮礼健，15495）
产品设计（含1CD）（刘永翔，14917）
电学基础（王泓，14344）
广告艺术设计（含1CD）（沙强，17724）
人机工程基础及应用（含1CD）（阮宝湘、贾荣建，17731）
商品包装装潢设计（含1CD）（李立群，14716）
设计表现（含1CD）（韩文涛，14868）
设计概论（含1CD）（陆家桂，14512）
设计制图★（袁和法，14690）
设计制图习题集（袁和法，14748）
室内与环境艺术设计制图★（关俊良，17060）
室内与环境艺术设计制图习题集（李宏，20310）
室内装饰工程设计实务教程(含1CD)(王波，14501)
园林与庭院设计（含1CD）（张纵，14643）
机械基础（阮宝湘，20037）
展示设计（含1CD）（叶永平，17059）
设计材料与工艺（陶晋、杨九瑞）
产品模型制作（杨恩源）

机械工业出版社
China Machine Press

教师信息反馈表

尊敬的老师：

您好！首先感谢您选用机械工业出版社的教材。机械工业出版社成立于 1952 年，是国家级优秀出版社，是教育部指定的教材出版基地。机械工业出版社从 1999 年开始出版高职教材，目前高职教材品种有近 1500 种，覆盖机、电、车、土建、经管、基础课等众多领域，机工版高职教材以质量优、品种全而得到众多职业院校的认可。在“十一五”国家级规划教材评选中，机械工业出版社有近 400 种高职教材入选，位居全国第二。为了更好地为教学服务，我社正在大规模进行教材的配套建设工作，多数教材均可免费为您提供配套的助教盘（包括电子教案、课后习题解答、素材库等内容）。如果您需要本书的助教盘，请填写以下表格并回寄给我们，我们将在收到表格后及时与您联系。我们愿以最真诚的服务回报您对机械工业出版社的关心和支持。

<table>
<tr><td>书　名</td><td colspan="3"></td><td>书　号</td><td></td><td>版　次</td><td></td></tr>
<tr><td colspan="8">使用本书的学生人数 ______ 人/年 ______ 年级　　　　学时数 ________</td></tr>
<tr><td colspan="8">您对本书的意见和建议</td></tr>
<tr><td colspan="8">您的个人情况</td></tr>
<tr><td>姓　名</td><td></td><td>性　别</td><td>□男　□女（划√）</td><td>年　龄</td><td></td><td>职务职称</td><td></td></tr>
<tr><td>所在学校</td><td colspan="5"></td><td>系名（分院名）</td><td></td></tr>
<tr><td>联系地址
（邮编）</td><td colspan="7"></td></tr>
<tr><td>联系电话</td><td colspan="3"></td><td>E-mail</td><td colspan="3"></td></tr>
<tr><td colspan="8">您教授的其他课程的情况</td></tr>
<tr><td>课程名称</td><td>学生人数</td><td colspan="2">使用教材名称</td><td colspan="2">出版社</td><td colspan="2">教材满意度（划√）</td></tr>
<tr><td></td><td></td><td colspan="2"></td><td colspan="2"></td><td colspan="2">□满意　□一般　□不满意</td></tr>
<tr><td></td><td></td><td colspan="2"></td><td colspan="2"></td><td colspan="2">□满意　□一般　□不满意</td></tr>
<tr><td rowspan="2">如果您有意向主编或参编教材，请您将信息填入右侧表格</td><td colspan="2">拟编写教材名称</td><td colspan="2">适用专业</td><td>是否已有内部讲义</td><td colspan="2">年用书量</td></tr>
<tr><td colspan="2"></td><td colspan="2"></td><td></td><td colspan="2"></td></tr>
<tr><td colspan="4">系主任签字</td><td colspan="4">盖章</td></tr>
</table>

注：本表可复印，寄至北京百万庄大街 22 号 机械工业出版社高职分社收（100037）；亦可发至电子邮箱：sbs@mai1.machineinfo.gov.cn，也可发传真至 010-68998916。登录机械工业出版社教材服务网 www.cmpedu.com 可下载表格电子版。联系电话：010-88379050，010-68354423。